Christian Schlieder

Autodesk® Inventor® 2021

DYNAMISCHE SIMULATION

Viele praktische Übungen am
Konstruktionsobjekt RADLADER

FSC
www.fsc.org
MIX
Papier aus verantwortungsvollen Quellen
Paper from responsible sources
FSC® C105338

Christian Schlieder

Autodesk® Inventor® 2021

DYNAMISCHE SIMULATION

Viele praktische Übungen am Konstruktionsobjekt RADLADER

Die Bücher der Autodesk-Reihe:

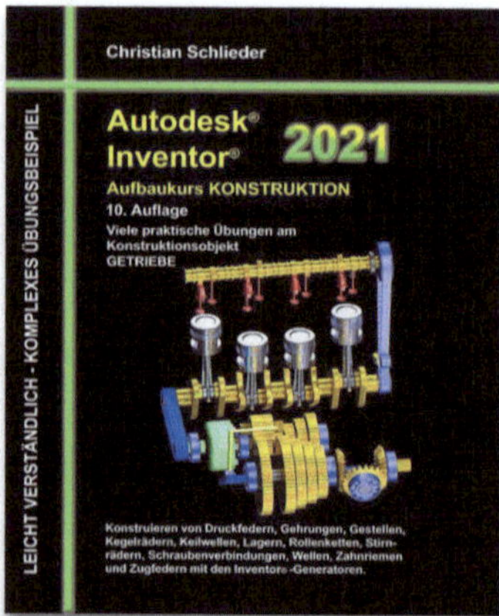

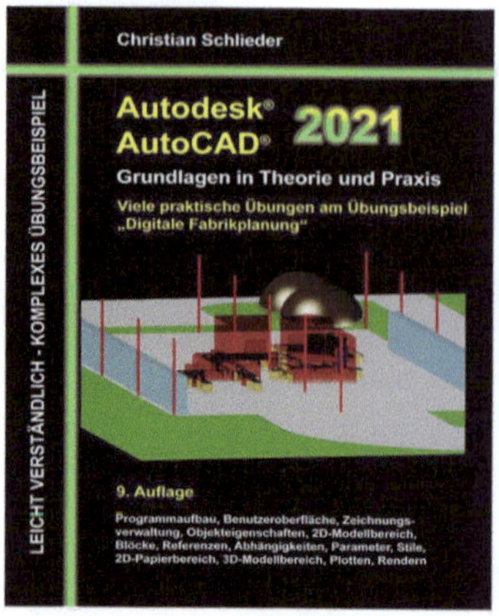

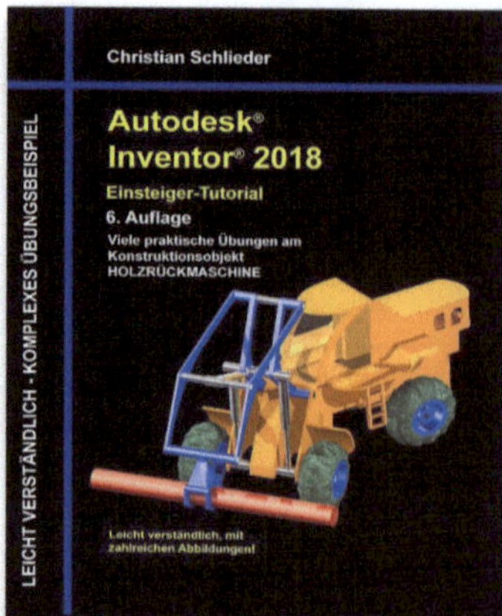

www.cad-trainings.de

ISBN

978-3-7519-1812-1

IMPRESSUM

Dipl.- Ing. Christian Schlieder
www.cad-trainings.de
Fax: +49 (0) 3212 - 1122290

HERSTELLUNG UND VERLAG

BoD-Books on Demand, Norderstedt
www.BoD.de

INHALTSVERZEICHNIS

1 Grundlegendes zum Buch

Dieses Buch ist ein Aufbaukurs für Fortgeschrittene, die mit den Grundlagen von ***Autodesk® Inventor® 2021*** bereits vertraut sind. Es wird empfohlen, vor der Arbeit mit diesem Buch das Grundlagenbuch:

- ***Autodesk® Inventor® 2021 – Grundlagen in Theorie und Praxis***

vollständig durchzuarbeiten, in dem die vorausgesetzten Grundlagen zum Programm vermittelt werden.

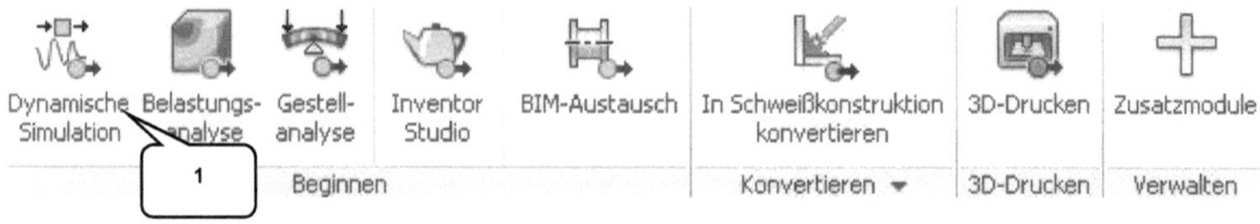

Autodesk® Inventor® 2021 bietet für Baugruppen den speziellen Bereich der ***Dynamischen Simulation*** (1). Baugruppen können hier um weitere Umgebungsvariablen (wie z. B. Dämpfung, Steifigkeit, Reibungskoeffizient) ergänzt und mit zusätzlichen externen Kräften oder Drehmomenten beaufschlagt werden, was eine Analyse der Baugruppe unter realistischen Bedingungen ermöglicht. Die Berechnungsergebnisse können in den Bereich der Finiten-Elemente-Methode (FEM) exportiert und dort einer statischen Analyse oder einer Modalanalyse unterzogen werden.

Die folgenden Befehle der Dynamischen Simulation werden behandelt:

- ***Gelenke einfügen***
- ***Abhängigkeiten ableiten***
- ***Status des Mechanismus prüfen***
- ***Kräfte erzeugen***
- ***Drehmomente erzeugen***
- ***Ausgabediagramm darstellen***
- ***Dynamische Bewegungen***
- ***Unbekannte Kraft ermitteln***
- ***Spuren darstellen***
- ***Filme publizieren***
- ***Simulationseinstellungen***
- ***Simulationswiedergabe***
- ***Exportieren nach FEM***

Das vorliegende Übungsbeispiel bietet genügend Möglichkeiten, die Befehlsketten sporadisch zu verlassen und eigene Versuche zu starten, was dem Anwender auch empfohlen wird. Sollte die Konstellation der Baugruppe dabei zerstört werden, kann ersatzweise die im Downloadordner enthaltene Kopie der Baugruppe verwendet werden.

2 Installation von Autodesk® Inventor® 2021

2.1 Systemanforderungen

Die folgenden von Autodesk® empfohlenen Systemanforderungen gelten für Bauteile und Baugruppen mit weniger als 1000 Bauteilen:

Betriebssystem	64 Bit-Version von Microsoft® Windows® 10
CPU-Typ	Empfohlen: 3 GHz oder mehr, mindestens 4 Kerne Mindestens: 2,5 GHz oder mehr
Arbeitsspeicher	Empfohlen: 32 GB RAM Mindestens: 16 GB RAM
Festplattenspeicher	Empfohlen: 40 GB
Grafikkarte	Empfohlen: 4 GB GPU mit einer Bandbreite von 106 Gbit/s und kompatibel mit DirectX 11 Mindestens: 1 GB GPU mit einer Bandbreite von 29 Gbit/s und kompatibel mit DirectX 11
Bildschirmauflö-sung	Empfohlen: 3840x2160 (4K) Bevorzugte Skalierung: 100%, 125%, 150% oder 200% Mindestens: 1280x1024 (1080p)
Zeige-/ Eingabege-rät	Maus, Tastatur, optional 3D-Maus
Netzwerk	Internetverbindung für die Webinstallation mit der Autodesk® Desktop-App, die Autodesk®-Funktion für die Zusammenarbeit, die .NET-Installation, Webdownloads und die Lizenzierung. Net-work License Manager unterstützt Windows Server® 2016, 2012, 2012 R2, 2008 R2 und die oben aufgeführten Betriebssysteme.
Tabellenkalkulation	Vollständige lokale Installation von Microsoft® Excel 2016 oder höher höher für Workflows, die Tabellenkalkulationen erstellen und bearbeiten. Inventor-Workflows, die Tabellenkalkulationsda-ten lesen oder exportieren, erfordern kein Microsoft® Excel.Abonnenten von Office 365 müssen sicherstellen, dass Microsoft Excel 2016 lokal installiert ist. Windows Excel Starter®, OpenOffice® und browserbasierte Anwendungen von Office 365 werden nicht unterstützt.
Browser	Google Chrome™ oder gleichwertig
.NET Framework	.NET Framework Version 4.7 oder höher. Die Installation von Windows-Updates ist aktiviert.

Die folgenden zusätzlichen von Autodesk® empfohlenen Systemanforderungen gelten für Bauteile und Baugruppen mit mehr als 1000 Bauteilen:

CPU-Typ	Empfohlen: 3,3 GHz oder mehr, mindestens 4 Kerne
Arbeitsspeicher	Empfohlen: 24 GB RAM oder mehr
Grafik	Empfohlen: 4 GB GPU mit einer Bandbreite von 106 Gbit/s und kompatibel mit DirectX 11

2.2 Für Anwender von Autodesk® Inventor® 2021 auf Macintosh

Sie können Autodesk® Inventor® Professional auf einem Mac®-Computer auf einer Windows-Partition installieren. Das System muss Apple Boot Camp® zum Verwalten einer Konfiguration mit zwei Betriebssystemen verwenden und die folgenden Mindestsystemanforderungen erfüllen:

Betriebssystem	Mindestens: Mac OS™ X 10.13.x Empfohlen: Mac OS™ X 10. 12.x
Parallels	Parallels Desktop 13 oder höher
CPU-Typ	Mindestens: Intel® Core 2 Duo (3 GHz oder höher)
Arbeitsspeicher	Mindestens: 8 GB RAM Empfohlen: 16 GB Ram oder mehr
Partitionsgröße	Mindestens: 100 GB freier Festplattenspeicher Empfohlen: 250 GB freier Festplattenspeicher oder mehr
Betriebssystem	64 Bit-Version von Microsoft® Windows® 10 Anniversary Update (Version 1607 oder höher) 64-Bit-Version von Microsoft® Windows® 8.1 64-Bit-Version von Microsoft® Windows® 7 SP1 mit Update KB4019990

2.3 Download des Programms

Sollten Sie die Software nicht bereits besitzen, haben Sie die Möglichkeit Autodesk® Inventor® 2021 zu privaten Schulungszwecken als kostenlose Version herunterzuladen:

➢ ***https://www.autodesk.com/education/free-software/inventor-professional***

Eröffnen Sie hierfür einen kostenlosen Autodesk® Account unter demselben Link.

2.4 Installationsvoraussetzungen

Zugriffsrechte

Sie müssen über lokale Benutzer-Administratorrechte verfügen.

- ***Systemsteuerung > Benutzerkonten > Benutzerkonten verwalten***

System-Updates/ Antivirenprogramm

Vor der Installation von Autodesk® Inventor® 2021 sollten eventuell noch ausstehende Updates von Windows® durchgeführt werden. Starten Sie den Rechner danach neu. Antivirenprogramme müssen während der Installation eventuell vorübergehend deaktiviert werden.

Language Packs

Prüfen Sie vor der Installation von Autodesk® Inventor® 2021 ob die heruntergeladene Programmversion in der richtigen Sprache vorhanden ist. Eventuell muss vorab ein Sprachpaket heruntergeladen und installiert werden.

Seriennummer/ Produktschlüssel

Beim Download müssen Seriennummer und Produktschlüssel in Erfahrung gebracht werden. Diese werden bei der Installation benötigt.

Beenden anderer Programme

Beenden Sie alle anderen Programme vor der Installation von Autodesk® Inventor® 2021.

2.5 Installation von Autodesk® Inventor® 2021

Stellen Sie vor der Installation von Autodesk® Inventor® 2021 sicher, dass alle Teile des Programms vollständig vorhanden sind. Wurden diese vollständig heruntergeladen (Schritt entfällt, wenn die Software auf DVD vorhanden ist), kann mit der Installation begonnen werden. Sollte das Installationsprogramm noch nicht geöffnet sein, starten Sie dieses. Sie finden es für gewöhnlich im Pfad:

- ***C:\Autodesk\Inventor_2021_...\Setup.exe***

Nachdem Sie die Lizenzvereinbarung gelesen und akzeptiert haben, muss im Dropdown-Menü mit den Produktsprachen einer der folgenden Schritte durchgeführt werden:

1) Wählen Sie eine Sprache aus.
2) Wählen Sie unter Lizenztyp die Option ***Einzelplatz***.
3) Geben Sie Seriennummer und Produktschlüssel ein (falls erforderlich).
4) Bestimmen Sie den Installationspfad (dieser Pfad darf maximal 260 Zeichen lang sein).
5) Übernehmen Sie die vorgegebene Konfiguration oder passen Sie die Installation an (weitere Informationen zur Konfiguration finden Sie in der Produktdokumentation).
6) Klicken Sie auf ***Installieren***.
7) Nach der Installation: Klicken Sie auf ***Fertigstellen***.

2.6 Aktivierung von Autodesk® Inventor® 2021

Online aktivieren und registrieren

Sobald Autodesk® Inventor® 2021 das erste Mal gestartet wurden, startet auch automatisch der Aktivierungsvorgang. Sollte der PC über eine bestehende Internetverbindung verfügen, führen Sie die folgenden Schritte aus:

1) Achten Sie darauf, dass Ihre Firewall oder Antivirenprogramme den Datenaustausch zwischen Autodesk® Inventor® 2021 und dem Server von Autodesk® nicht unterbrechen.
2) Starten Sie Autodesk® Inventor® 2021.
3) Stimmen Sie den Datenschutzrichtlinien zu.
4) Klicken Sie auf ***Aktivieren***.
5) Geben Sie den Produktschlüssel ein, wenn Sie dazu aufgefordert werden sollten. Melden Sie sich an und registrieren Sie das Produkt.

Autodesk® überprüft jetzt die Berechtigungsinformationen, wie z. B. Ihre Seriennummer. Wenn Sie die Aktivierungsaufforderung sehen und keine Verbindung mit dem Internet herstellen können, ist die Aktivierung manuell vorzunehmen.

Manuelles Aktivieren und Registrieren (offline)

Sollte der PC über keine bestehende Internetverbindung verfügen, führen Sie die folgenden Schritte aus:

1) Starten Sie Autodesk® Inventor® 2021.
2) Stimmen Sie den Datenschutzrichtlinien zu.
3) Klicken Sie auf ***Aktivieren***.
4) Wählen Sie Aktivierungscode ***Mit einer Offlinemethode anfordern***.
5) Klicken Sie auf ***Weiter***.
6) Notieren Sie die Aktivierungsinformationen, die auf dem Bildschirm angezeigt werden, einschließlich der URL.
7) Starten Sie ein Gerät mit einer bestehenden Internetverbindung.
8) Öffnen Sie die URL aus Punkt (6). Melden Sie sich an und registrieren Sie das Produkt.
9) Notieren Sie den Aktivierungscode.
10) Starten Sie Autodesk® Inventor® 2021.
11) Klicken Sie auf ***Aktivieren***.
12) Wählen Sie die Option ***Ich habe einen Aktivierungscode von Autodesk***.
13) Kopieren Sie den Aktivierungscode, und fügen Sie ihn in das erste Feld ein, um automatisch die anderen Felder auszufüllen.
14) Klicken Sie auf ***Weiter***.

3 Programmaufbau und Programmoberfläche

3.1 Programmaufbau

Nach dem Start von Autodesk® Inventor® 2021 öffnet sich das Programm mit der folgenden ***Benutzeroberfläche***:

1) Hauptmenü
2) Schnellzugriff-Werkzeuge
3) Multifunktionsleiste
4) InfoCenter
5) Neue Dateien erstellen
6) Projektverwaltung
7) Zuletzt verwend. Dokumente

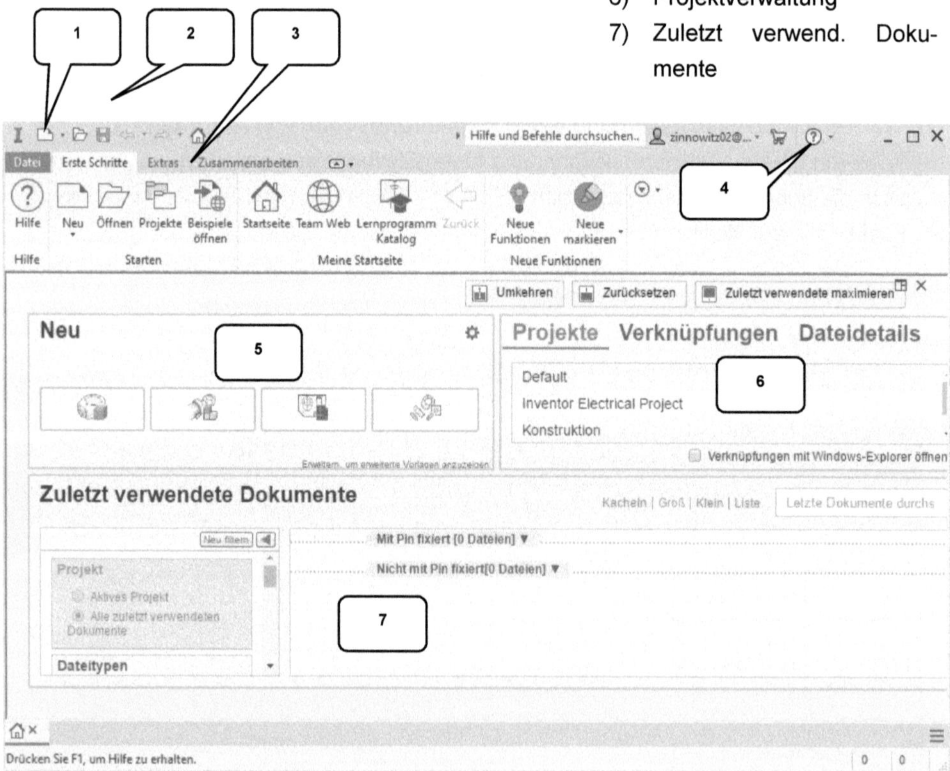

3.2 Hauptmenü

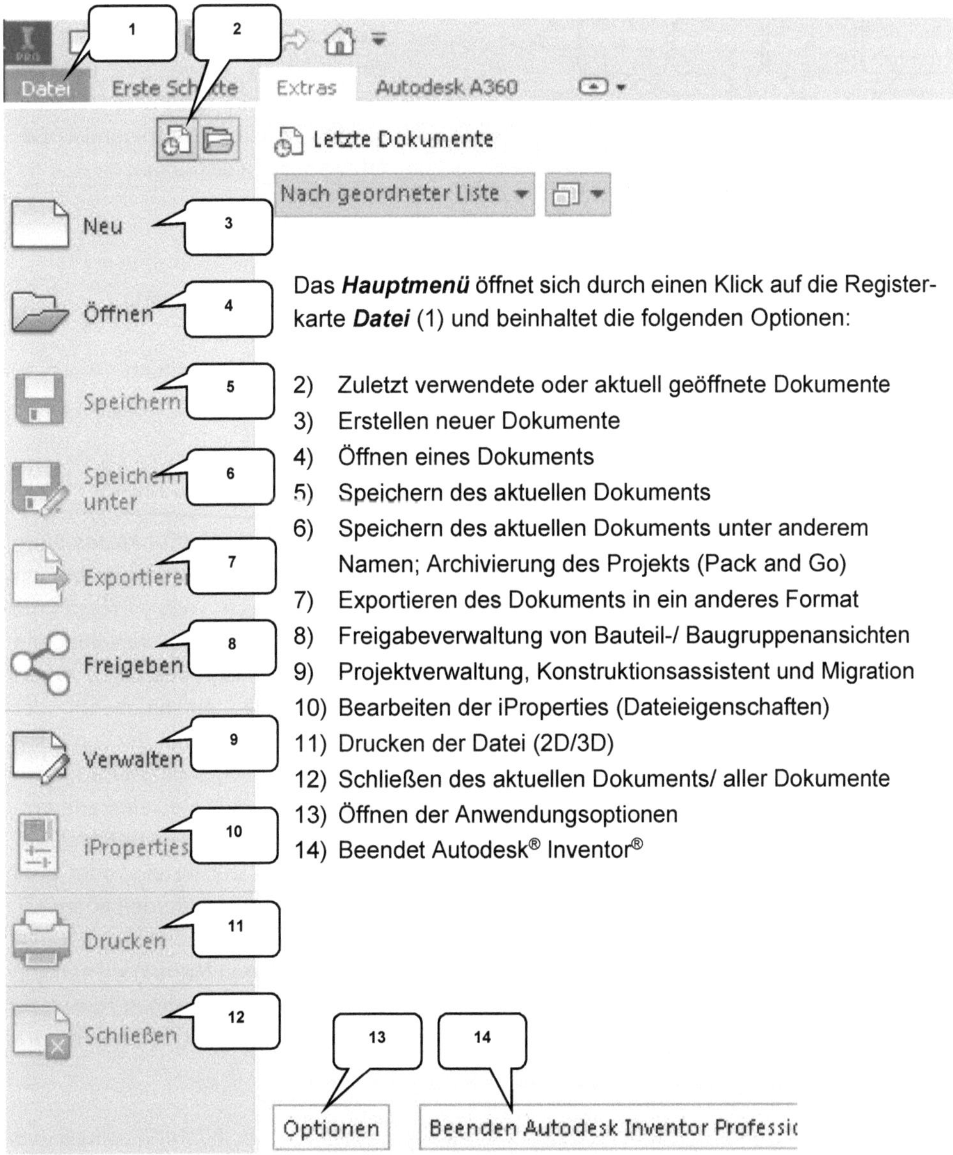

Das ***Hauptmenü*** öffnet sich durch einen Klick auf die Registerkarte ***Datei*** (1) und beinhaltet die folgenden Optionen:

2) Zuletzt verwendete oder aktuell geöffnete Dokumente
3) Erstellen neuer Dokumente
4) Öffnen eines Dokuments
5) Speichern des aktuellen Dokuments
6) Speichern des aktuellen Dokuments unter anderem Namen; Archivierung des Projekts (Pack and Go)
7) Exportieren des Dokuments in ein anderes Format
8) Freigabeverwaltung von Bauteil-/ Baugruppenansichten
9) Projektverwaltung, Konstruktionsassistent und Migration
10) Bearbeiten der iProperties (Dateieigenschaften)
11) Drucken der Datei (2D/3D)
12) Schließen des aktuellen Dokuments/ aller Dokumente
13) Öffnen der Anwendungsoptionen
14) Beendet Autodesk® Inventor®

HINWEIS: Die jeweiligen Befehle können mit einem Klick der linken Maustaste auf die nebenstehenden Dreiecke noch erweitert werden.

3.3 Schnellzugriff-Werkzeuge

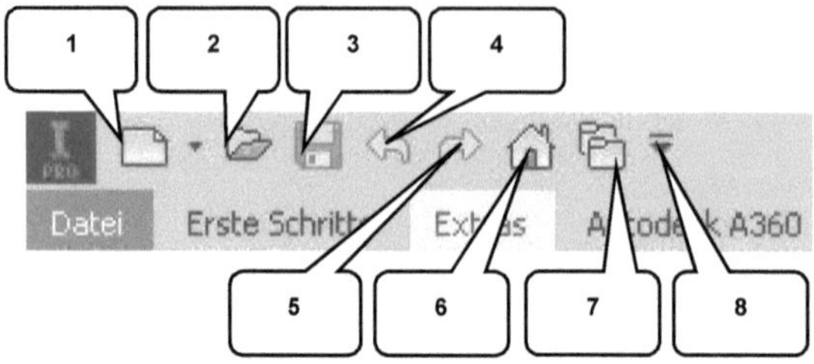

Die ***Schnellzugriff-Werkzeuge*** sind einige häufig verwendete Befehle, die einzeln ein- oder ausgeblendet werden können. Die folgenden Befehle befinden sich darin:

1) Erstellen eines neuen Dokuments
2) Öffnen eines vorhandenen Dokuments
3) Speichern des Dokuments
4) Einen Arbeitsschritt zurück
5) Einen Arbeitsschritt vorwärts
6) Aktiviert die Startseite
7) Öffnet die Projektverwaltung
8) Schnellzugriff-Werkzeuge anpassen

3.4 Multifunktionsleiste

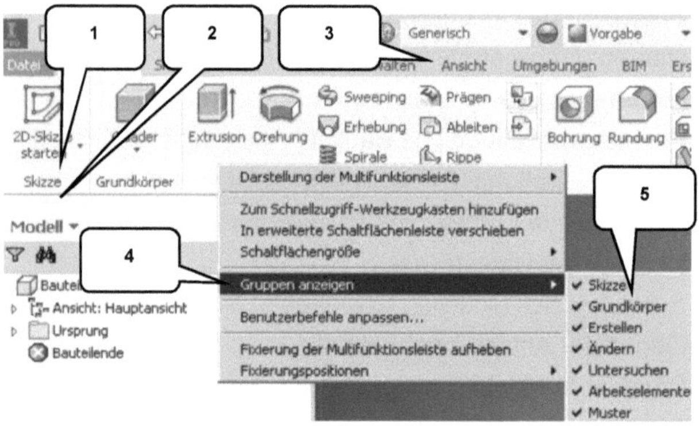

Die ***Multifunktionsleiste*** (1) befindet sich im oberen Bereich des Programms und enthält verschiedene Befehlsgruppen (2), deren Inhalt entsprechend der Auswahl einer der verfügbaren Registerkarten (3) variiert. Jede Registerkarte enthält diverse Befehlsgruppen, welche ein- oder ausgeblendet werden können.

Zum Ein- oder Auszublenden der Befehlsgruppen muss mit der ***rechten Maustaste*** auf einen beliebigen Bereich der Multifunktionsleiste (1) geklickt werden, um im Kontextmenü die Option ***Gruppen anzeigen*** (4) zu erweitern und darin (5) die jeweiligen Befehlsgruppen zu aktivieren oder deaktivieren.

HINWEIS: Sollten in diesem Buch Befehle verwendet werden, die Sie in Ihrer Multifunktionsleiste im entsprechenden Arbeitsbereich nicht finden können, kontrollieren Sie bitte ob die entsprechende Befehlsgruppe bereits aktiviert wurde. Wenn nicht, muss dieser Schritt zuerst durchgeführt werden.

3.5 Browser

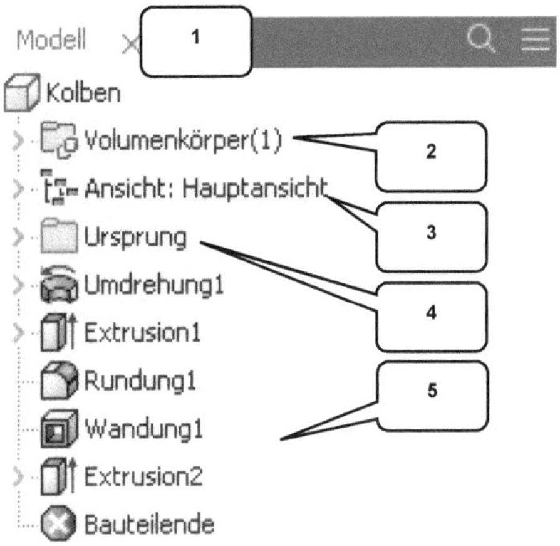

Der **Browser** (1) spiegelt den grundlegenden Aufbau eines Objekts wieder der je Arbeitsbereich inhaltlich variiert.

➢ ***Bauteil-Browser***

In einem **Bauteil-Browser** befinden sich z. B. der Ordner **Volumenkörper** (2) (er listet die einzelnen Volumenkörper eines Bauteils auf), der Ordner **Ansicht** (3) (er beinhaltet die Ansichten eines Bauteils) sowie der Ordner **Ursprung** (4) (er listet die Hauptachsen und -ebenen des Bauteils auf). Weiterhin werden alle bereits am Bauteil vorgenommenen **Arbeitsschritte** (5) chronologisch aufgelistet und können hier bearbeitet werden.

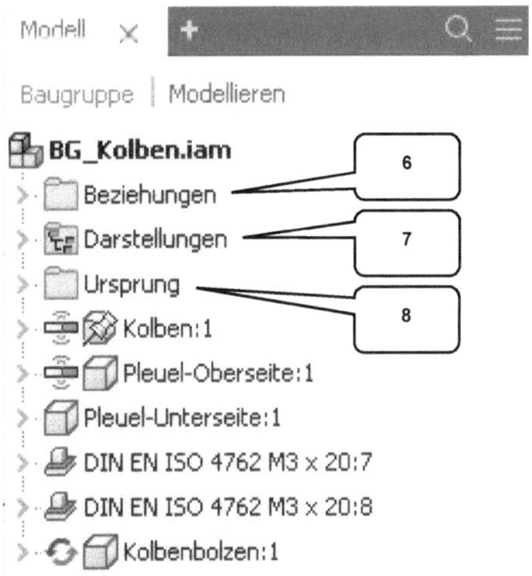

➢ ***Baugruppen-Browser***

Im **Baugruppen-Browser** befinden sich der Ordner **Beziehungen** (6) (mit allen in der Baugruppe besetzten Verbindungen/ Abhängigkeiten), der Ordner **Darstellungen** (7) (mit den Ansichten, Positionen und Detailgenauigkeiten der Baugruppe) und der Ordner **Ursprung** (8) mit den Achsen/ Ebenen. Natürlich werden auch alle in der Baugruppe vorhandenen Komponenten (Bauteile/ Normteile) aufgelistet.

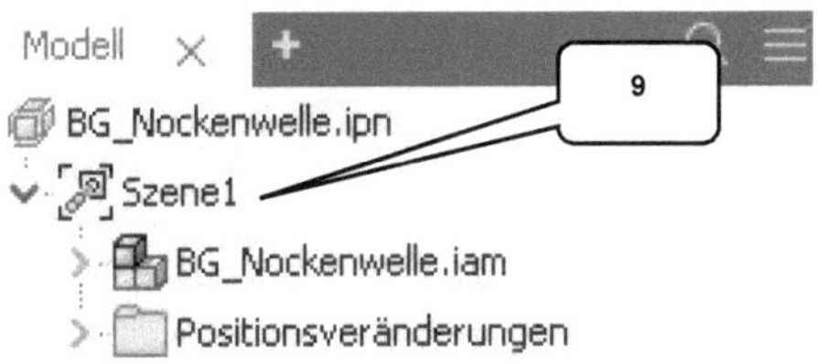

➢ ***Präsentations-Browser***

Der **Präsentations-Browser** enthält einen Ordner **Szene** (9). Darin werden die Präsentationsdrehbücher der animierten Baugruppen und die zugehörigen Pfade abgelegt.

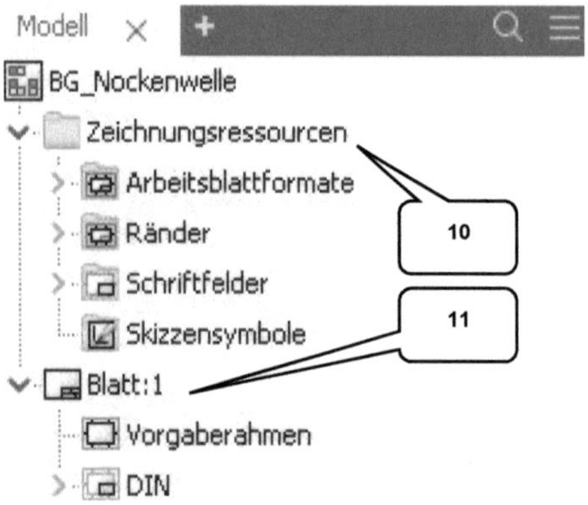

➤ ***Zeichnungs-Browser***

Im ***Zeichnungs-Browser*** gibt es den Ordner ***Zeichnungsressourcen*** (10) (mit allen vordefinierten Arbeitsblattformaten, Rändern, Schriftfeldern und Symbolen) und je Zeichnung einen Ordner ***Blatt*** (11). Jedes Zeichnungsblatt beinhaltet die dem Blatt zugeordneten Arbeitsblattformate, Ränder, Schriftfelder und Symbole sowie dargestellten Ansichten mit den darin abgebildeten Komponenten.

3.6 Arbeitsbereich

3.6.1 Startbildschirm

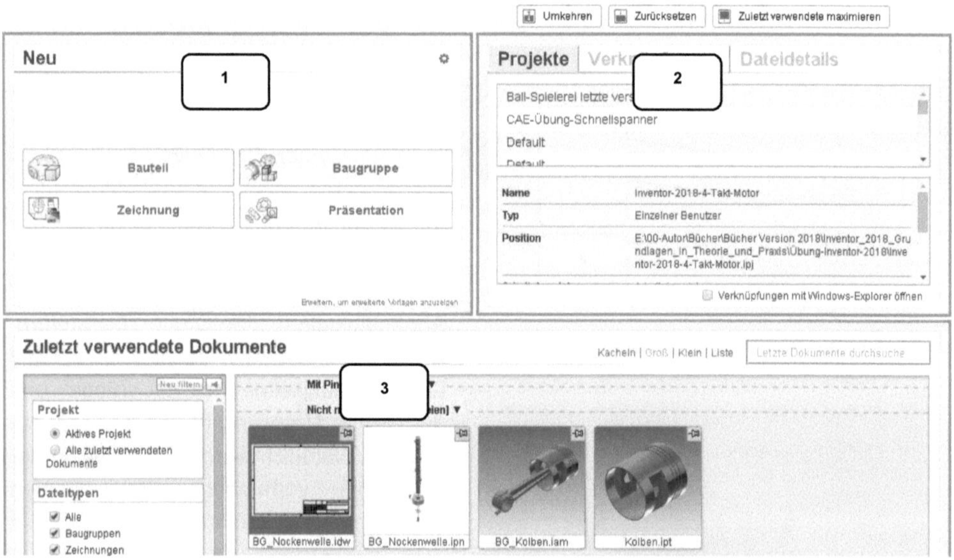

Nach dem Start des Programms wird dem Benutzer ein ***Startbildschirm*** mit den folgenden Inhalten angeboten:

1) Erstellen eines neuen Dokuments
2) Projektverwaltung
3) Öffnen eines bereits vorhandenen Dokuments

4 Die ersten Schritte

4.1 Programmhilfe und neue Funktionen

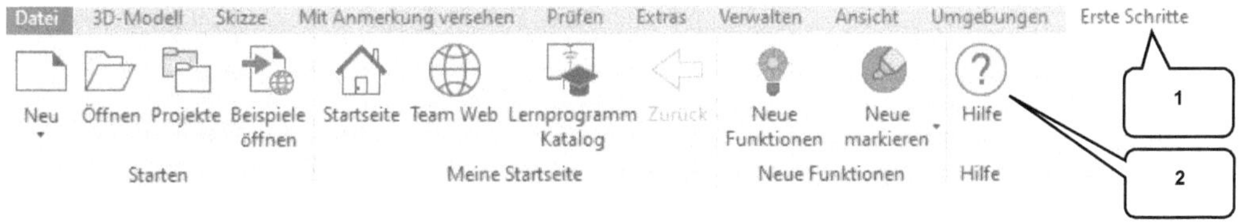

In der Befehlsgruppe ***Hilfe*** im Register ***Erste Schritte*** (1) befindet sich der Befehl **Hilfe** (2). Ein Klick darauf öffnet im Arbeitsbereich die Online-Hilfe, sofern ein Internetzugang vorhanden ist (ggf. müssen die Einstellungen der Firewall bearbeitet werden).

In der Online-Hilfe kann entweder in der ***Inhaltsübersicht*** (3) aus einem der angebotenen Themengebiete auswählt werden, oder ein bestimmter Befehl/ Begriff ***gesucht*** werden (4).

Die Online-Hilfe bietet jede Menge Videos zu den einzelnen Themen und natürlich auch verschiedene Lernprogramme und Tutorials, die nach Bedarf erarbeitet werden können.

4.2 Lernprogramme

Startet man den Befehl Lernprogrammkatalog (1) im Register **Erste Schritte**, so öffnet sich eine interaktive Lernumgebung (2), in der schrittweise der Umgang mit der Software erlernt und mit diversen Übungen gefestigt werden kann (Internetverbindung erforderlich!).

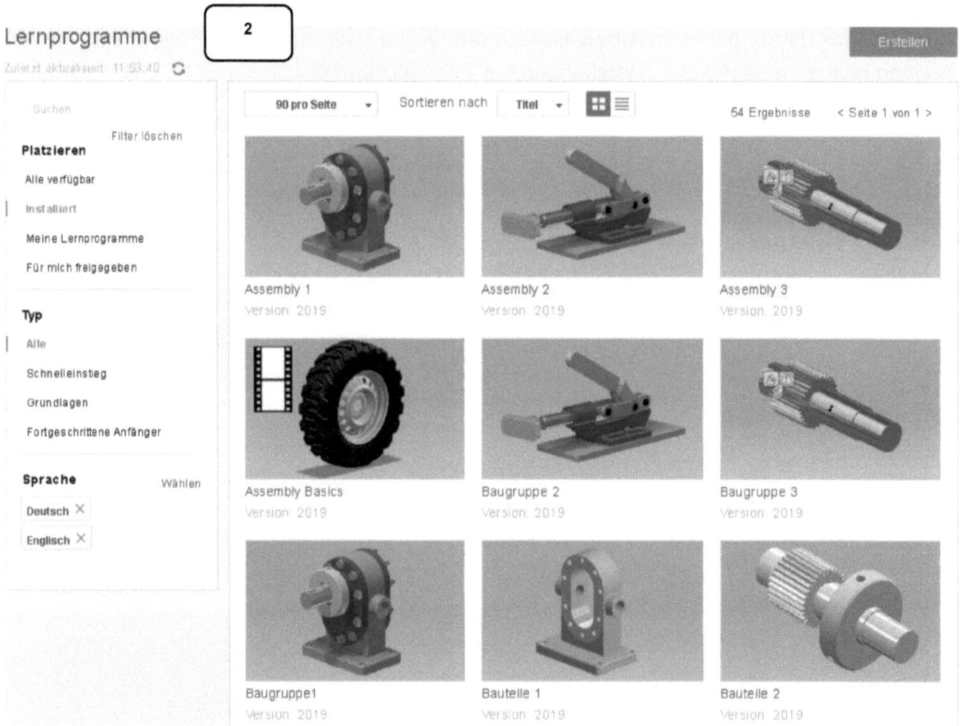

4.3 Zusatzmodule (empfohlene Einstellungen)

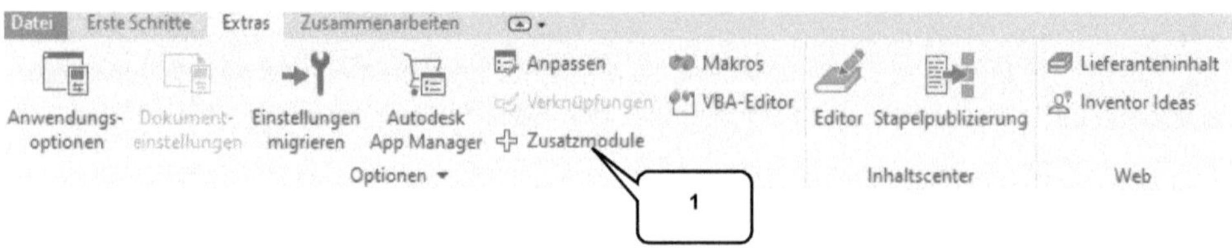

In der Befehlsgruppe ***Optionen*** (Register ***Extras***) befindet sich der Befehl Zusatzmodule (1) welcher den ***Zusatzmodul-Manager*** öffnet. Damit können die automatisch beim Programmstart zusätzlich zu den Standardeinstellungen zu aktivierenden Programm-Module festgelegt werden.

Um ein Modul automatisch laden zu lassen, muss dieses in der ***Liste*** (2) aktiviert werden, um anschließend die beiden Haken im Bereich ***Ladeverhalten*** (3) zu setzen. Andernfalls sind die Haken zu entfernen.

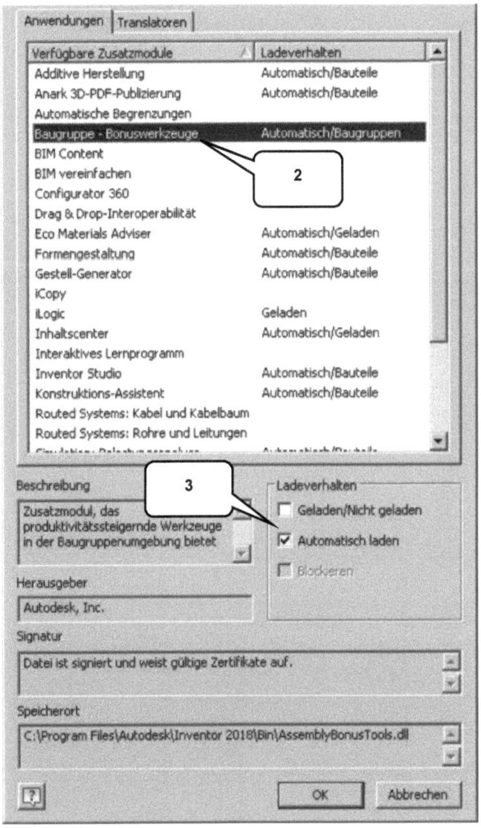

Die Aktivierung der folgenden Module wird dringend empfohlen:

- Additive Herstellung
- Automatische Begrenzungen
- Baugruppe - Bonuswerkzeuge
- BIM-Austausch
- BIM-Vereinfachen
- Gestell-Generator
- iCopy
- iLogic
- Inhaltscenter
- Inventor Studio
- Konstruktions-Assistent
- Simulation: Belastungsanalyse
- Simulation: Dynamische Simulation
- Simulation: Gestellanalyse

<u>HINWEIS</u>: Je nach Programversion (Inventor® oder Inventor® Professional) können einige der Module unter Umständen nicht aktiviert werden. Bitte beachten Sie weiterhin, dass eine generelle Aktivierung <u>aller</u> verfügbaren Module die Leistungsfähigkeit des PCs stark beeinträchtigen kann und deshalb nicht zu empfehlen ist.

4.4 Anwendungsoptionen (empfohlene Einstellungen)

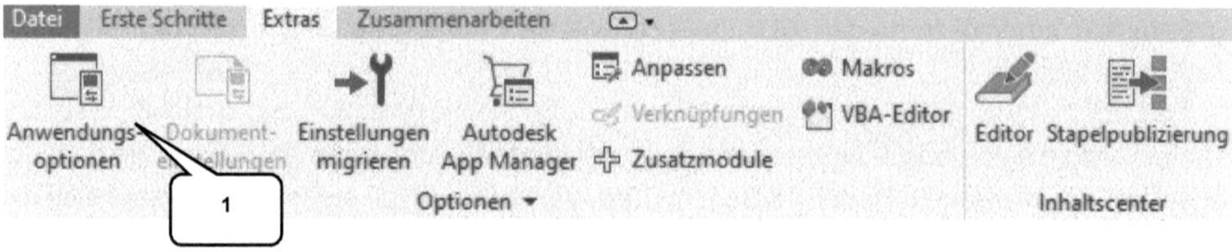

In den Anwendungsoptionen (1) werden die Grundeinstellungen des Programms festgelegt. Er sollte jetzt geöffnet und die folgenden Einstellungen kontrolliert werden:

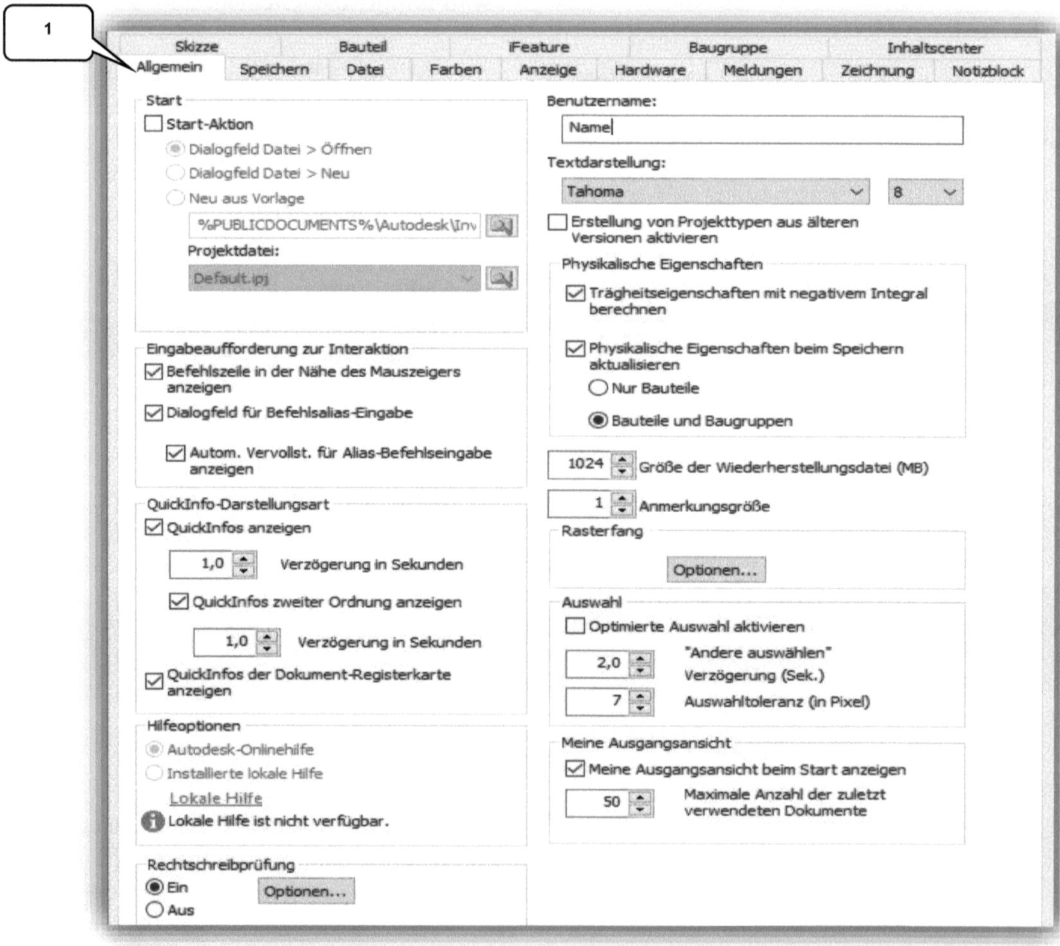

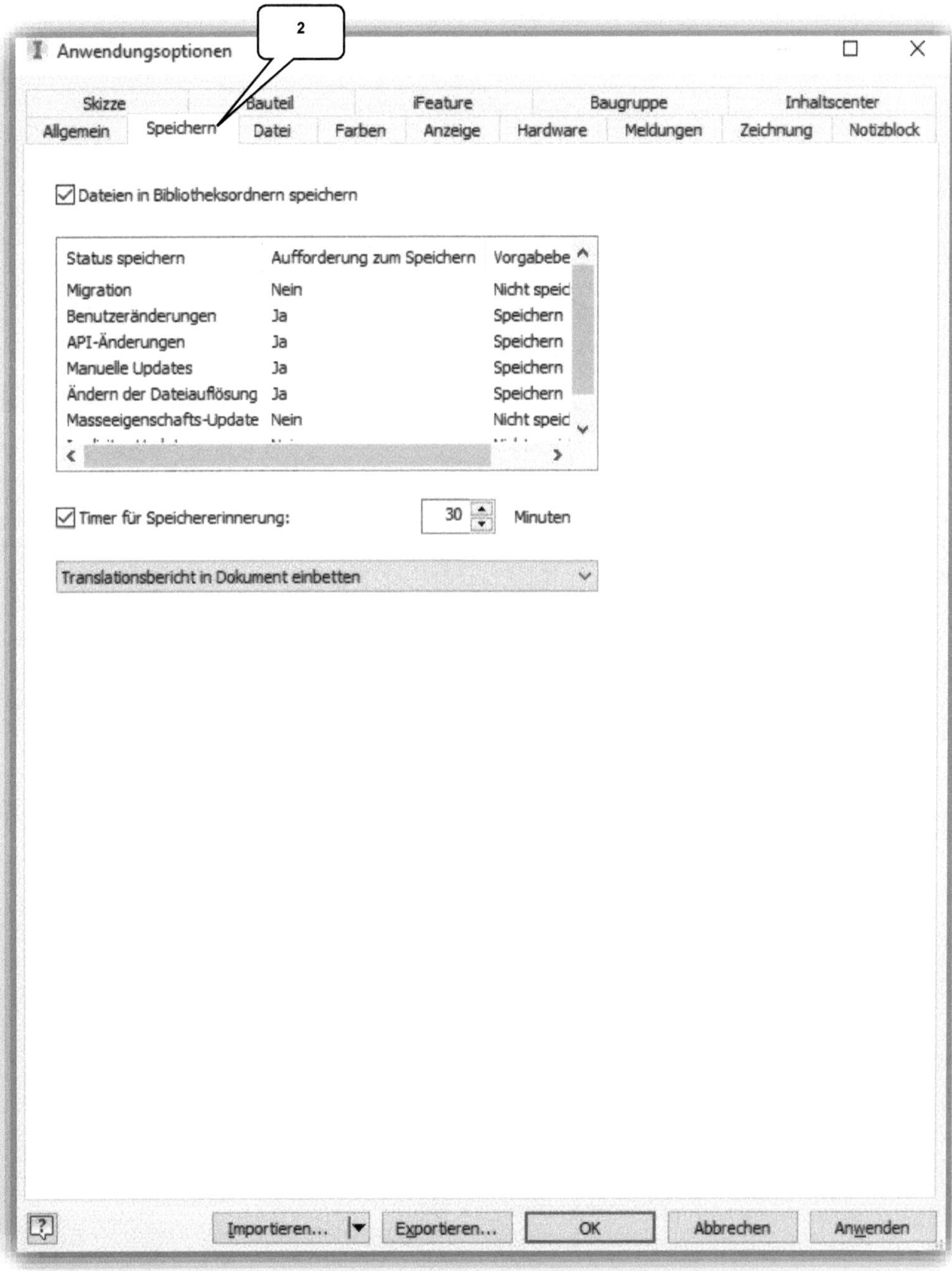
2
Anwendungsoptionen
Skizze
Bauteil
iFeature
Baugruppe
Inhaltscenter
Allgemein
Speichern
Datei
Farben
Anzeige
Hardware
Meldungen
Zeichnung
Notizblock
Dateien in Bibliotheksordnern speichern
Status speichern
Aufforderung zum Speichern
Vorgabebe
Migration
Nein
Nicht speic
Benutzeränderungen
Ja
Speichern
API-Änderungen
Ja
Speichern
Manuelle Updates
Ja
Speichern
Ändern der Dateiauflösung
Ja
Speichern
Masseeigenschafts-Update
Nein
Nicht speic
Timer für Speichererinnerung:
30
Minuten
Translationsbericht in Dokument einbetten
Importieren...
Exportieren...
OK
Abbrechen
Anwenden

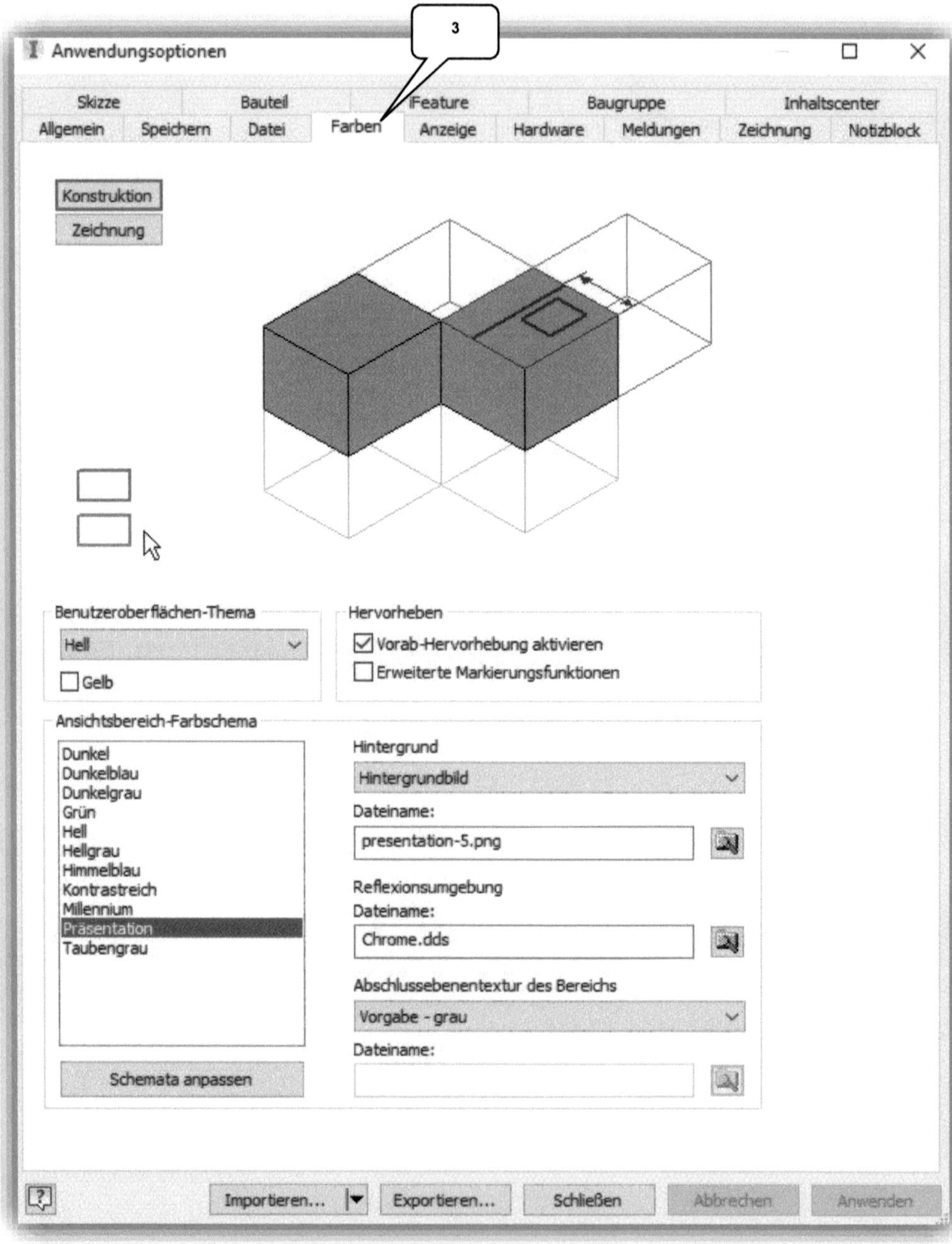
3
Anwendungsoptionen
Skizze
Bauteil
iFeature
Baugruppe
Inhaltscenter
Allgemein
Speichern
Datei
Farben
Anzeige
Hardware
Meldungen
Zeichnung
Notizblock
Konstruktion
Zeichnung
Benutzeroberflächen-Thema
Hell
Gelb
Hervorheben
Vorab-Hervorhebung aktivieren
Erweiterte Markierungsfunktionen
Ansichtsbereich-Farbschema
Dunkel
Dunkelblau
Dunkelgrau
Grün
Hell
Hellgrau
Himmelblau
Kontrastreich
Millennium
Präsentation
Taubengrau
Schemata anpassen
Hintergrund
Hintergrundbild
Dateiname:
presentation-5.png
Reflexionsumgebung
Dateiname:
Chrome.dds
Abschlussebenentextur des Bereichs
Vorgabe - grau
Dateiname:
Importieren...
Exportieren...
Schließen
Abbrechen
Anwenden

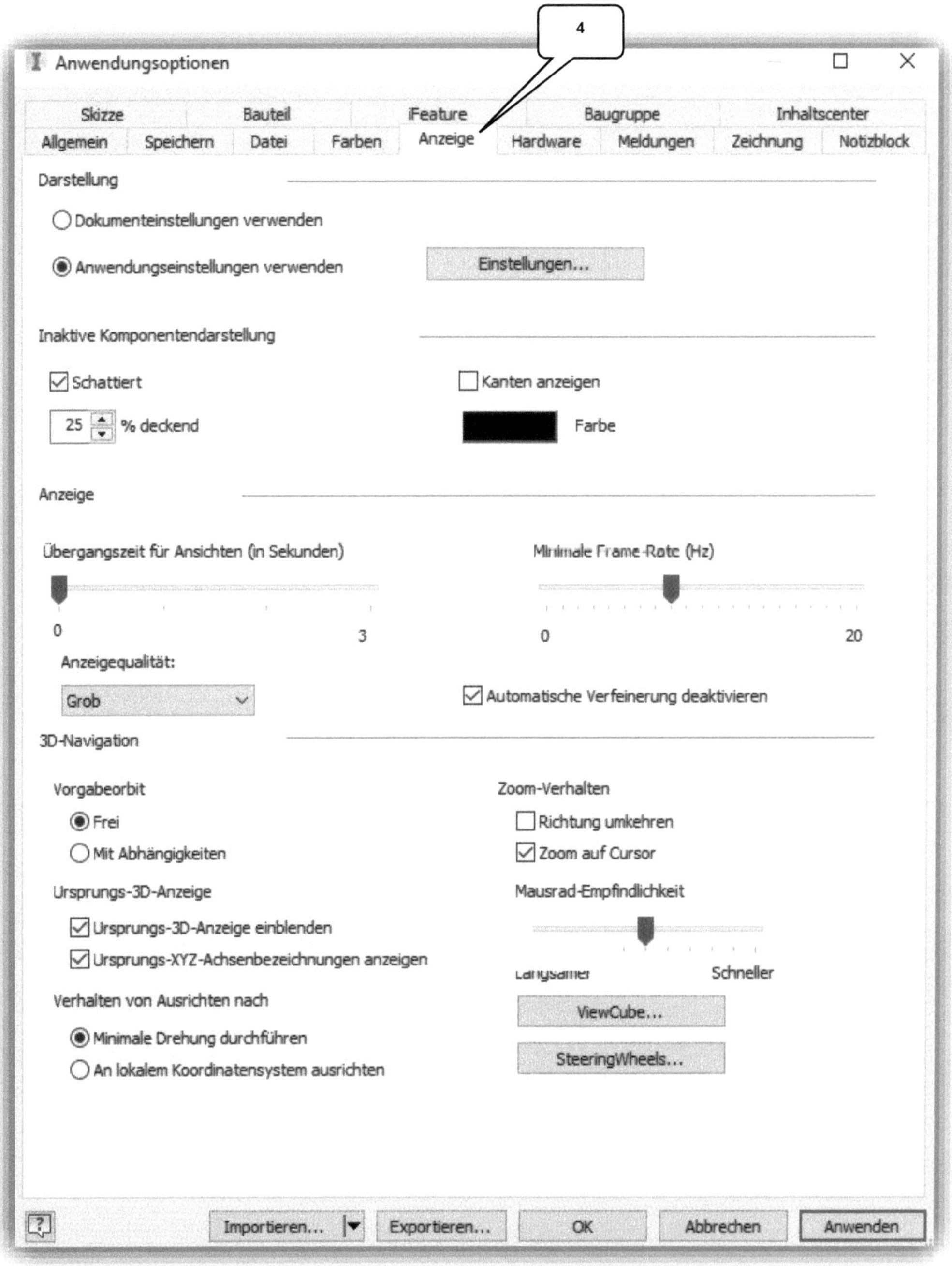
4
Anwendungsoptionen
Skizze
Bauteil
iFeature
Baugruppe
Inhaltscenter
Allgemein
Speichern
Datei
Farben
Anzeige
Hardware
Meldungen
Zeichnung
Notizblock
Darstellung
Dokumenteinstellungen verwenden
Anwendungseinstellungen verwenden
Einstellungen...
Inaktive Komponentendarstellung
Schattiert
Kanten anzeigen
25
% deckend
Farbe
Anzeige
Übergangszeit für Ansichten (in Sekunden)
Minimale Frame-Rate (Hz)
0
3
0
20
Anzeigequalität:
Grob
Automatische Verfeinerung deaktivieren
3D-Navigation
Vorgabeorbit
Frei
Mit Abhängigkeiten
Zoom-Verhalten
Richtung umkehren
Zoom auf Cursor
Ursprungs-3D-Anzeige
Ursprungs-3D-Anzeige einblenden
Ursprungs-XYZ-Achsenbezeichnungen anzeigen
Mausrad-Empfindlichkeit
Schneller
Verhalten von Ausrichten nach
Minimale Drehung durchführen
An lokalem Koordinatensystem ausrichten
ViewCube...
SteeringWheels...
Importieren...
Exportieren...
OK
Abbrechen
Anwenden

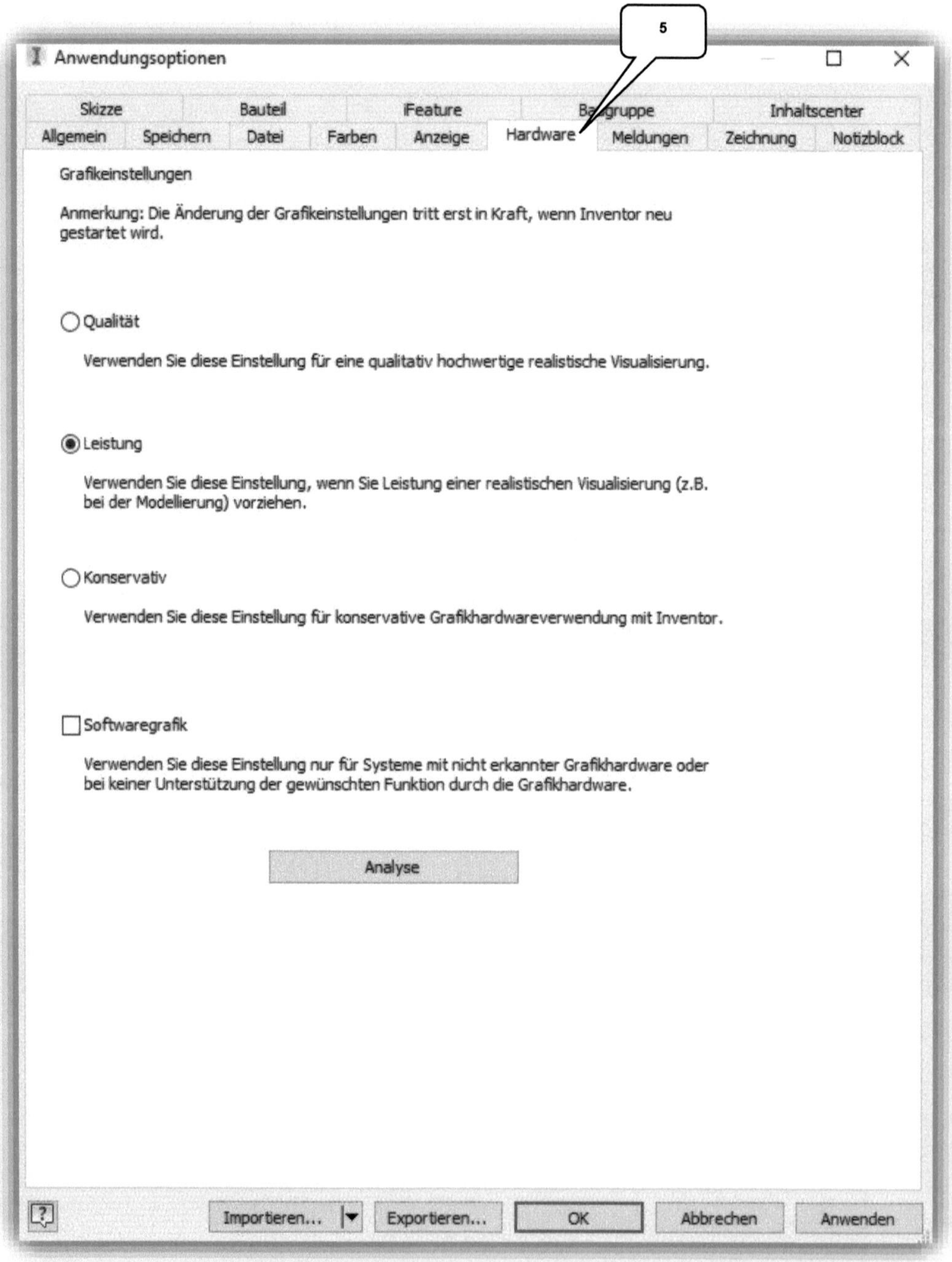
5
Anwendungsoptionen
Skizze
Bauteil
iFeature
Baugruppe
Inhaltscenter
Allgemein
Speichern
Datei
Farben
Anzeige
Hardware
Meldungen
Zeichnung
Notizblock
Grafikeinstellungen
Anmerkung: Die Änderung der Grafikeinstellungen tritt erst in Kraft, wenn Inventor neu gestartet wird.
Qualität
Verwenden Sie diese Einstellung für eine qualitativ hochwertige realistische Visualisierung.
Leistung
Verwenden Sie diese Einstellung, wenn Sie Leistung einer realistischen Visualisierung (z.B. bei der Modellierung) vorziehen.
Konservativ
Verwenden Sie diese Einstellung für konservative Grafikhardwareverwendung mit Inventor.
Softwaregrafik
Verwenden Sie diese Einstellung nur für Systeme mit nicht erkannter Grafikhardware oder bei keiner Unterstützung der gewünschten Funktion durch die Grafikhardware.
Analyse
Importieren...
Exportieren...
OK
Abbrechen
Anwenden

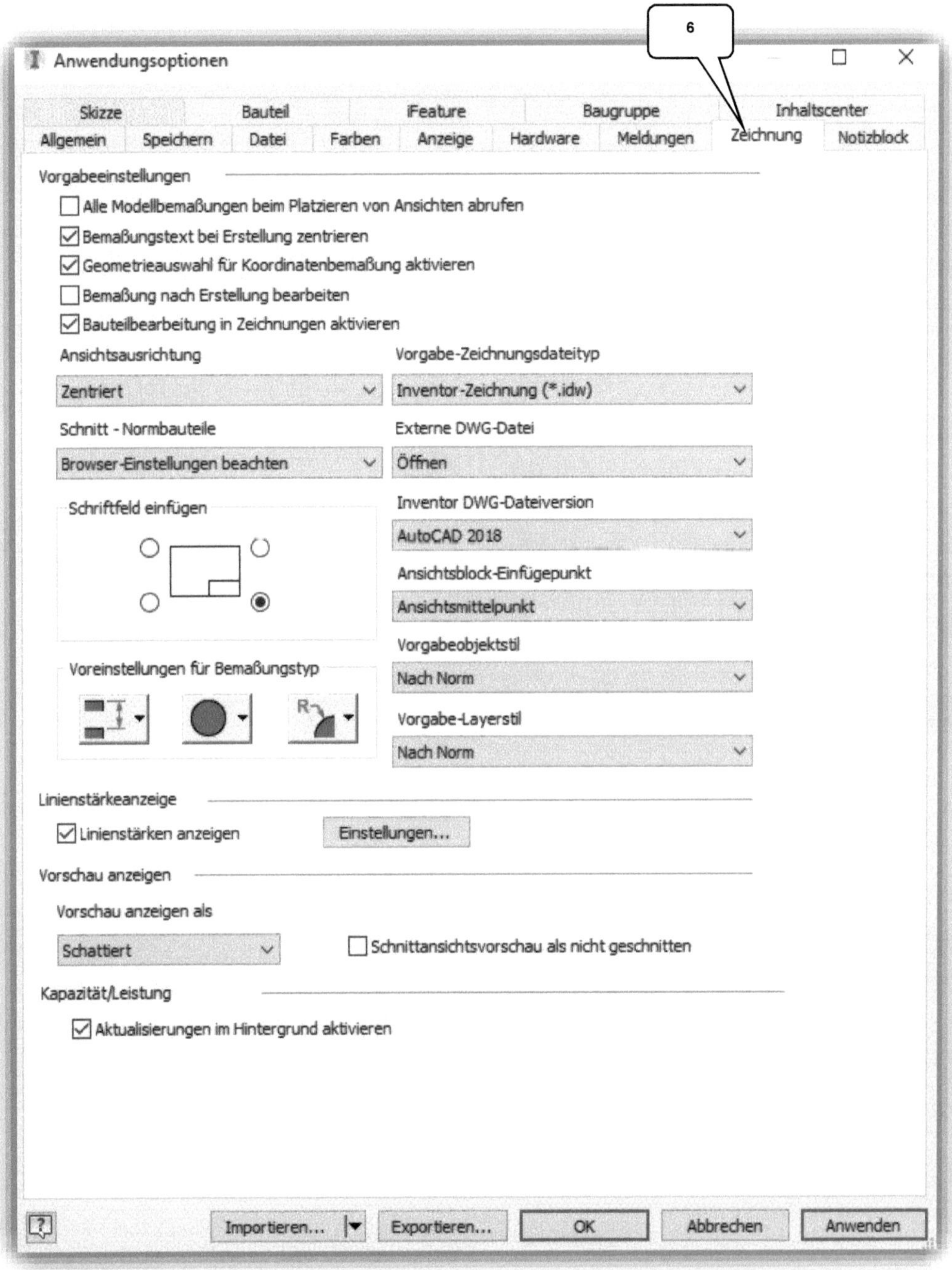
6
Anwendungsoptionen
Skizze
Bauteil
iFeature
Baugruppe
Inhaltscenter
Allgemein
Speichern
Datei
Farben
Anzeige
Hardware
Meldungen
Zeichnung
Notizblock
Vorgabeeinstellungen
Alle Modellbemaßungen beim Platzieren von Ansichten abrufen
Bemaßungstext bei Erstellung zentrieren
Geometrieauswahl für Koordinatenbemaßung aktivieren
Bemaßung nach Erstellung bearbeiten
Bauteilbearbeitung in Zeichnungen aktivieren
Ansichtsausrichtung
Zentriert
Vorgabe-Zeichnungsdateityp
Inventor-Zeichnung (*.idw)
Schnitt - Normbauteile
Browser-Einstellungen beachten
Externe DWG-Datei
Öffnen
Schriftfeld einfügen
Inventor DWG-Dateiversion
AutoCAD 2018
Ansichtsblock-Einfügepunkt
Ansichtsmittelpunkt
Vorgabeobjektstil
Nach Norm
Voreinstellungen für Bemaßungstyp
R
Vorgabe-Layerstil
Nach Norm
Linienstärkeanzeige
Linienstärken anzeigen
Einstellungen...
Vorschau anzeigen
Vorschau anzeigen als
Schattiert
Schnittansichtsvorschau als nicht geschnitten
Kapazität/Leistung
Aktualisierungen im Hintergrund aktivieren
Importieren...
Exportieren...
OK
Abbrechen
Anwenden

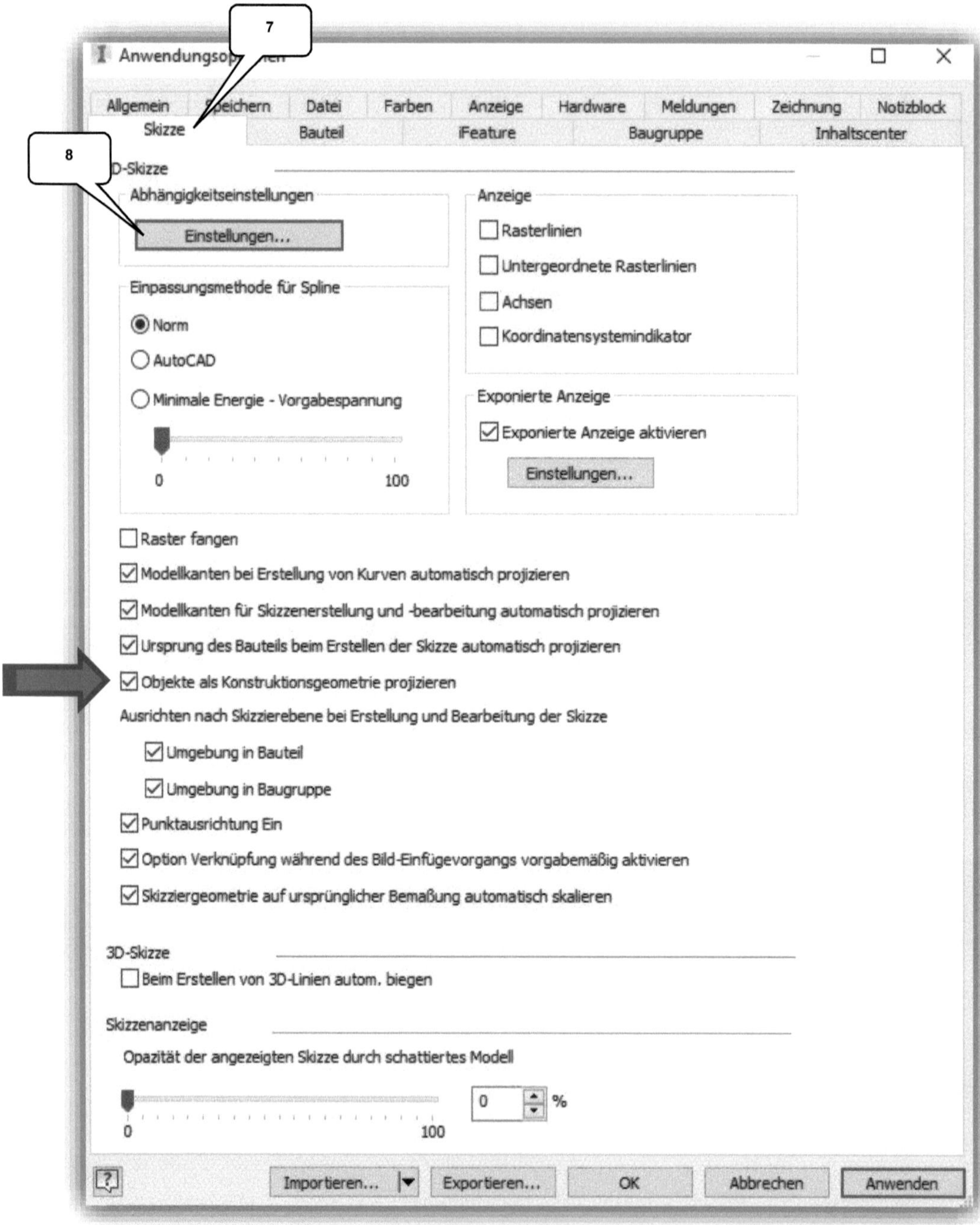
7
8
Anwendungsoptionen
Allgemein
Speichern
Datei
Farben
Anzeige
Hardware
Meldungen
Zeichnung
Notizblock
Skizze
Bauteil
iFeature
Baugruppe
Inhaltscenter
2D-Skizze
Abhängigkeitseinstellungen
Einstellungen...
Anzeige
Rasterlinien
Untergeordnete Rasterlinien
Achsen
Koordinatensystemindikator
Einpassungsmethode für Spline
Norm
AutoCAD
Minimale Energie - Vorgabespannung
0
100
Exponierte Anzeige
Exponierte Anzeige aktivieren
Einstellungen...
Raster fangen
Modellkanten bei Erstellung von Kurven automatisch projizieren
Modellkanten für Skizzenerstellung und -bearbeitung automatisch projizieren
Ursprung des Bauteils beim Erstellen der Skizze automatisch projizieren
Objekte als Konstruktionsgeometrie projizieren
Ausrichten nach Skizzierebene bei Erstellung und Bearbeitung der Skizze
Umgebung in Bauteil
Umgebung in Baugruppe
Punktausrichtung Ein
Option Verknüpfung während des Bild-Einfügevorgangs vorgabemäßig aktivieren
Skizziergeometrie auf ursprünglicher Bemaßung automatisch skalieren
3D-Skizze
Beim Erstellen von 3D-Linien autom. biegen
Skizzenanzeige
Opazität der angezeigten Skizze durch schattiertes Modell
0
%
0
100
Importieren...
Exportieren...
OK
Abbrechen
Anwenden

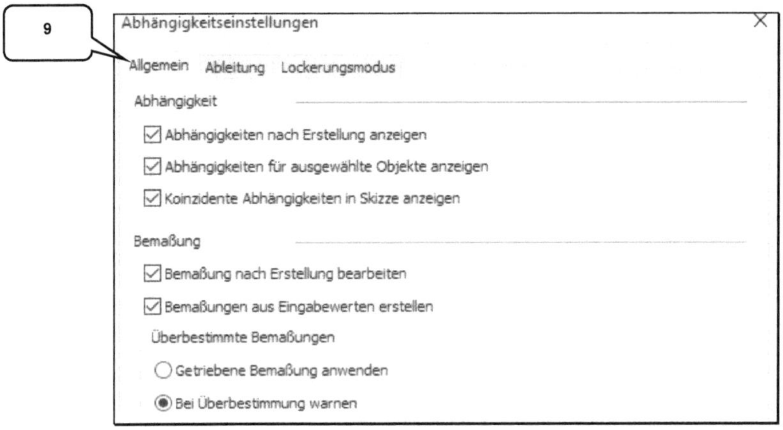
9
Abhängigkeitseinstellungen
Allgemein
Ableitung
Lockerungsmodus
Abhängigkeit
Abhängigkeiten nach Erstellung anzeigen
Abhängigkeiten für ausgewählte Objekte anzeigen
Koinzidente Abhängigkeiten in Skizze anzeigen
Bemaßung
Bemaßung nach Erstellung bearbeiten
Bemaßungen aus Eingabewerten erstellen
Überbestimmte Bemaßungen
Getriebene Bemaßung anwenden
Bei Überbestimmung warnen

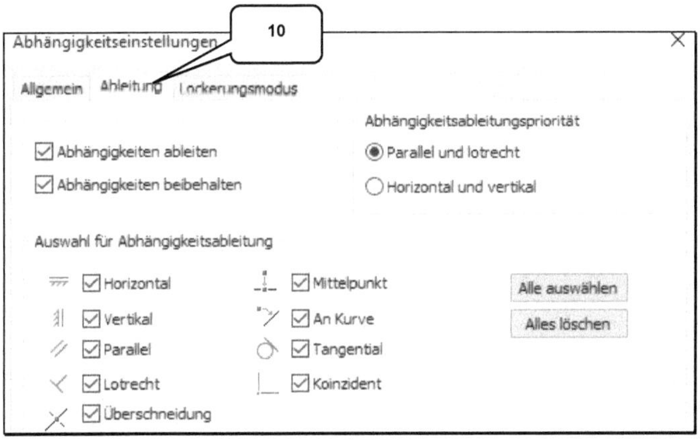
10
Abhängigkeitseinstellungen
Allgemein
Ableitung
Lockerungsmodus
Abhängigkeiten ableiten
Abhängigkeiten beibehalten
Abhängigkeitsableitungspriorität
Parallel und lotrecht
Horizontal und vertikal
Auswahl für Abhängigkeitsableitung
Horizontal
Vertikal
Parallel
Lotrecht
Überschneidung
Mittelpunkt
An Kurve
Tangential
Koinzident
Alle auswählen
Alles löschen

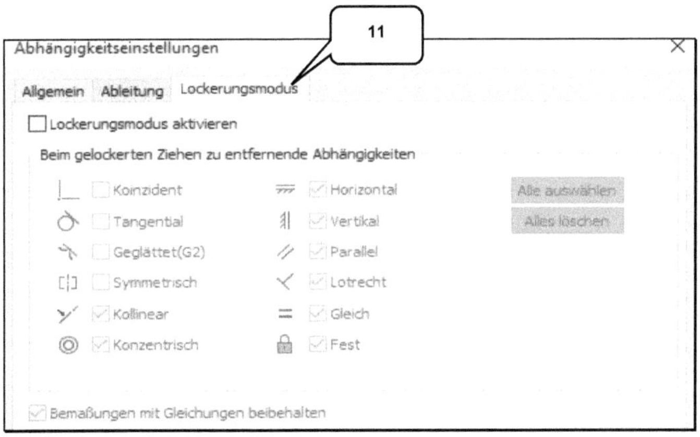
11
Abhängigkeitseinstellungen
Allgemein
Ableitung
Lockerungsmodus
Lockerungsmodus aktivieren
Beim gelockerten Ziehen zu entfernende Abhängigkeiten
Koinzident
Tangential
Geglättet(G2)
Symmetrisch
Kollinear
Konzentrisch
Horizontal
Vertikal
Parallel
Lotrecht
Gleich
Fest
Alle auswählen
Alles löschen
Bemaßungen mit Gleichungen beibehalten

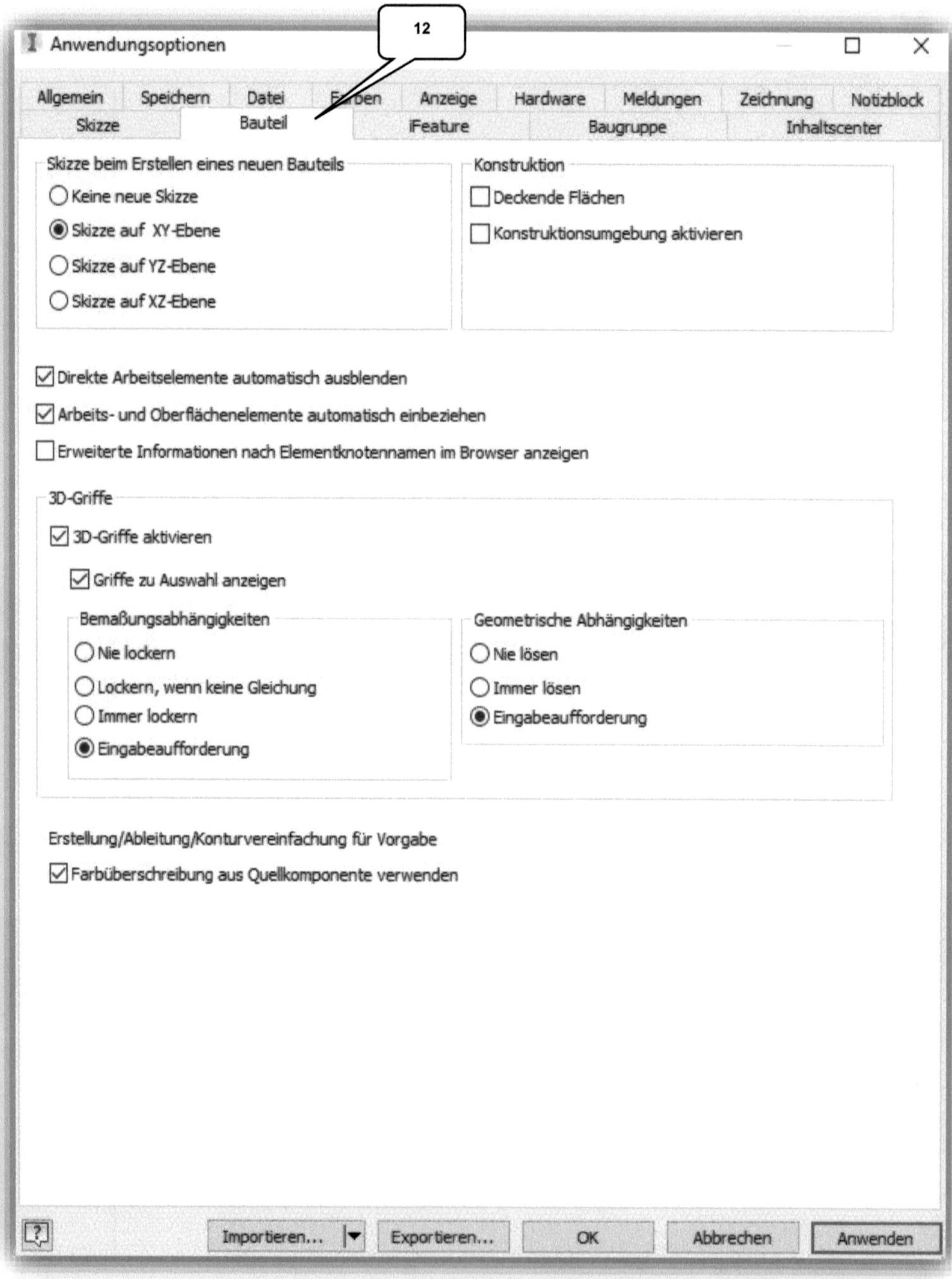
12
Anwendungsoptionen
Allgemein
Speichern
Datei
Farben
Anzeige
Hardware
Meldungen
Zeichnung
Notizblock
Skizze
Bauteil
iFeature
Baugruppe
Inhaltscenter
Skizze beim Erstellen eines neuen Bauteils
Keine neue Skizze
Skizze auf XY-Ebene
Skizze auf YZ-Ebene
Skizze auf XZ-Ebene
Konstruktion
Deckende Flächen
Konstruktionsumgebung aktivieren
Direkte Arbeitselemente automatisch ausblenden
Arbeits- und Oberflächenelemente automatisch einbeziehen
Erweiterte Informationen nach Elementknotennamen im Browser anzeigen
3D-Griffe
3D-Griffe aktivieren
Griffe zu Auswahl anzeigen
Bemaßungsabhängigkeiten
Nie lockern
Lockern, wenn keine Gleichung
Immer lockern
Eingabeaufforderung
Geometrische Abhängigkeiten
Nie lösen
Immer lösen
Eingabeaufforderung
Erstellung/Ableitung/Konturvereinfachung für Vorgabe
Farbüberschreibung aus Quellkomponente verwenden
Importieren...
Exportieren...
OK
Abbrechen
Anwenden

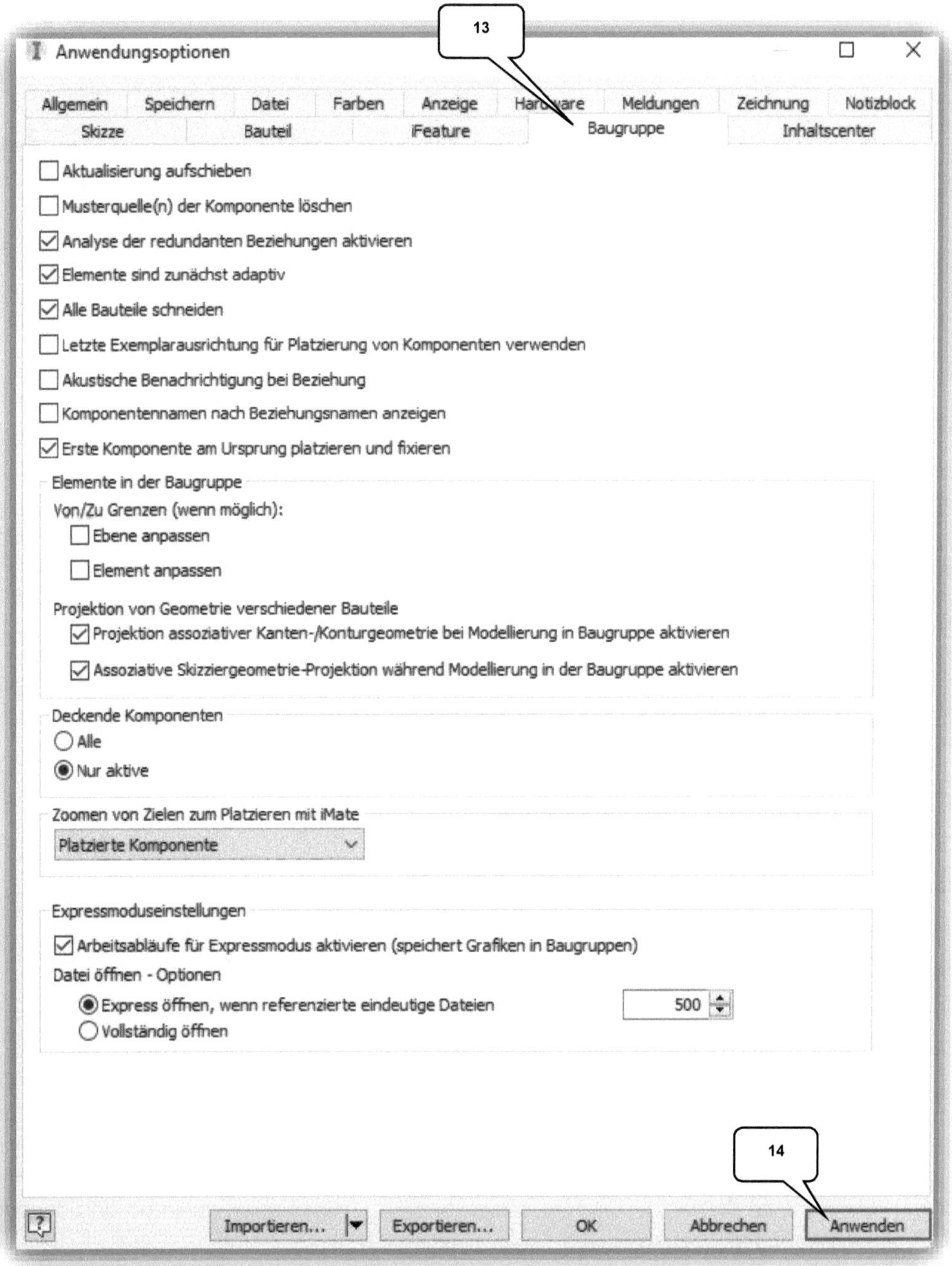
13
Anwendungsoptionen
Allgemein
Speichern
Datei
Farben
Anzeige
Hardware
Meldungen
Zeichnung
Notizblock
Skizze
Bauteil
iFeature
Baugruppe
Inhaltscenter
Aktualisierung aufschieben
Musterquelle(n) der Komponente löschen
Analyse der redundanten Beziehungen aktivieren
Elemente sind zunächst adaptiv
Alle Bauteile schneiden
Letzte Exemplarausrichtung für Platzierung von Komponenten verwenden
Akustische Benachrichtigung bei Beziehung
Komponentennamen nach Beziehungsnamen anzeigen
Erste Komponente am Ursprung platzieren und fixieren
Elemente in der Baugruppe
Von/Zu Grenzen (wenn möglich):
Ebene anpassen
Element anpassen
Projektion von Geometrie verschiedener Bauteile
Projektion assoziativer Kanten-/Konturgeometrie bei Modellierung in Baugruppe aktivieren
Assoziative Skizziergeometrie-Projektion während Modellierung in der Baugruppe aktivieren
Deckende Komponenten
Alle
Nur aktive
Zoomen von Zielen zum Platzieren mit iMate
Platzierte Komponente
Expressmoduseinstellungen
Arbeitsabläufe für Expressmodus aktivieren (speichert Grafiken in Baugruppen)
Datei öffnen - Optionen
Express öffnen, wenn referenzierte eindeutige Dateien
500
Vollständig öffnen
14
Importieren...
Exportieren...
OK
Abbrechen
Anwenden

5 Grundlegende Vorbereitungen

5.1 Erzeugen des Projektordners

Bevor mit der Umsetzung des Projekts gestartet wird, müssen die folgenden Arbeiten erledigt werden:

Auf dem PC ist an geeigneter Stelle ein neuer Ordner mit folgender Bezeichnung zu erstellen:

➢ ***Inventor-2021-Übung-Dynamische-Simulation***

5.2 Download der Übungsdateien

Besuchen Sie im Internet die folgende Website:

➢ ***http://www.cad-trainings.de***

Suchen Sie im Bereich ***Download*** bei den ***Büchern*** die passende ***Programmversion*** und das dazugehörige Buch. Klicken Sie auf den nebenstehenden Link, um die zum Buch gehörende Übungsdatei (ZIP-Format) auf Ihrem PC zu speichern.

Speichern Sie die Datei in dem vorher erzeugten Projektordner ***Inventor-2021-Übung-Dynamische-Simulation*** und entpacken Sie die Datei dort hinein. Die darin enthaltenen Dateien werden später benötigt.

5.3 Öffnen des Einzelbenutzerprojekts

Inventor® arbeitet grundsätzlich in Projekten, was die Koordination zusammenhängender Dateien und Einstellungen vereinfacht. Eine Projektdatei (*.ipj) sichert alle Informationen und Querverweise eines Projekts. Das ist wichtig, wenn später komplexe Baugruppen archiviert oder von einem PC auf einen anderen übertragen werden sollen. Im Register ***Erste Schritte*** (Befehlsgruppe ***Starten***) ist mit dem Befehl Projekte das Projekt ***Inventor-2021-Dynamische-Simulation.ipj*** zu aktivieren.

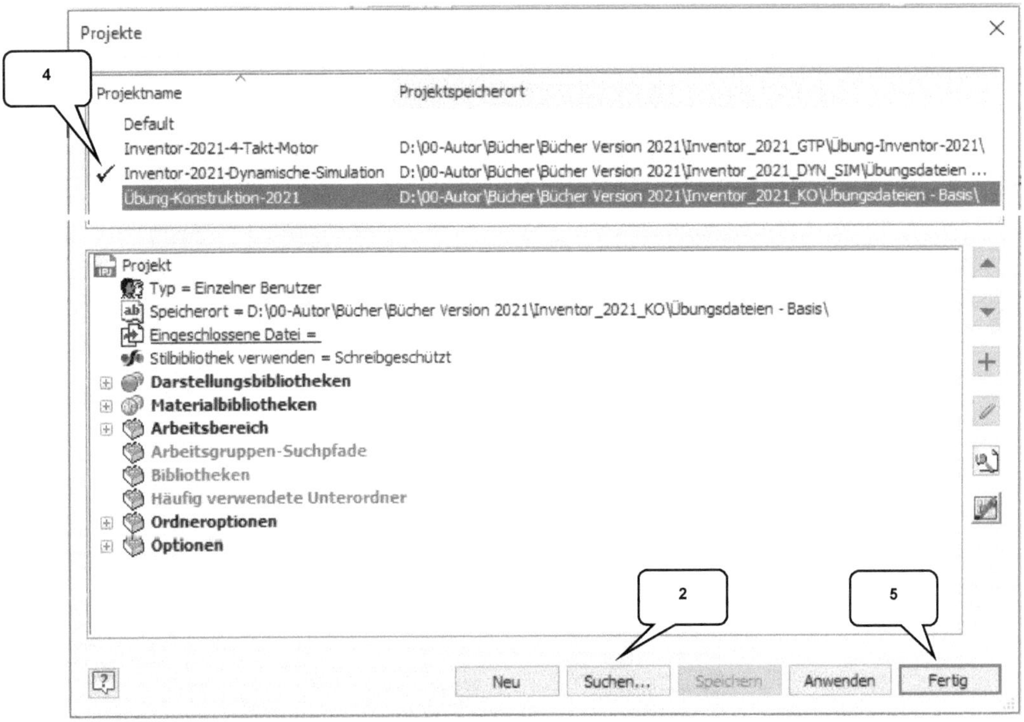

Mit der Option soll der Pfad zum Projektordner ausgewählt und die darin enthaltene Projektdatei ***Inventor-2021-Dynamische-Simulation.ipj*** (3) aktiviert werden.

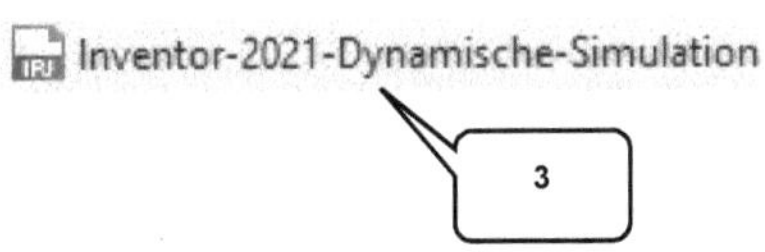

- Register ***Erste Schritte***

Projekte (1)
- ***Suchen*** (2)
- Pfad zum Projektordner wählen
- Dateiname: ***Inventor-2021-Dynamische-Simulation.ipj*** (3)
- Öffnen ***Öffnen***

Das Projekt wird automatisch aktiviert, was durch einen kleinen ***Haken*** in der entsprechenden Zeile (4) signalisiert wird.

- Fertig ***Fertig*** (5)

6 Die Baugruppe im Überblick

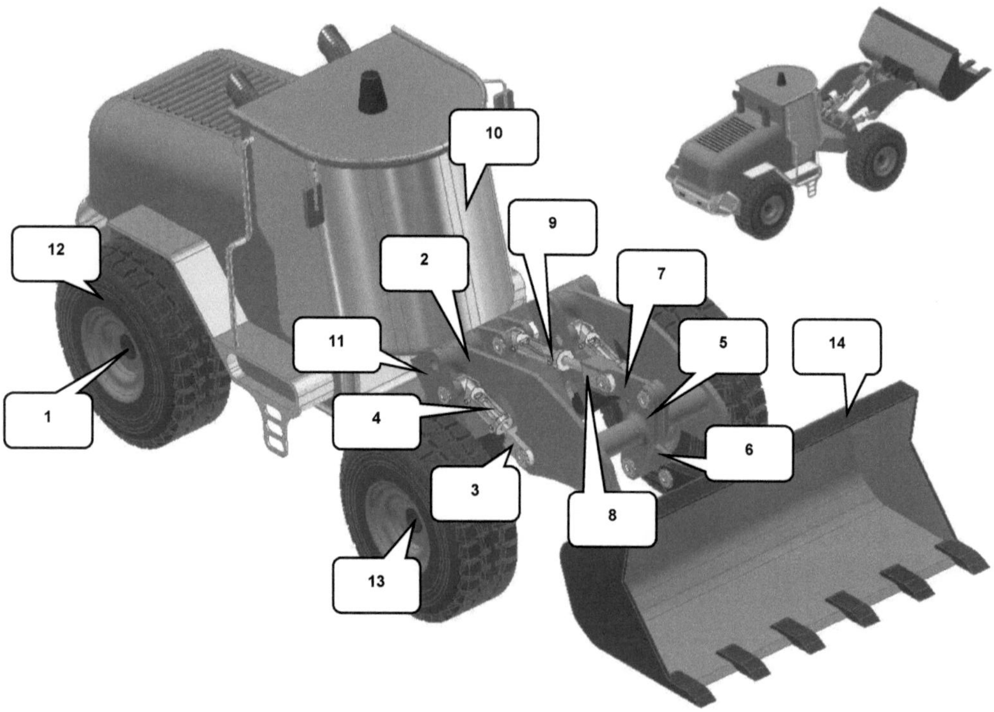

1) Hinterradachse
2) Hubrahmen
3) Hubzylinder-Kolben
4) Hubzylinder-Zylinder
5) Kipphebel
6) Kippschwinge
7) Kippzylinder-Fixierung
8) Kippzylinder-Kolben
9) Kippzylinder-Zylinder
10) Maschinengehäuse
11) Maschinenrahmen
12) Rad
13) Radbolzen
14) Schaufel

7 Die Umgebung der Dynamischen Simulation

7.1 Öffnen der Unterbaugruppe UBG_1

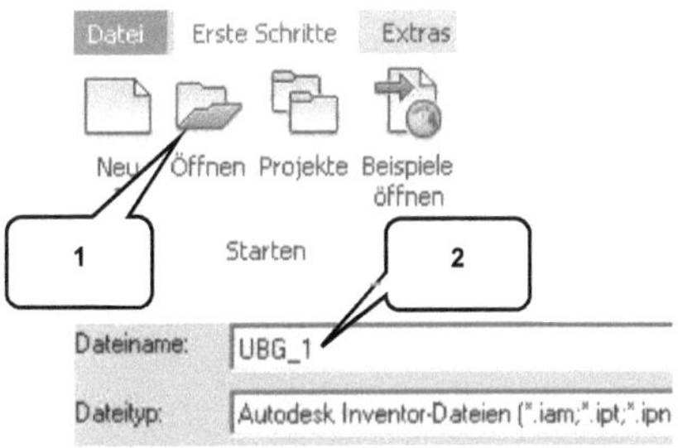

Öffnen Sie zuerst die Unterbaugruppe ***UBG_1*** welche sich bereits im Projektordner befindet:

Öffnen (1)

- Order: Projektordner wählen
- Dateiname: UBG_1 (2)
- Dateityp: *.iam
- Öffnen ***Öffnen***

Die Baugruppe besteht aus der Hinterradachse und den beiden Hinterrädern, wobei die Hinterradachse bereits am Koordinatenursprung der Unterbaugruppe ausgerichtet und fixiert wurde (3).

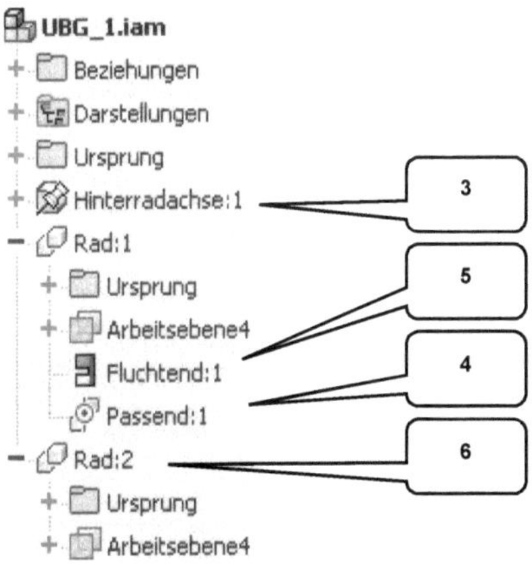

Eines der beiden Räder wurde ebenfalls bereits befestigt: Es wurde mit einer axialen Abhängigkeit zur Achse (4) und einer Flächenabhängigkeit dazu positioniert (5).

Das zweite Rad besitzt noch alle sechs Freiheitsgrade: es wird später ausgerichtet (6).

Die aktuelle Konstellation an vorhandenen Abhängigkeiten und Freiheitsgraden soll jetzt im Bereich der ***Dynamischen Simulation*** genauer betrachtet werden.

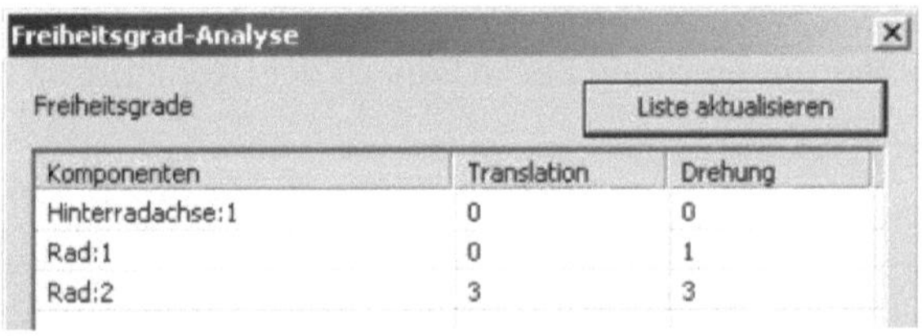

7.2 In den Bereich der Dynamischen Simulation wechseln

Arbeitsbereich:
Dynamische Simulation

Um in den Bereich der Dynamischen Simulation wechseln zu können, muss das Register ***Umgebungen*** aktiviert und der Befehl ***Dynamische Simulation*** gestartet werden.

- Register ***Umgebungen*** (1)
- Dynamische Simulation (2)

7.3 Grundlegender Aufbau des Simulationsbereiches

7.3.1 Die Befehlsgruppen

Zuerst sollten die ***Befehlsgruppen*** auf Vollständigkeit kontrolliert und ggf. aktiviert werden:

- ***Rechte Maustaste*** auf einen beliebigen Bereich in der Multifunktionsleiste (1)
- ***Gruppen anzeigen*** erweitern (2)
- Alle Befehlsgruppen sollten aktiviert sein (3)

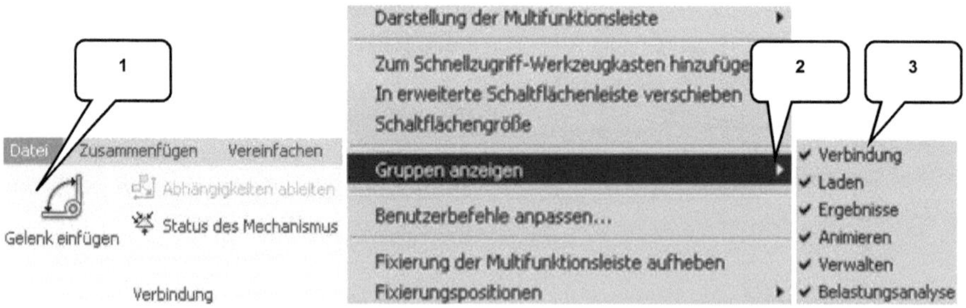

Die folgenden ***Befehlsgruppen*** finden Sie im Bereich der Dynamischen Simulation:

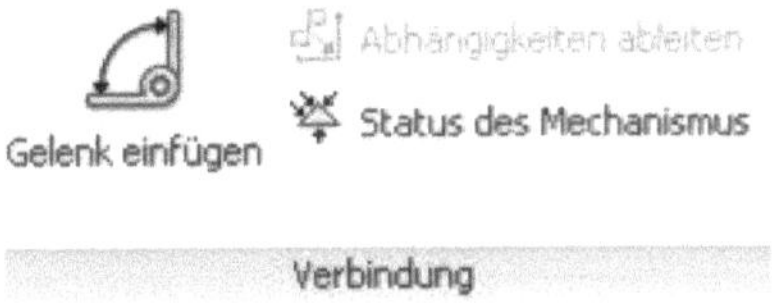

Verbindung

- Einfügen neuer Gelenke
- Ableiten vorhandener Abhängigkeiten
- Prüfen des Mechanismus

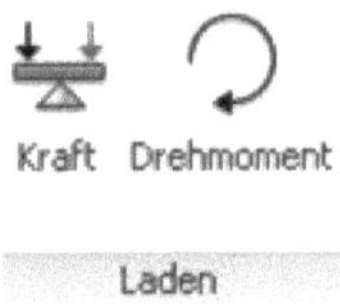

Laden

- Hinzufügen von Kräften
- Hinzufügen von Drehmomenten

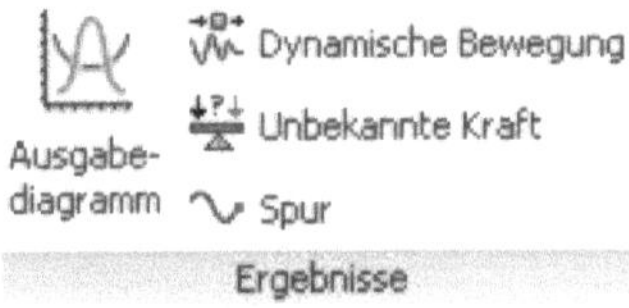

Ergebnisse

- Starten des Ausgabediagramms
- Starten der Dynamischen Bewegung
- Ermitteln unbekannter Kräfte
- Einfügen von Spuren

Animieren

- Publikation eines Filmes
- Öffnen von Inventor® Studio

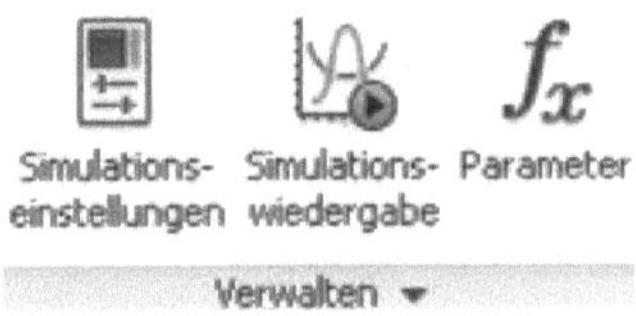

Verwalten

- Bearbeiten der Simulationseinstellungen
- Starten der Simulationswiedergabe
- Öffnen des Parametermanagers

Belastungsanalyse

- Exportieren der Berechnungsergebnisse in den Bereich der FEM-Analyse

Beenden

- Verlassen des Bereiches der Dynamischen Simulation

7.3.2 Der Browser und seine Ordner

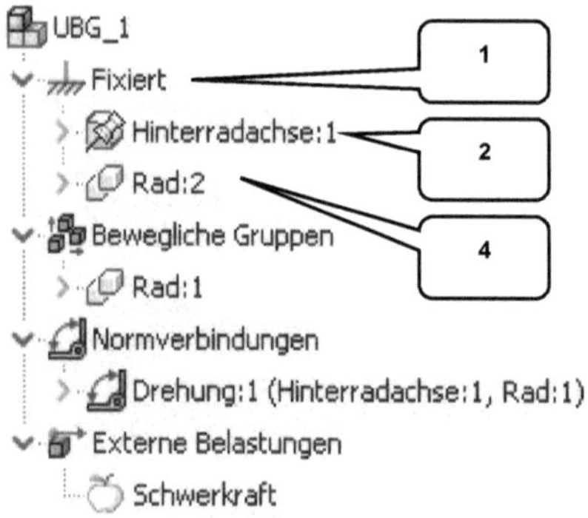

Der ***Browser*** der Dynamischen Simulation spiegelt den Mechanismus einer Baugruppe wider: Hier werden alle Komponenten, Gelenke und Lasten einer Baugruppe aufgelistet. Die folgenden Ordner sollten bereits darin vorhanden sein:

Ordner ***Fixiert*** (1)

Hier werden alle Komponenten aufgelistet, die entweder noch alle sechs Freiheitsgrade besitzen, oder gar keinen mehr. Sie waren im Baugruppenbereich also fixiert oder noch völlig frei beweglich.

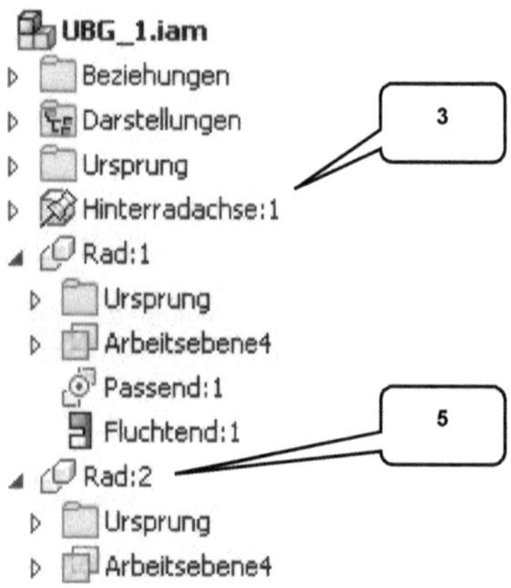

Ordner	***Freiheitsgrade***
Fixiert	0 oder 6

Die ***Hinterradachse*** (2) der Baugruppe ist darin angeordnet, weil Sie bereits im Baugruppenbereich (3) fixiert wurde. Auch das ***Rad:2*** (4) liegt darin, denn es verfügte im Baugruppenbereich noch über alle sechs Freiheitsgrade (5), besitzt also noch keine Abhängigkeiten.

Ordner ***Bewegliche Gruppen***

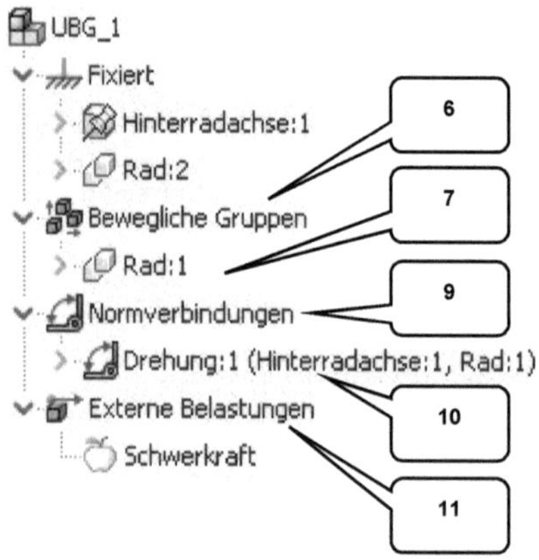

Im Ordner ***Bewegliche Gruppen*** (6) werden alle restlichen Komponenten aufgelistet, was in diesem Fall nur das ***Rad:1*** (7) ist. Sie besitzen zwischen einem und fünf Freiheitsgrade und wurden bereits im Baugruppenbereich - zumindest teilweise - mit Abhängigkeiten versehen. Das Rad z. B. kann noch eine Drehbewegung um die Achse vollführen, ist ansonsten aber fest mit dieser verbunden.

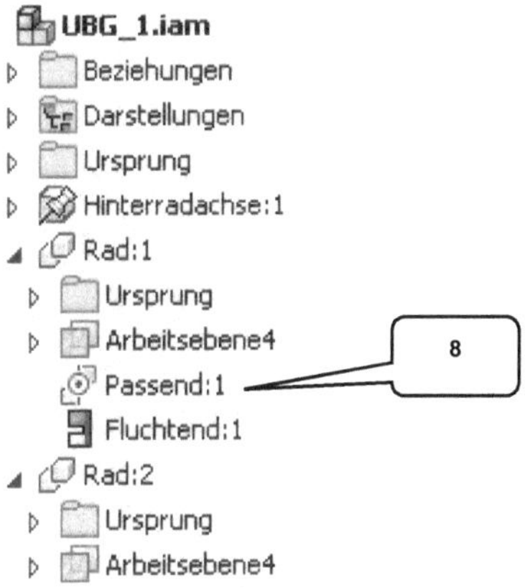

Ordner	Freiheitsgrade
Bewegliche Gruppen	1 bis 5

Ordner ***Normverbindungen***

Der Ordner ***Normverbindungen*** (9) enthält alle in einer Baugruppe enthaltenen Gelenke. Darin befindet sich momentan nur ein einziges ***Drehgelenk*** (10). Es wurde vom Programm automatisch aus der Kombination der beiden Abhängigkeiten ***Passend*** und ***Fluchtend*** (8) erstellt.

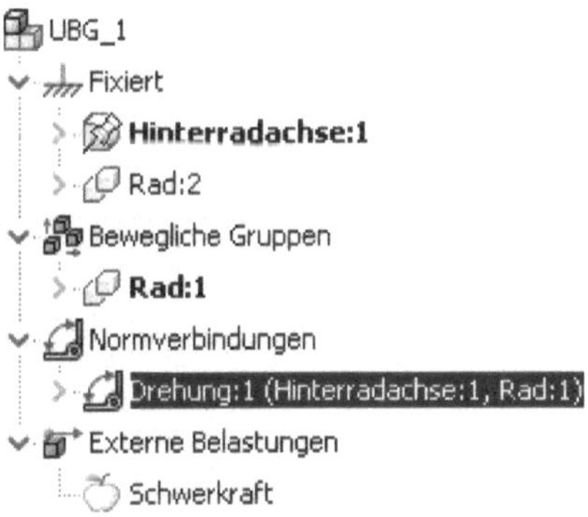

Ordner ***Externe Belastungen***

Der Ordner ***Externe Belastungen*** (11) beinhaltet alle Lasten (Kräfte, Drehmomente), die auf einen Mechanismus einwirken. Aktuell ist nur die Schwerkraft darin enthalten, die allerdings noch nicht aktiviert wurde.

Weitere Ordner im Browser der Dynamischen Simulation können sein:

- Ordner ***Rollverbindungen***
- Ordner ***Schiebeverbindungen***
- Ordner ***Kontaktverbindungen***
- Ordner ***Kraftverbindungen***

Folgende ***Sonderbedingungen*** können weiterhin auftreten:

- ***Gelenke*** mit internen Kräften, Drehmomenten oder Grenzen
- ***Gelenke*** mit Redundanzen
- ***Objekte***, die deaktiviert oder unterdrückt wurden
- ***Baugruppenabhängigkeiten***, die unterdrückt wurden

Die aktuelle Baugruppe ist sehr übersichtlich und die einzelnen Komponenten und ihre zugehörigen Normverbindungen könnten im Browser relativ schnell lokalisiert werden, bei größeren Baugruppen wird das dann schon schwieriger: Um in solchen Fällen im Browser eine Komponente schnell lokalisieren zu können, muss sie im Zeichenbereich einfach nur mit der linken Maustaste angeklickt, also markiert werden. Im Browser wird das entsprechende Bauteil danach hervorgehoben und auch die jeweils zugeordneten Normverbindungen werden durch das System markiert.

Betrachtet man den Browser genauer, so findet man im Ordner ***Fixiert*** zum einen die Hinterradachse und zum anderen das Bauteil Rad:2. Die Hinterradachse wurde bereits im Baugruppenbereich fixiert, das zweite Rad hingegen besitzt noch alle sechs Freiheitsgrade und wird daher ebenfalls in diesem Ordner aufgelistet. Bewegt man das Rad:2 bei gedrückter linker Maustaste im Zeichenbereich, so kann man feststellen, dass es keineswegs fixiert ist, sondern sich problemlos bewegen lässt. Das geht allerdings nur beim manuellen Bewegen des Rades per Hand. Bei einer Simulation würde sich das Rad (unter den gegebenen Umständen) nicht bewegen.

Im Ordner ***Bewegliche Gruppen*** wird das Bauteil Rad:1 aufgelistet, da es nur noch einen Freiheitsgrad (Rotation um die Hinterradachse) besitzt. Dreht man dieses Rad jetzt bei gedrückter linker Maustaste etwas, so signalisiert ein dynamischer schwarzer Kraftvektor das vorhandene Gelenk und symbolisiert damit eine manuelle Krafteinwirkung durch das Drehen des Rades.

Im Ordner ***Normverbindungen*** wird ein Drehgelenk angezeigt, welches das Programm automatisch aus den beiden Abhängigkeiten (Achse auf Achse und Fläche auf Fläche) zwischen der Hinterradachse und dem zweiten Rad generiert hat. Erweitert man das Drehgelenk, so findet man darin die ursprünglichen beiden Abhängigkeiten.

Im Ordner ***Externe Belastungen*** befindet sich derzeit nur die Schwerkraft, welche momentan allerdings noch grau hinterlegt, also nicht aktiviert ist.

7.4 Die Baugruppenumgebung und die Dynamische Simulation

7.4.1 Freiheitsgrade im Bereich der Baugruppenmodellierung

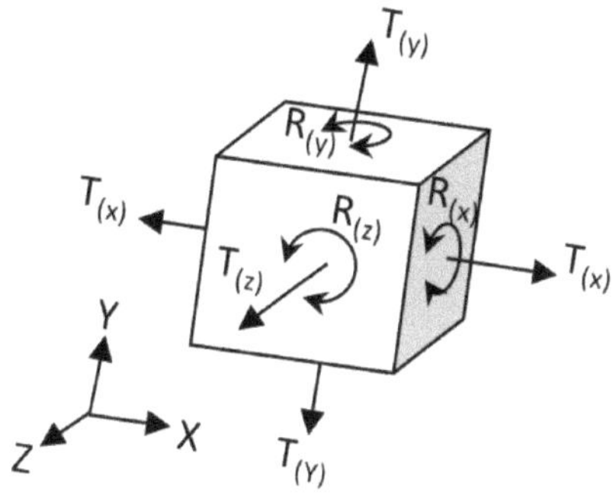

Gelenkverbindungen spielen im Bereich der Dynamischen Simulation eine sehr große Rolle, daher sollten einige wichtige Grundlagen dazu erläutert werden. Eine Komponente in der Inventor® Baugruppenumgebung kann grundsätzlich jede beliebige Position und Ausrichtung einnehmen, da sie dort frei beweglich ist. Sie verfügt darin über insgesamt sechs Freiheitsgrade und kann sich sowohl linear entlang der drei Achsen (***X***, ***Y***, ***Z***) verschieben (Translation entlang T_X, T_Y und T_Z), als auch um jede der drei Achsen rotieren (Rotation um R_X, R_Y und R_Z).

7.4.2 Freiheitsgrade im Bereich der Dynamischen Simulation

Anders ist es im Bereich der ***Dynamischen Simulation***: Hier besitzt eine Komponente grundsätzlich keinen Freiheitsgrad (zumindest nicht während einer Simulation) wenn es nicht vorab definiert wurde. Soll ein Bauteil also eine bestimmte Bewegung während der Simulation ausführen, so muss es vorher mit dem entsprechenden Gelenk versehen werden. Solche Gelenke können entweder neu im Bereich der Dynamischen Simulation erzeugt werden, oder aus vorhandenen Abhängigkeiten des Baugruppenbereiches abgeleitet werden. Beide Möglichkeiten sollen in den folgenden Übungen genauer erläutert werden.

7.5 Die Simulationseinstellungen

7.5.1 Grundlagen: Simulationseinstellungen

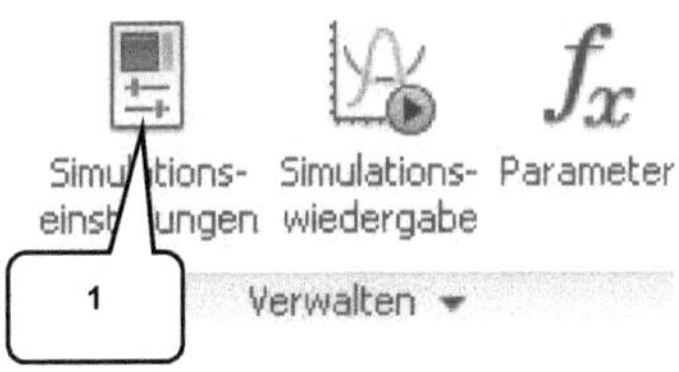

- Befehlsgruppe ***Verwalten***
- Simulationseinstellungen (1)

In den ***Simulationseinstellungen*** wird festgelegt, ob Abhängigkeiten aus dem Baugruppenbereich beim Öffnen des Bereiches der Dynamischen Simulation automatisch in Normgelenke konvertiert werden sollen, ob das Programm beim Start auf Redundanzen hinweisen soll und ob ausschließlich bewegliche Bauteile farblich darzustellen sind oder nicht.

7.5.2 Abhängigkeiten in Gelenkverbindungen konvertieren

Inventor® kann Abhängigkeiten und Verbindungen aus dem Baugruppenbereich automatisch in Gelenke konvertieren, sofern diese Option in den Simulationseinstellungen aktiviert wurde. Bestimmte Gruppierungen verschiedener Abhängigkeiten bilden dabei Gelenkverbindungen, deren Zusammengehörigkeit in der folgenden Tabelle dargestellt wird.

Gelenkverbindung	***Option***	***Abhängigkeiten-Kombination***
Drehung	1.	*Einfügen*
	2.	*Passend* (Linie auf Linie) und *Passend* (Fläche auf Fläche)
Prismatisch	1.	Zweimal Passend (Fläche auf Fläche)
Zylindrisch	1.	*Passend* (Linie auf Linie)
	2.	*Passend* (zylindrische Fläche auf zylindrische Fläche)
Kugelförmig	1.	*Passend* (Punkt auf Punkt)
	2.	*Passend* (kugelförmige Fläche auf kugelförmige Fläche)
Eben	1.	*Passend* (Fläche auf Fläche)
Punkt-Linie	1.	*Passend* (Linie auf Punkt)
	2.	*Passend* (Linie auf kugelförmige Fläche)
Linie-Ebene	1.	*Passend* (Linie auf Fläche)
Punkt-Ebene	1.	*Passend* (Punkt auf Fläche)
	2.	*Passend* (Fläche (planar) auf Fläche (konkav))
Verschweißt	1.	*Fixiert* oder mehrere Abhängigkeiten *Passend*

7.5.3 Überprüfen der Simulationseinstellungen

Standardmäßig ist in den ***Simulationseinstellungen*** aktiviert, dass Abhängigkeiten aus dem Baugruppenbereich automatisch in Normgelenke konvertiert werden. Sollen Gelenkverbindungen aber direkt im Bereich der Dynamischen Simulation platziert werden, dann muss diese Option deaktiviert werden.

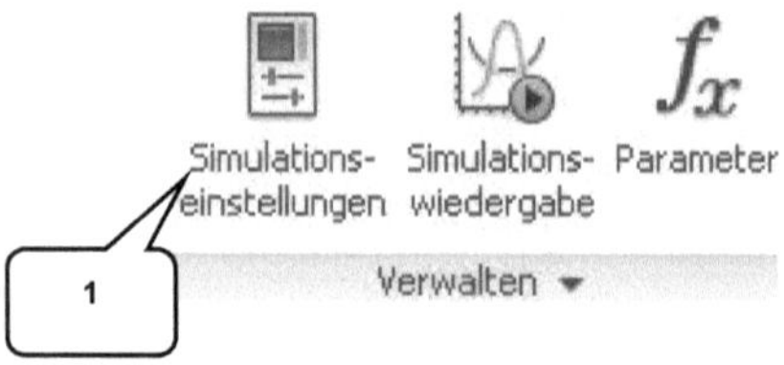

Simulationseinstellungen (1)

- Alle Haken deaktivieren (2)
- Nein ***Nein*** (Hinweisfenster) (3)
- OK ***OK*** (4)

Die Änderungen in den Simulationseinstellungen können jetzt im ***Browser*** des Programms kontrolliert werden: Der Ordner ***Bewegliche Gruppen*** ist jetzt nicht mehr vorhanden und alle Bauteile befinden sich im Ordner ***Fixiert***.

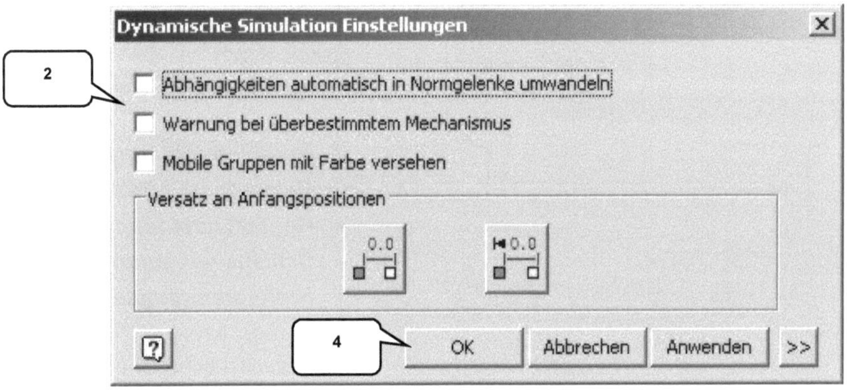

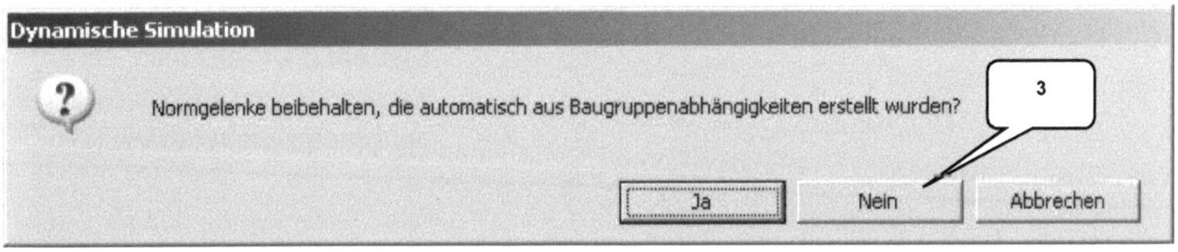

<u>HINWEIS</u>: Wenn die ***Einstellungen*** im Bereich der Dynamischen Simulation bearbeitet werden und die darin enthaltene Option ***Abhängigkeiten automatisch in Normgelenke umwandeln*** deaktiviert wird, so erscheint im Programm die oben dargestellte Hinweismeldung. Darin ist festzulegen ob die bereits automatisch konvertierten Gelenke weiterhin in der Baugruppe bleiben sollen, oder vollständig zu entfernen sind. Diese Option sollte mit Bedacht gewählt werden, da eine unbeabsichtigte Löschung aller Gelenke unter Umständen zu erheblichem Mehraufwand führen kann.

7.6 Gelenkverbindungen einfügen

7.6.1 Grundlagen: Gelenke in der Dynamischen Simulation

Vor den nächsten Übungen, sollten einige Grundlagen zu den ***Gelenkverbindungen*** erläutert werden.

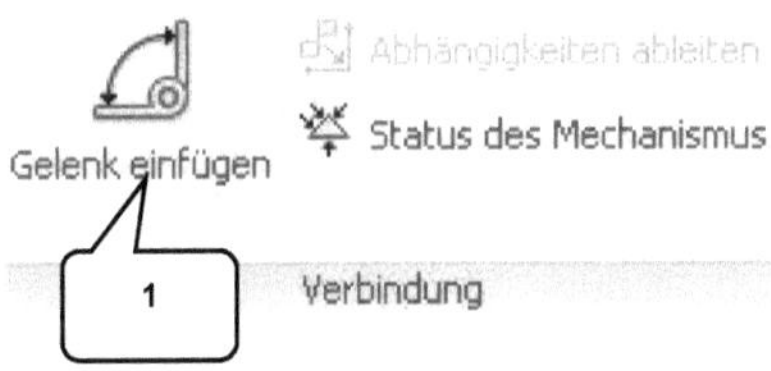

- Befehlsgruppe ***Verbindung***
- **Gelenk einfügen** (1)

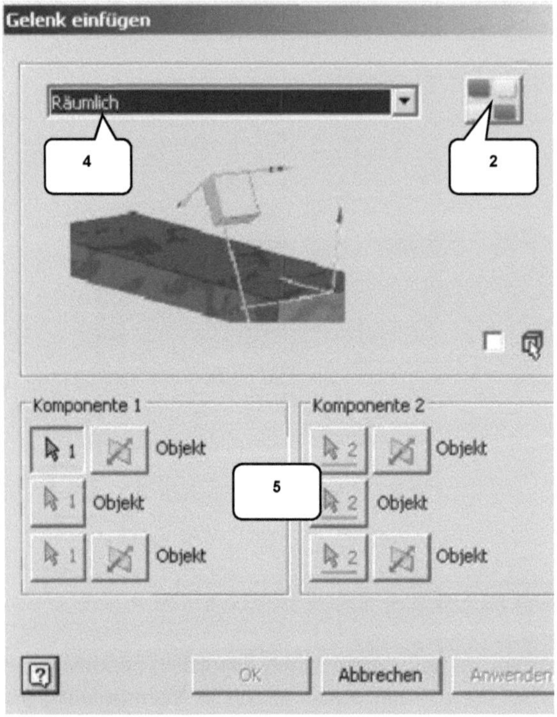

Gelenkverbindungen können grundsätzlich in die folgenden Kategorien eingeteilt werden:

- ***Normverbindungen***
- ***Rollverbindungen***
- ***Kontaktverbindungen***
- ***Schiebeverbindungen***
- ***Kraftverbindungen***

Eine tabellarische Übersicht dieser Kategorien öffnet man mit einem Klick auf das zugehörige ***Symbol*** (2). Wählt man eine der Kategorien aus, so öffnet sich die passende ***Gelenktabelle*** (3).

Alle Gelenkverbindungen können auch direkt (ohne die vorherige Auswahl der Kategorie) aus einer ***Liste*** (4) heraus aktiviert werden.

Nach der Auswahl einer der Gelenkverbindungen müssen die Referenzen zur Positionierung definiert werden. Je nach Gelenktyp können dabei Achsen, Flächen, Punkte oder Körperkanten verwendet werden.

In der folgenden Übersicht werden die einzelnen Kategorien und die zugehörigen Gelenkverbindungen noch einmal aufgelistet. Je nach Anzahl der vorhandenen Freiheitsgrade in der Baugruppe können einige Gelenke allerdings auch fehlen.

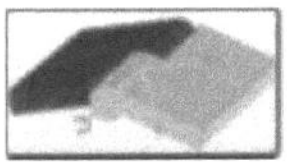

Normverbindungen

Drehung

Prismatisch

Zylindrisch

Kugelförmig

Eben

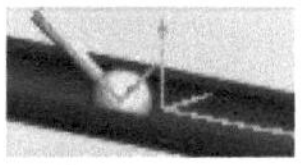

Punkt-Linie

Linie-Ebene

Punkt-Ebene

Räumlich

Verschweißt

Rollverbindungen

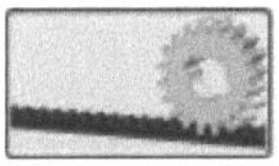

Zylinder auf Ebene

Zylinder auf Zylinder

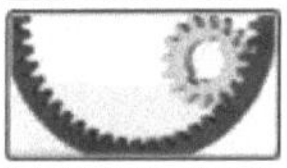

Zylinder in Zylinder

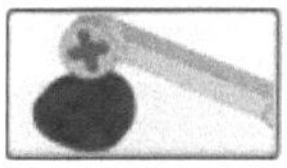

Zylinder auf Kurve

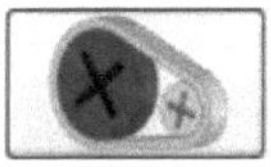

Riemen

Kegel auf Ebene

Kegel auf Kegel

Kegel in Kegel

Schraube

Schneckenrad

Kontaktverbindungen

2D-Kontakt

Gleitverbindungen

Zylinder auf Ebene

Zylinder auf Zylinder

Zylinder in Zylinder

Zylinder auf Kurve

Punkt auf Kurve

Kraftverbindungen

3D-Kontakt

Feder/ Dämpfung/ Buchse

7.6.2 Erstellen eines Drehgelenkes

Das Bauteil ***Rad:2*** soll jetzt über ein ***Drehgelenk*** mit der Hinterradachse verbunden werden. Dafür starten wir den Befehl ***Gelenk einfügen***. Begonnen wird bei der Auswahl der Objekte stets mit einem Bauteil, welches möglichst noch nicht anderweitig befestigt wurde, also in seiner Beweglichkeit noch nicht eingeschränkt ist.

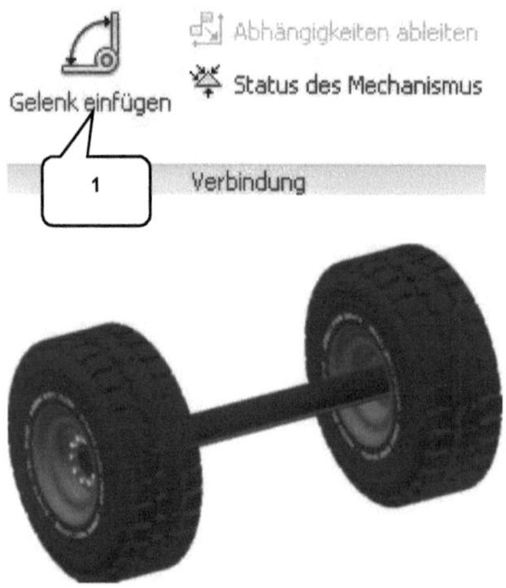

- Gelenk einfügen (1)
- Auswahlmenü erweitern (2)
- Drehung (3)
- Komponente 1 (Z-Achse): Bohrungszylinder (Rad:2) (4)
- Komponente 1 (Ursprung): Bohrungskante (Rad:2) (5)
- Komponente 2 (Z-Achse): Zylinder (Hinterradachse:1) (6)
- Komponente 2 (Ursprung): Kreiskante (Hinterradachse:1) (7)
- OK ***OK***

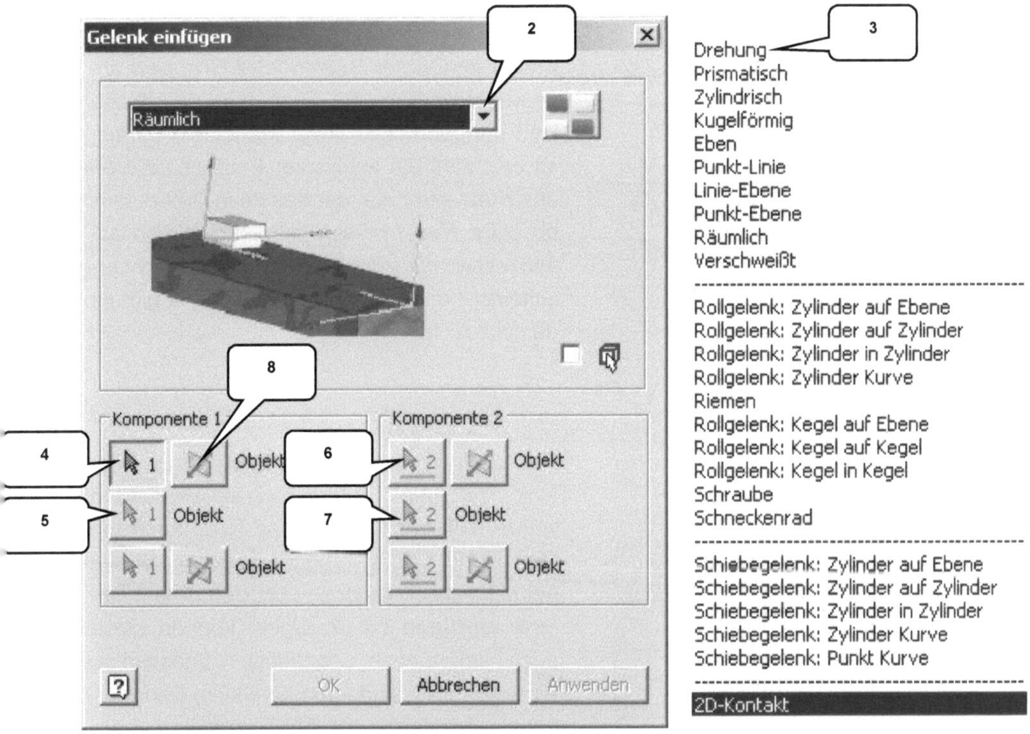

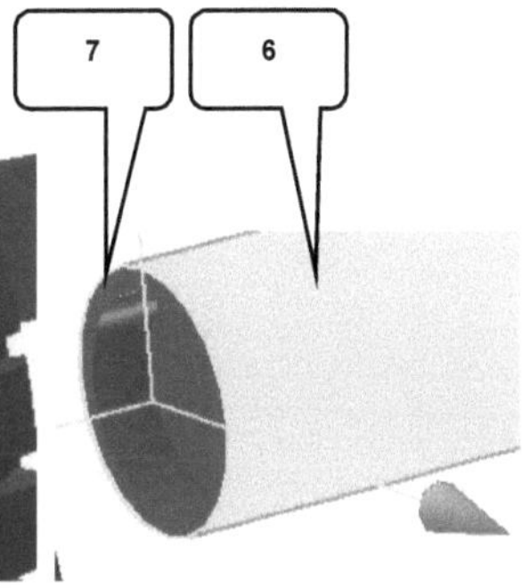

<u>HINWEIS</u>: Bei der Platzierung von Gelenkverbindungen sollte stets die noch unbefestigte Komponente ausgewählt werden. Vorhandene Abhängigkeiten könnten ansonsten unbeabsichtigt gelöscht werden. Sollte sich das Rad nicht vollständig auf die Achse geschoben haben (es sitzt dann neben der Achse), so muss zur Korrektur die Option ***Umschalten*** (8) aktiviert werden. Hierfür muss das Drehgelenk bearbeitet werden, wofür im Browser mit der ***rechten Maustaste*** darauf geklickt wird (9). Im Kontextmenü kann anschließend die Option ***Bearbeiten*** ausgewählt werden.

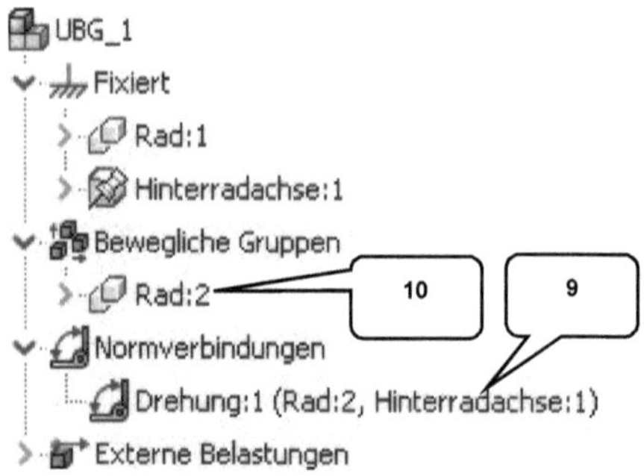

Das Bauteil ***Rad:2*** (10) sollte im Browser jetzt wieder im Ordner ***Bewegliche Gruppen*** angeordnet worden sein. Dreht man das zweite Rad bei gedrückter linker Maustaste darauf, so erscheint ein schwarzer Pfeil: er stellt einen Kraftvektor dar, der das neue Drehgelenk bestätigt. ***Rad:1*** müsste sich auch drehen lassen, allerdings sollte dieser Pfeil hier nicht erscheinen, denn ein wirkliches Gelenk gibt es da noch nicht.

7.6.3 Gelenke von vorhandenen Abhängigkeiten ableiten

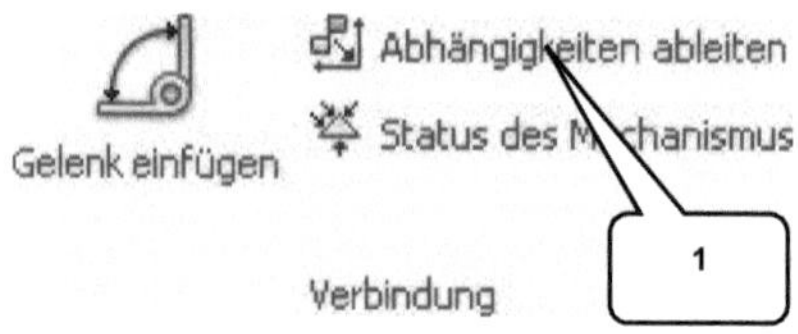

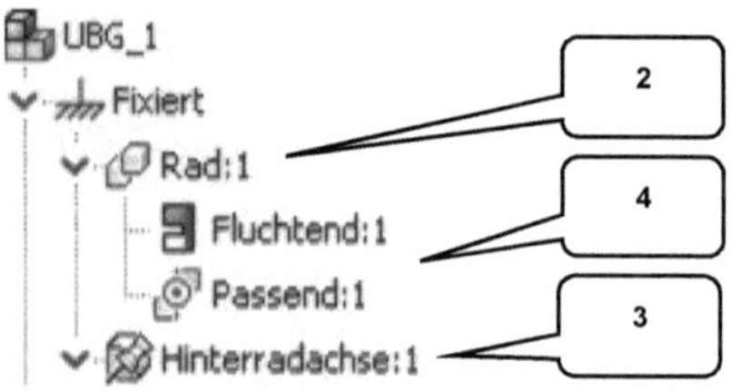

Nachdem eines der Räder durch ein Drehgelenk mit der Hinterradachse verbunden wurde, soll auch das zweite Rad durch ein Drehgelenk mit ihr verbunden werden. Neben der Möglichkeit Gelenke über den Befehl ***Gelenk einfügen*** zu erzeugen, können diese auch - sofern noch „unbenutzte" Abhängigkeiten vorhanden sind - von bereits im Baugruppenbereich definierten Abhängigkeiten abgeleitet werden.

Abhängigkeiten ableiten (1)

- Nacheinander im Browser auf die beiden Bauteile ***Rad:1*** (2) und ***Hinterradachse:1*** (3) klicken

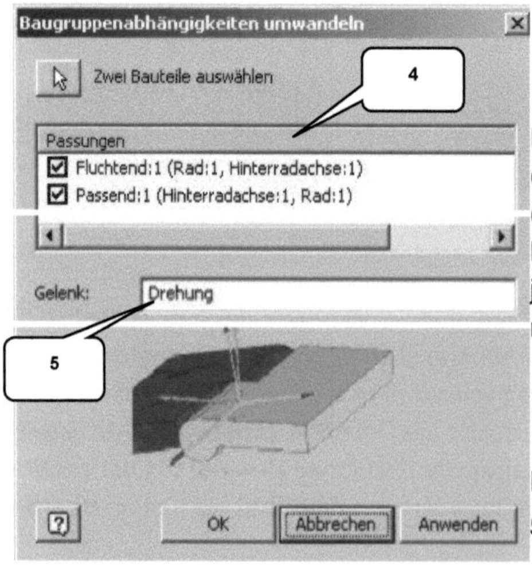

Im Befehlsfenster werden jetzt die Passungen (Abhängigkeiten) ***Fluchtend*** und ***Passend*** (4) angezeigt: Sie stammen noch aus dem Baugruppenbereich. Das Programm schlägt jetzt vor, daraus ein ***Drehgelenk*** (5) zu generieren, was bestätigt werden kann.

- OK **OK** (Befehlsfenster)

Die Unterbaugruppe ***UBG_1.iam*** kann jetzt ***gespeichert*** und ***geschlossen*** werden.

7.7 Montage der Hauptbaugruppe

7.7.1 Öffnen der Hauptbaugruppe

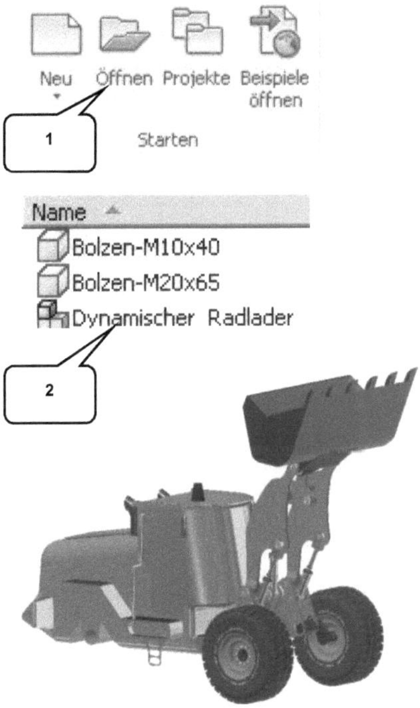

Öffnen Sie die Baugruppe ***Dynamischer_Radlader.iam***.

Öffnen (1)

- Order: Projektordner wählen
- Dateiname: Dynamischer_Radlader (2)
- Dateityp: *.iam
- Öffnen ***Öffnen***

Der enthaltene Radlader muss jetzt zuerst komplettiert werden, wofür die Hinterradachse und die beiden Hinterräder einzufügen sind.

Diese drei Bauteile können in einem Schritt in die Baugruppe importiert werden, denn sie wurden ja bereits in der Unterbaugruppe ***UBG_1.iam*** vormontiert.

7.7.2 Platzieren der Unterbaugruppe UBG_1

Arbeitsbereich:
Baugruppe (Zusammenfügen)

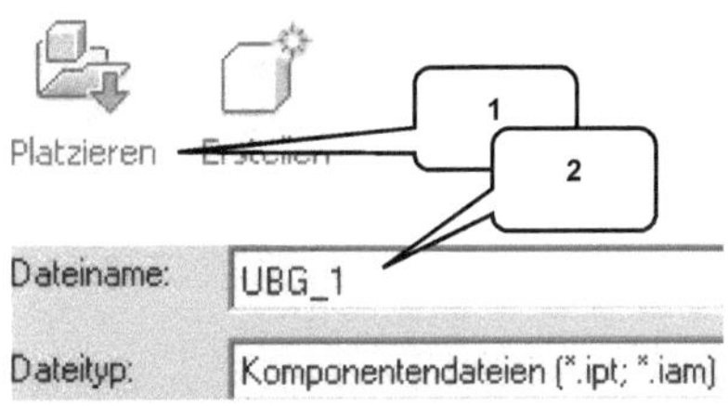

Komponente platzieren (1)

- UBG_1 (2)
- Dateityp: *.iam
- Öffnen ***Öffnen***
- Baugruppe 1x frei ablegen
- Taste: ***ESC***

Nachdem die Unterbaugruppe ***UBG_1.iam*** in die Hauptbaugruppe eingefügt wurde, soll sie durch ein Drehgelenk mit dem Bauteil ***Maschinengehäuse.ipt*** verbunden werden. Anstelle einer Abhängigkeit ist bereits im Baugruppenbereich eine Gelenkverbindung zu setzen.

7.7.3 Unterbaugruppe UBG_1 drehbar lagern

Um Bauteile miteinander zu verbinden, können im Baugruppenbereich entweder ***Abhängigkeiten*** gesetzt oder ***Gelenkverbindungen*** platziert werden. Gelenkverbindungen stellen dabei eine Kombination verschiedener Abhängigkeiten dar, welche bei gezielter Platzierung sehr effizient sein können. Die im Bereich der Dynamischen Simulation gewünschten Gelenkverbindungen können damit bereits im Bereich der Baugruppenmodellierung eindeutig definiert werden und Fehlinterpretationen des Programms beim Konvertieren von Abhängigkeiten in Gelenkverbindungen werden teilweise vermieden.

Um die Unterbaugruppe ***UBG_1.iam*** mit dem Maschinengehäuse verbinden zu können, soll jetzt ein ***Drehgelenk*** platziert werden.

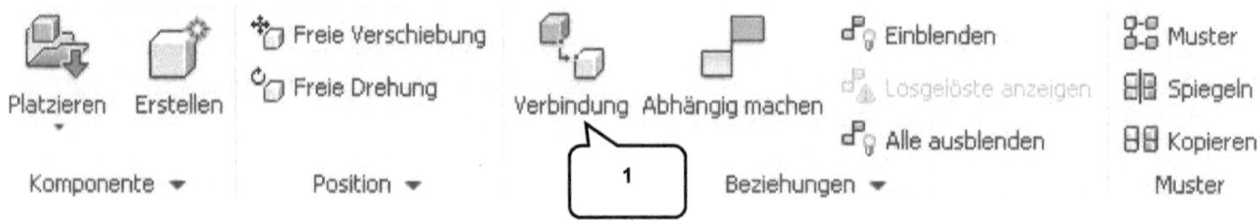

Verbindung (1)

- Typ: Drehbar (2)
- Abstand: 0 mm (3)
- Verbinden 1: Mittleren Ursprungspunkt der Hinterachse wählen (4)
- Verbinden 2: Mittleren Ursprungspunkt der Zylinderbohrung am Gehäuse wählen (5)
- OK ***OK***

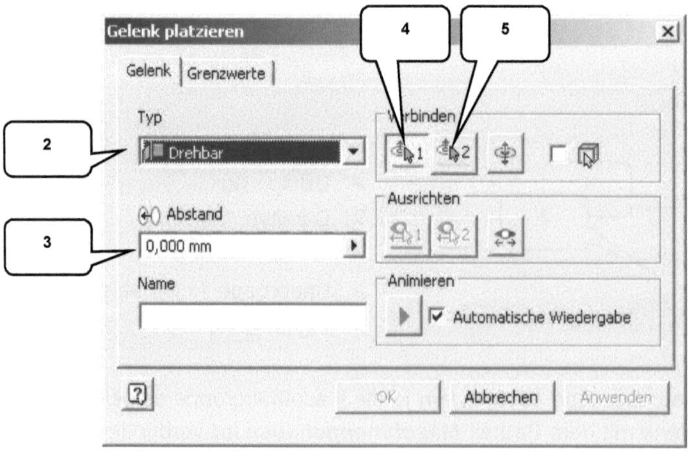

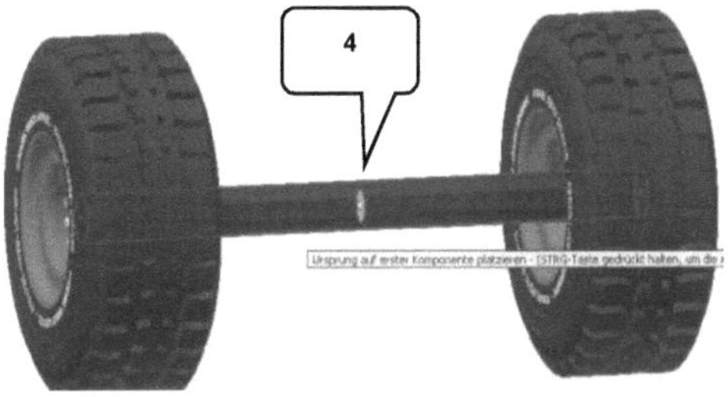

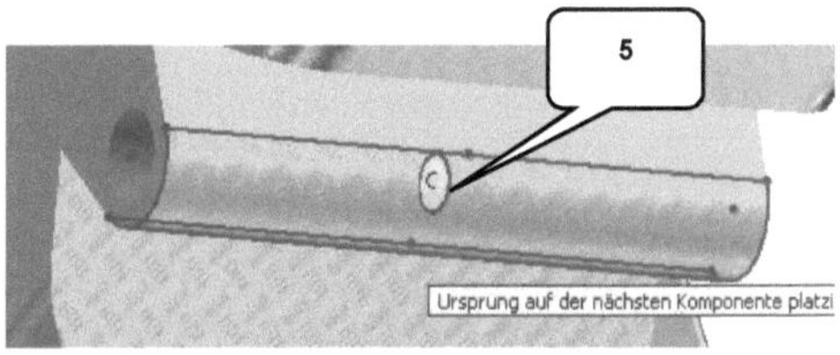

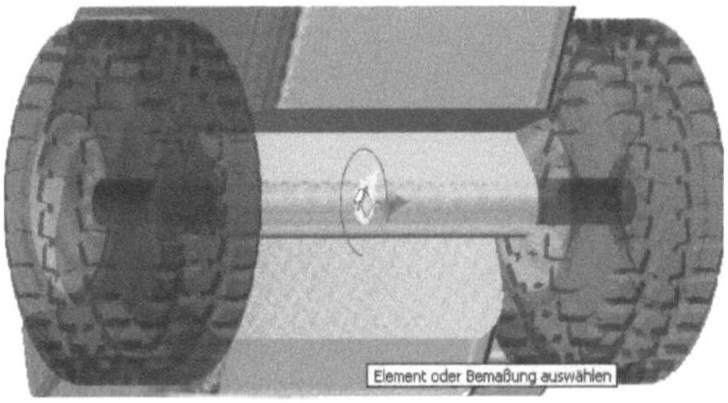

Wurden die beiden Referenzpunkte ausgewählt, so platziert das Programm die Unterbaugruppe ***UBG_1.iam*** in der Bohrung des ***Maschinengehäuses***.

Die Baugruppe sollte zu diesem Zeitpunkt noch einmal ***gespeichert*** werden, wobei die Hinweisfenster des Programms (geändertes Datenformat...) mit ***OK*** zu bestätigen sind.

7.8 Der Radlader im Bereich der Dynamischen Simulation

7.8.1 Überprüfen der Simulationseinstellungen

Arbeitsbereich:
Dynamische Simulation

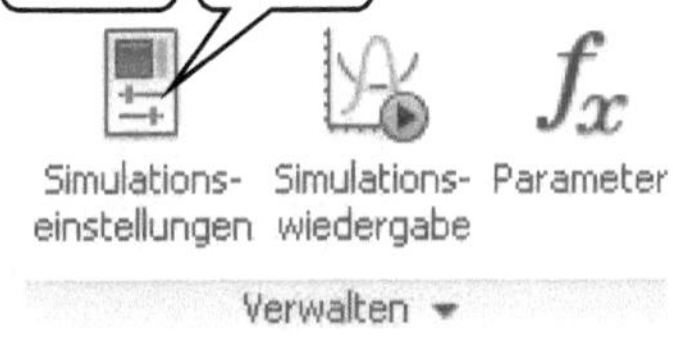

- Register ***Umgebungen*** (1)
  Dynamische Simulation (2)
- Befehlsgruppe ***Verwalten***
  Simulationseinstellungen (3)

In den ***Simulationseinstellungen*** muss die Option ***Abhängigkeiten automatisch in Normgelenke umwandeln*** jetzt wieder aktiviert werden (4), denn die bereits vorhandenen Abhängigkeiten und Verbindungen sind automatisch in Gelenke zu konvertieren.

HINWEIS: Der Hinweis des Programms auf eine Überbestimmung des Mechanismus kann mit ***OK*** bestätigt werden. Es weist dabei lediglich auf vorhandene Redundanzen hin.

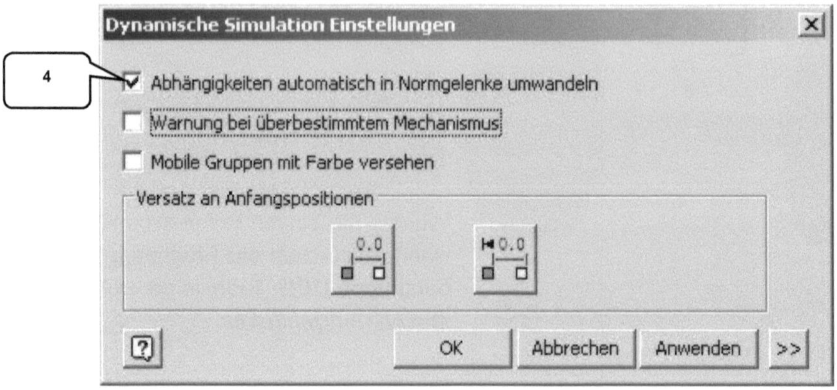

7.8.2 Betrachten der automatisch erstellten Normverbindungen

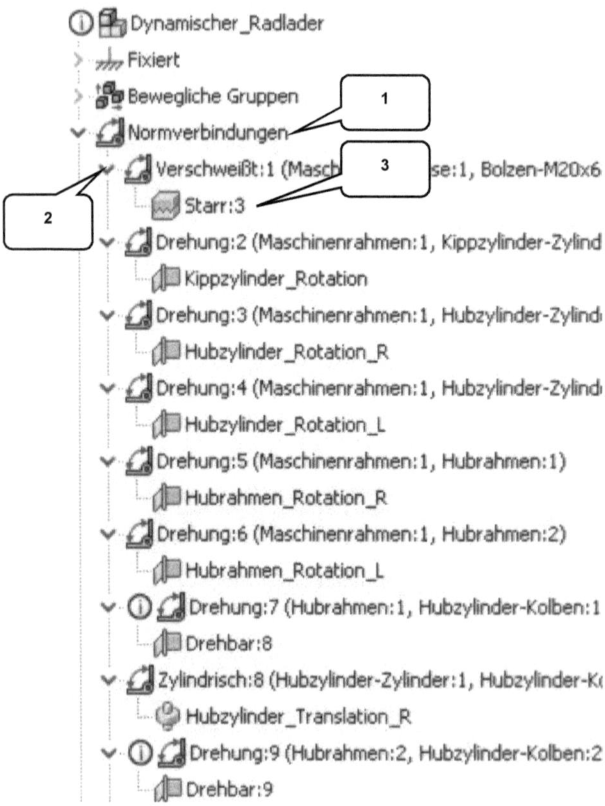

Das Programm wird jetzt alle Abhängigkeiten und Verbindungen automatisch in Normgelenke konvertieren, was kontrolliert werden sollte:

Erweitert man im ***Browser*** den Ordner ***Normverbindungen*** (1), so werden dort alle bereits vorhandenen Normgelenke aufgelistet. Erweitert man außerdem die einzelnen Gelenke (2), so findet man darin die jeweiligen Verbindungen oder Abhängigkeiten aus dem Baugruppenbereich, aus denen die neuen Gelenke erstellt wurden (3).

Ein Klick der rechten Maustaste darauf eröffnet das Kontextmenu. Hier können die Gelenke über die entsprechenden Befehle gelöscht bzw. unterdrückt werden.

7.9 Manuelle und automatische Simulation

7.9.1 Was ist eine Simulation

Eine Simulation kann grundsätzlich auf zwei verschiedene Arten durchgeführt werden: manuell oder auch automatisch.

Die manuelle Simulation (Befehl: ***Dynamische Bewegung***) entspricht der einfachen Bewegung des Mechanismus bei gedrückter linker Maustaste darauf, wobei alle Kräfte und Gelenke in die Berechnung des Bewegungsablaufes mit einbezogen werden.

Bei der automatischen Simulation (Befehl: ***Simulationswiedergabe***) wird der Mechanismus nicht per Hand bewegt, sondern das Programm berechnet den exakten Bewegungsablauf einer Baugruppe anhand der vorgegebenen Kräfte und Gelenke.

7.9.2 Grundlagen: Dynamische Bauteilbewegung (manuelle Simulation)

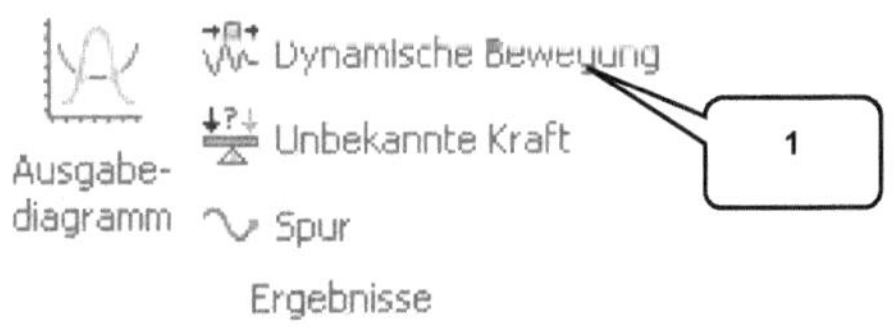

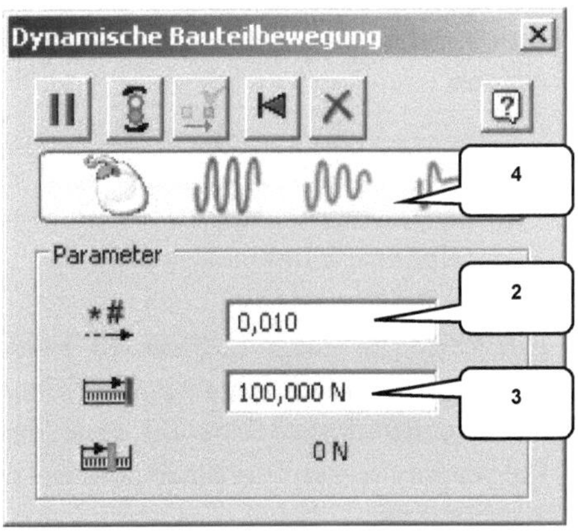

- Befehlsgruppe ***Ergebnisse***

Dynamische Bewegung (1)

Bei der ***Dynamischen Bauteilbewegung*** wird der Mechanismus durch die Bewegung der Maus bei gedrückter linker Maustaste auf ein Bauteil animiert. Die Mausbewegung simuliert hierbei eine äußere Krafteinwirkung deren Multiplikationsfaktor (2) und Maximalwert (3) zu definieren sind.

Optional kann bei dieser Simulation ohne eine Dämpfung, mit einer leichten Dämpfung oder stark gedämpft gearbeitet werden (4).

Leider reagiert das Programm auf diesen Befehl sehr sensibel, was dann häufig einen Programmabsturz zur Folge hat. Hier hilft dann oft nur ein Neustart. Zur Sicherheit arbeiten wir daher ausschließlich mit der automatischen Simulation.

7.9.3 Grundlagen: Simulationswiedergabe (automatische Simulation)

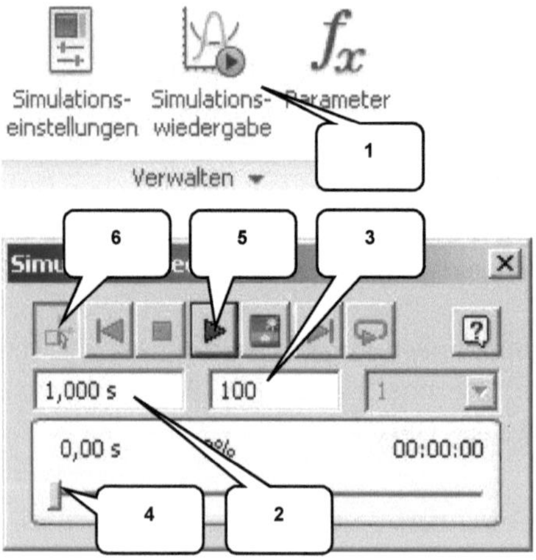

- Befehlsgruppe ***Verwalten***
  Simulationswiedergabe (1)

In der ***Simulationswiedergabe*** wird der gesamte Mechanismus unter Beachtung der voreingestellten Parameter (wie z. B. Reibung und Dämpfung) und unter Einwirkung äußerer Kräfte und Drehmomente automatisch simuliert. Die Simulationsdauer (2) und die daraus resultierende Anzahl an Bildberechnungen (3) kann frei definiert werden und ein Schieberegler (4) signalisiert nach Simulationsstart (5) den zeitlichen Verlauf. Der Konstruktionsmodus (6) beendet die Simulation abschließend.

7.9.4 Starten der ersten Simulation

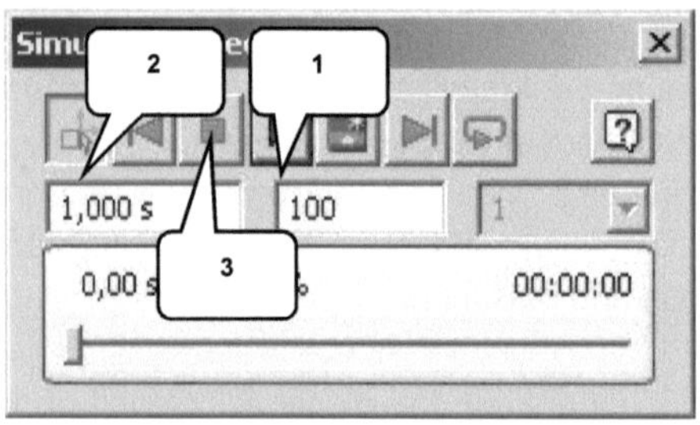

Um die erste Simulation durchführen zu können muss im Fenster ***Simulationswiedergabe*** die Wiedergabe gestartet werden.

- ***Wiedergabe*** (1)
- Simulation vollständig ablaufen lassen
- ***Konstruktionsmodus*** (2)

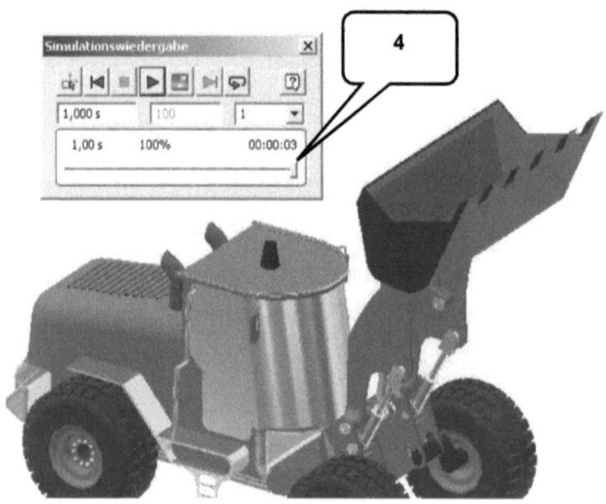

HINWEIS: Der Button ***Stopp*** (3) beendet eine Simulation vorzeitig. Der Button ***Konstruktionsmodus*** (2) lässt das Programm in den Konstruktionsbereich zurückkehren.

Leider war der Schieberegler (4) das Einzige, was sich während der Simulation bewegte: der Rest der Baugruppe ***blieb starr!***

7.10 Definition der Schwerkraft

7.10.1 Die Normalfallbeschleunigung

Der Grund für die fehlende Animation der Baugruppe ist folgender: Eine Simulation erfordert neben einer Gelenkverbindung mindestens eine Kraft oder ein Drehmoment! Eine relativ einfache Möglichkeit den gesamten Mechanismus anzutreiben, ist die Aktivierung der Normalfallbeschleunigung. Dadurch wird dem Programm ermöglicht, die Schwerkraft zu berechnen. Hierfür muss zuerst im Browser der Ordner ***externe Belastungen*** erweitert und die darin enthaltene ***Schwerkraft*** bearbeitet werden.

Der Radlader wurde in der Baugruppe auf der XZ-Ebene positioniert, daher muss die Normalfallbeschleunigung in negativer Richtung der Y-Achse, also lotrecht zu XZ-Ebene wirken. Diese Einstellung kann im Eingabebereich in der Zeile g[Y] mit -9810 mm/s^2 vorgenommen werden.

HINWEIS: Sollte sich die Richtung der Schwerkraft nicht definieren lassen und der gesamte Browser noch immer grau dargestellt werden, so befinden Sie sich unter Umständen noch im Simulationsmodus. In diesem Fall muss im Fenster der Simulationswiedergabe vorab der Button ***Konstruktionsmodus*** gewählt werden (siehe vorheriges Kapitel).

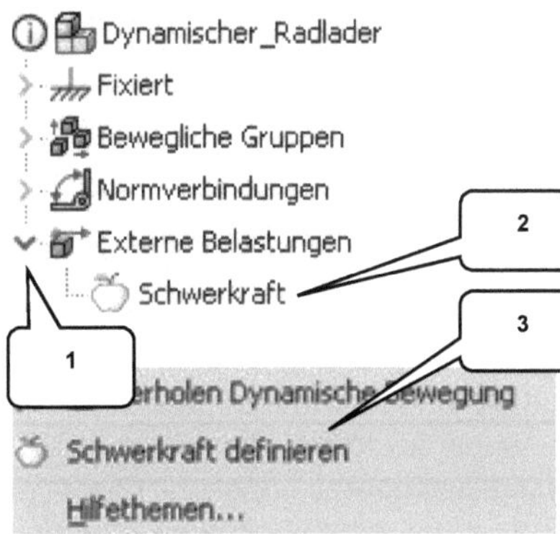

- ***Externe Belastungen*** erweitern (1)
- ***Rechte Maustaste*** auf ***Schwerkraft*** (2)
- ***Schwerkraft definieren*** (3)

- Deaktivieren: Unterdrücken (4)
- Aktivieren: Vektorkomponenten (5)
- g[Y]: -9810 mm/s^2 (6)
- ***OK***

Newtons Apfel sollte im Browser jetzt gelb dargestellt werden, was die aktive Schwerkraft symbolisiert. Ihr Richtungsvektor wird durch einen gelben Pfeil (6) dargestellt.

Die Baugruppe sollte vor dem nächsten Schritt noch einmal gespeichert werden.

Speichern (Ja für alle)

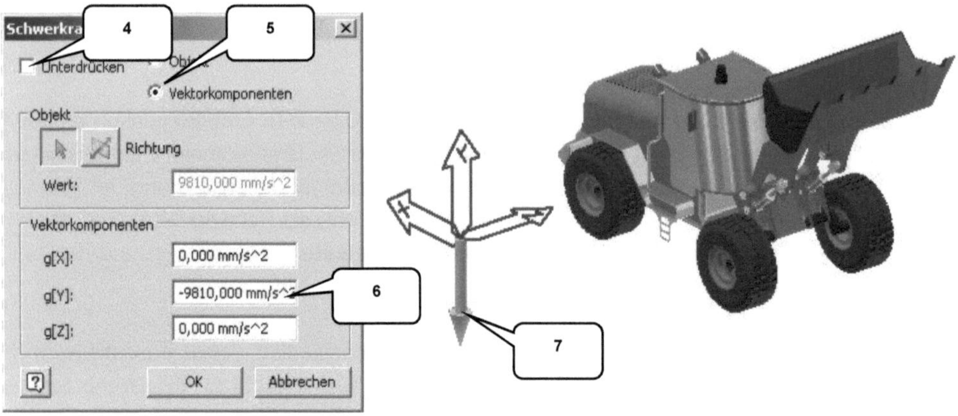

7.10.2 Ausführen und Aufzeichnen der Simulation

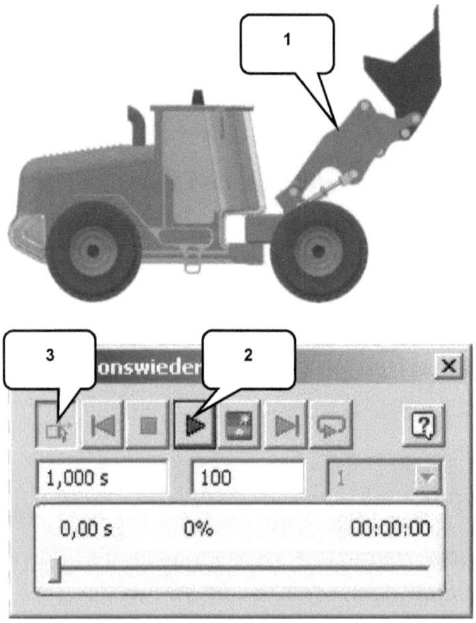

Bewegen Sie den Hubapparat des Radladers vor der nächsten Simulation bei gedrückter linker Maustaste leicht nach oben, um ein möglichst aussagekräftiges Ergebnis zu erreichen.

- Hubapparat nach oben bewegen (1)
- ***Wiedergabe*** (2)
- Simulation ablaufen lassen
- ***Konstruktionsmodus*** (3)

Die Schwerkraft müsste den Hubapparat während der Simulation nach unten bewegt haben, wobei allerdings alle anderen Bauteile durchschlagen wurden (4). Das Programm kann Kollisionen[1] im Bereich der Dynamischen Simulation erst vermeiden, wenn entsprechende Randbedingungen definiert wurden.

[1] Das Programm erkennt weder im Bereich der Baugruppenmodellierung noch im Bereich der Dynamischen Simulation automatisch ***Kollisionen***, wenn die hierfür benötigten Kontrollmechanismen nicht vorab definiert wurden. Im Bereich der Baugruppenmodellierung können Bewegungen begrenzt oder Kontaktsätze definiert werden: Kollisionen werden dann automatisch erkannt und Bewegungen begrenzt. Solche Möglichkeiten gibt es natürlich auch im Bereich der Dynamischen Simulation.

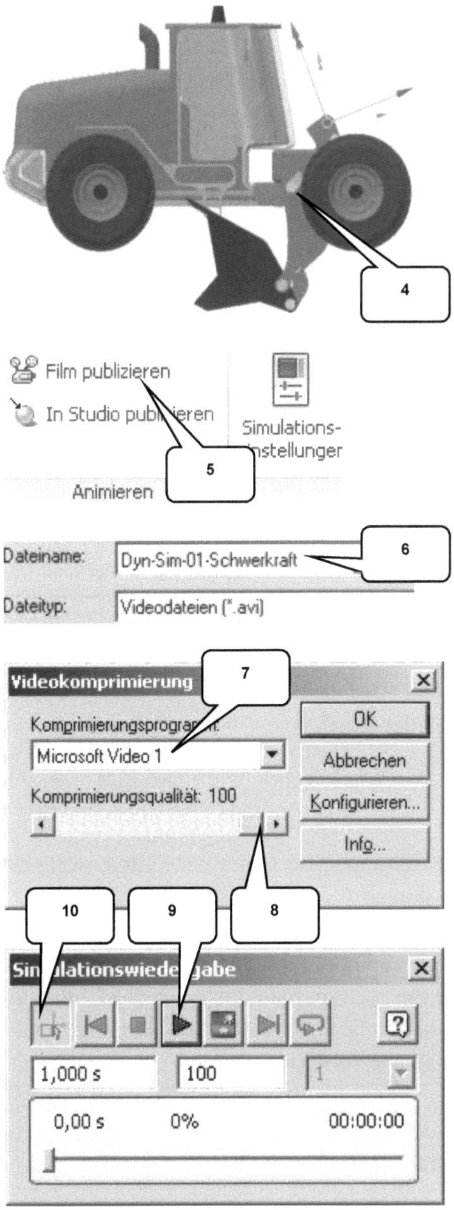

Die letzte Simulation soll noch einmal wiederholt werden um sie zusätzlich als Video zu speichern. Das ist möglich wenn vorher der Befehl ***Film publizieren*** gestartet wurde.

Film publizieren (5)

- Dateiname: Dyn-Sim-01-Schwerkraft (6)
- Dateityp: *.avi
- Speicherort: Projektordner
- Speichern ***Speichern***

- Komprimierung: Microsoft Video 1 (7)
- Qualität: 100 % (8)
- OK ***OK***

- ***Wiedergabe*** (9)
- Simulation ablaufen lassen
- ***Konstruktionsmodus*** (10)

Nach der erfolgten Simulation und dem anschließenden Wechsel in den Konstruktionsmodus muss der Befehl ***Film publizieren*** erneut angeklickt werden, denn erst damit wird die Videoaufnahme wieder beendet[2].

Film publizieren (5)

In den folgenden Arbeitsschritten soll die Baugruppe sukzessive überarbeitet werden, um die fehlerhaften Kollisionen zu korrigieren. Dafür muss der Bereich der Dynamischen Simulation kurzfristig verlassen werden.

---

[2] Das Video ***Dyn-Sim-01-Schwer-kraft.avi*** kann jetzt im Projektordner gestartet werden, wofür ein beliebiger Video-Player verwendet werden kann.

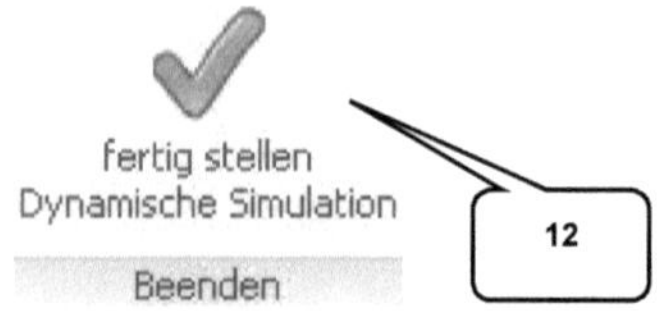

✔ Fertigstellen (12)

7.11 Begrenzen der Hubbewegung

7.11.1 Festlegen der Grenzwerte für die Hubbewegung

Arbeitsbereich:
Baugruppe (Zusammenfügen)

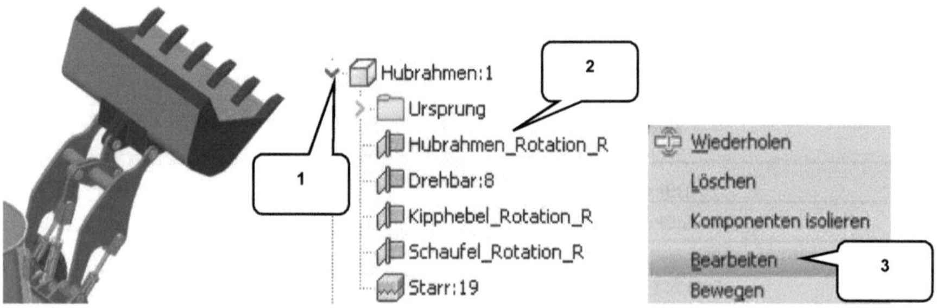

Zuerst soll der noch unkontrollierte, freie Fall des Hubapparates begrenzt werden, wofür eine der vorhandenen Gelenkverbindungen zu bearbeiten ist.

Wird im Browser das Bauteil ***Hubrahmen:1*** erweitert, findet man darin vier Drehgelenke und eine starre Verbindung. Beim Klicken mit der rechten Maustaste auf das Drehgelenk ***Hubrahmen_Rotation_R***, so erscheint ein Kontextmenu. Und wählt man darin die Option ***Bearbeiten*** aus, dann öffnet sich das Befehlsfenster ***Gelenk bearbeiten***.

- Bauteil ***Hubrahmen:1*** im Browser erweitern (1)
- ***Rechte Maustaste*** auf Drehgelenk ***Hubrahmen_Rotation_R*** (2)
- ***Bearbeiten*** (3)

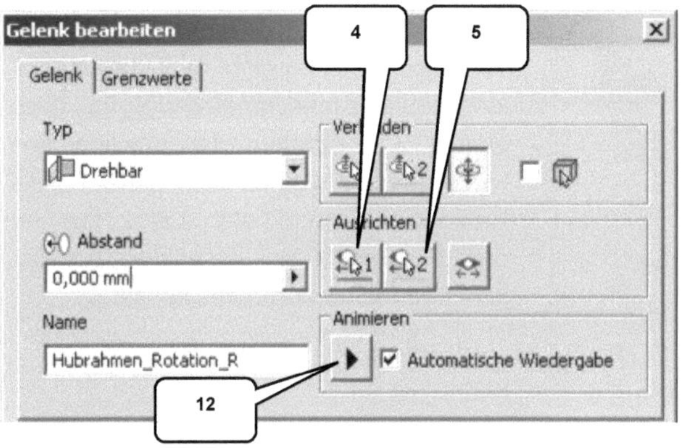

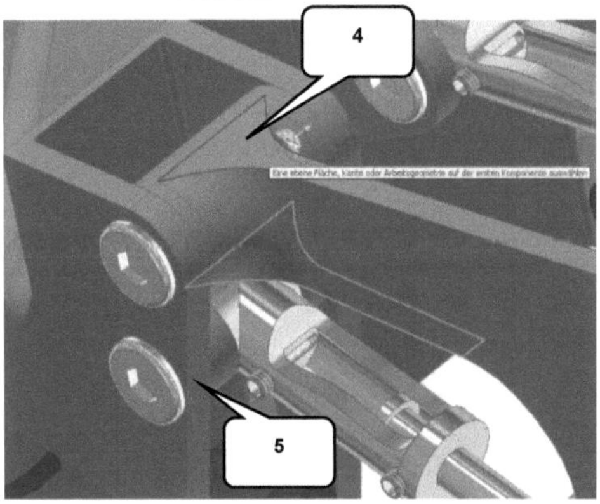

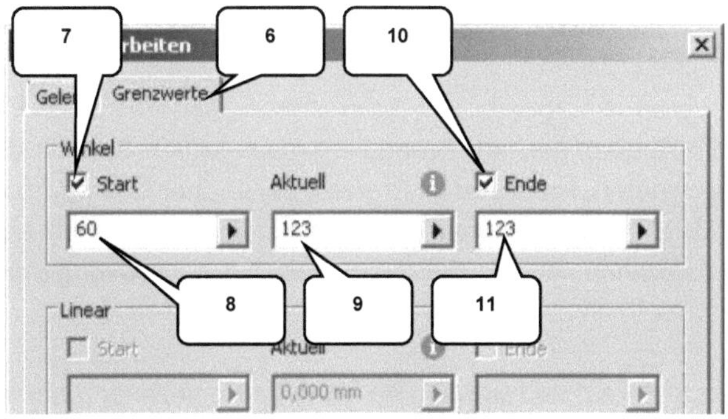

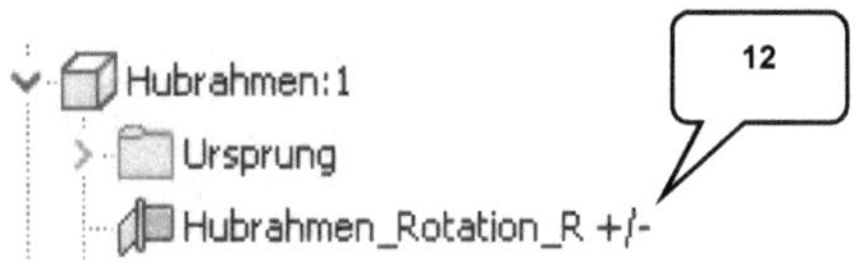

Durch die zusätzliche Winkelbegrenzung soll die Drehbewegung des Gelenkes jetzt eingeschränkt werden, was sich anschließend auch in den Bereich der Dynamischen Simulation übertragen wird.

- Ausrichten 1: Fläche Hubrahmen:1 (4)
- Ausrichten 2: Fläche Maschinenrahmen:1 (5)

In der Registerkarte ***Grenzwerte*** ist der gewünschte Winkel zu definieren:

- Register ***Grenzwerte*** (6)
- Aktivieren: Start (7)
- Startwinkel: 60 ° (8)
- Aktueller Winkel: 123 ° (9)
- Aktivieren: Ende (10)
- Endwinkel: 123 ° (11)
- OK ***OK***

Der neue Grenzwert wird im Browser durch ein **+/- *Symbol*** (12) gekennzeichnet und somit leicht zu erkennen.

Das Hubsystem kann jetzt bei gedrückter linker Maustaste nach oben gezogen werden, bis die in Abbildung (13) dargestellte Position erreicht wurde. Die Baugruppe ist erneut zu speichern.

Speichern

HINWEIS: Sollte das Programm die neue Winkelbegrenzung nicht akzeptieren wollen, so hilft es manchmal, den Befehl noch einmal zu beenden, die Position des Hubsystems etwas zu verändern und die Prozedur zu wiederholen. Leider reagiert das Programm bei derartigen Arbeitsschritten manchmal etwas sensibel.

7.11.2 Ausführen und Aufzeichnen der Simulation

Arbeitsbereich:
Dynamische Simulation 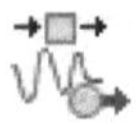

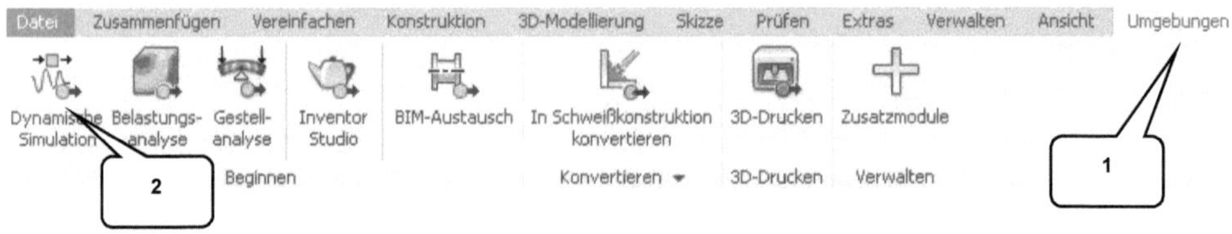

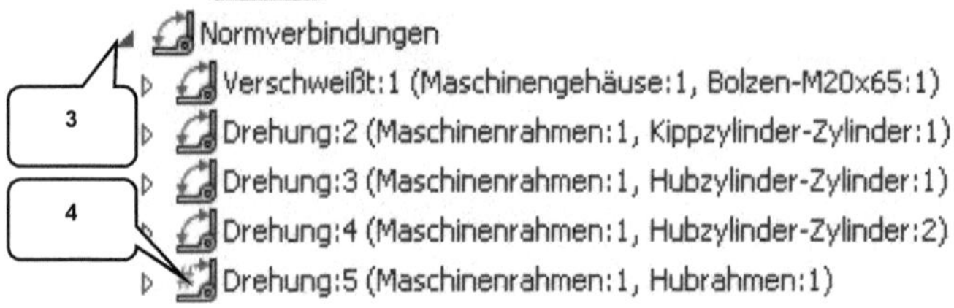

- Register ***Umgebungen*** (1)
- **Dynamische Simulation** (2)

Jetzt kann überprüft werden, ob die Änderungen am Drehgelenk auch in den Bereich der Dynamischen Simulation übertragen wurden. Hierfür ist im Browser der Ordner ***Normverbindungen*** zu erweitern, um darin das Drehgelenk zwischen den Bauteilen Maschinenrahmen:1 und Hubrahmen:1 (3) lokalisieren zu können. Achten Sie dabei einfach auf ein ***Drehgelenk*** mit einem **#** ***Raute-Symbol***.

Klicken Sie mit der rechten Maustaste darauf und wählen Sie dann im Kontextmenu die ***Eigenschaften***. Wechseln Sie darin ins Register ***Freiheitsgrad*** und kontrollieren Sie die Grenzwerte in den Anfangsbedingungen: der Winkel sollte hier bereits von 60° bis 123° voreingestellt worden sein. Schließen Sie das Befehlsfenster anschließend und überprüfen Sie die Auswirkungen der neuen Einstellungen auf den Mechanismus mit einer weiteren Simulation.

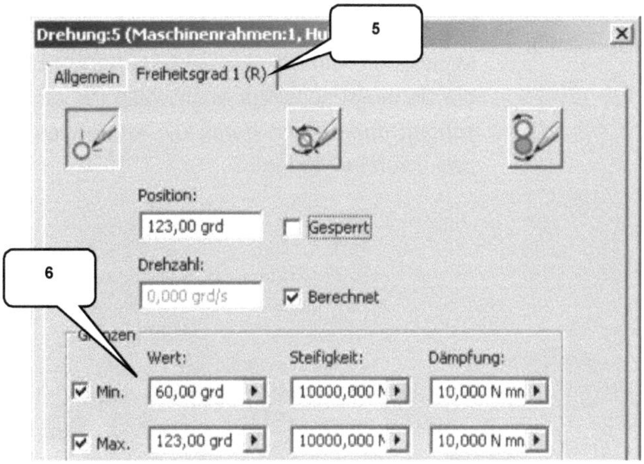

- Ordner ***Normverbindungen*** erweitern (3)
- ***Rechte Maustaste*** auf Drehgelenk der Bauteile Maschinenrahmen:1 und Hubrahmen:1 (4)
- Register: Eigenschaft. (5)
- Grenzwerte kontroll. (6)
- OK ***OK***

Wenn die Grenzwerte übereinstimmen (Min.: 60°, Max.: 123°) kann simuliert werden.

Film publizieren

- Dateiname: Dyn-Sim-02-Hubbegrenzung (3)
- Dateityp: *.avi
- Speichern ***Speichern***

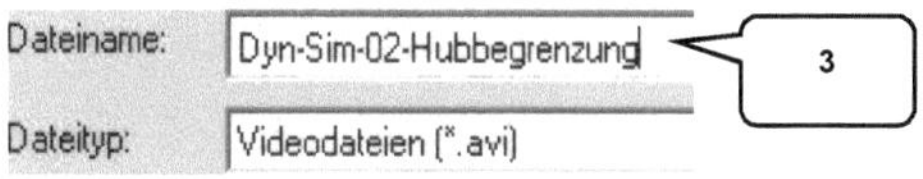

- Komprimierung: Microsoft Video 1 (4)
- Qualität: 100 % (5)
- OK ***OK***

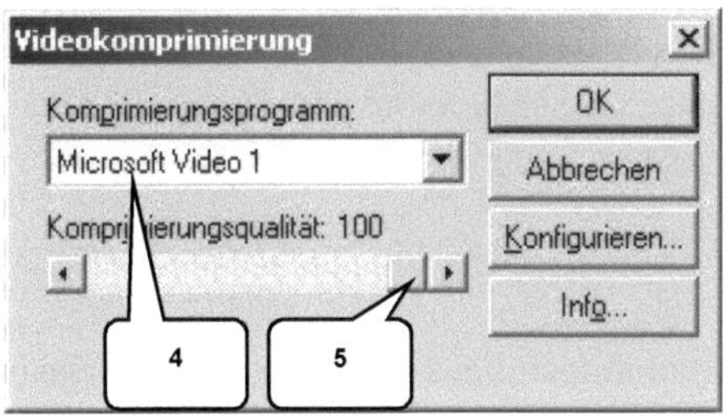

- ***Wiedergabe*** (6)
- Simulation ablaufen lassen
- ***Konstruktionsmodus*** (7)

Film publizieren

Das Hubsystem fällt und schlägt hart auf, sobald der Winkel begrenzt wird[3].

---

[3] In seltenen Fällen kann es dazu kommen, dass die Baugruppe (oder Teile davon) während der Simulation unkoordiniert und scheinbar unbefestigt durch die Gegend wandern. In diesem Fall sollte die Baugruppe gespeichert, geschlossen, erneut geöffnet und simuliert werden. Der Arbeitsspeicher des Computers ist in diesem Fall überlastet.

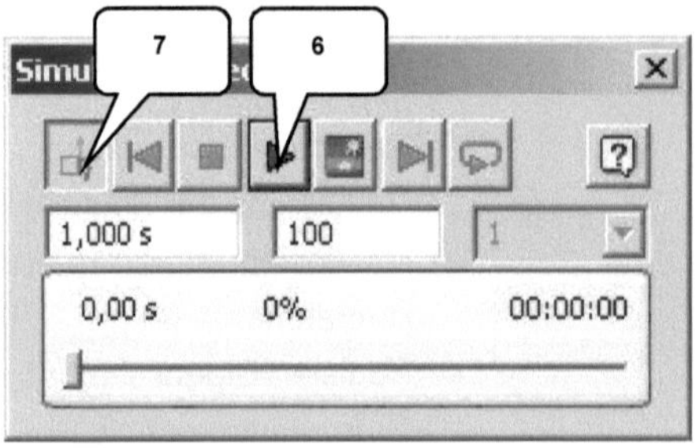

Die Kollision zwischen Hubrahmen und Maschinenrahmen wurde behoben, nur die Schaufel schwingt noch völlig frei und schlägt dabei noch durch die angrenzenden Bauteile hindurch.

Um auch die Bewegung der Schaufel begrenzen zu können und somit weitere Kollisionen zu vermeiden, kann auch hier entweder das Drehgelenk der Schaufel mit Grenzwerten versehen werden, oder man verwendet einen ***3D-Kontakt***. Dafür sollten allerdings vorab einige Grundlagen zum Thema ***Gelenkverbindungen*** erläutert werden.

7.12 Begrenzen der Kippbewegung

7.12.1 Grundlagen: 3D-Kontakt

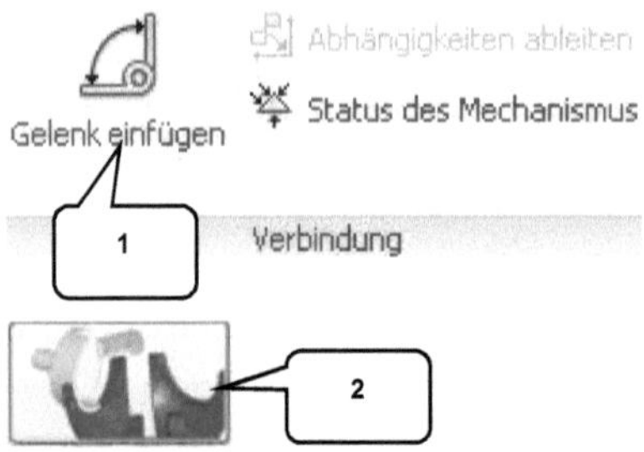

- Befehlsgruppe ***Verbindung***
- Gelenk einfügen (1)
- Auswahl: 3D-Kontakt (2)

Der ***3D-Kontakt*** ermöglicht es Kollisionen zwischen zwei Bauteilen zu erkennen und den Bewegungsablauf bei Kontakt zu stoppen. Er gleicht damit dem Befehl ***Kontaktsatz*** im Baugruppenbereich.

7.12.2 Einfügen eines 3D-Kontaktes

Betrachtet man den Bewegungsapparat, so stellt man fest, dass die Schaufel über weitere Bauteile mit dem Kippzylinder verbunden ist. Die unkontrollierte Schwingung der Schaufel hat unter anderem zur Folge, dass der Kolben des Kippzylinders ungebremst in den Zylinder eintaucht. Würde man also diese beiden Bauteile bei Kontakt stoppen, so überträgt sich das letztendlich auch auf die Bewegung der Schaufel und eine Kollision könnte vermieden werden.

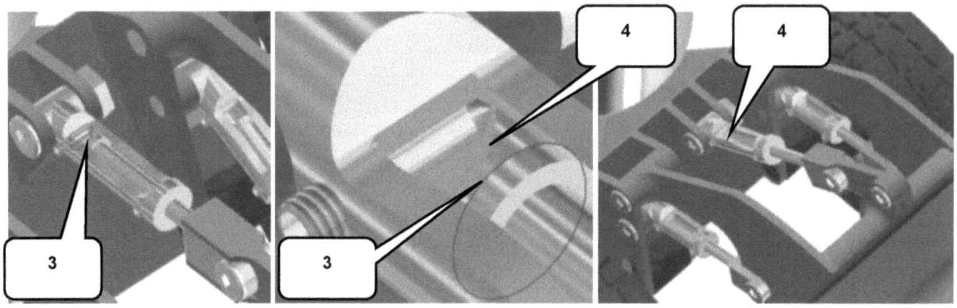

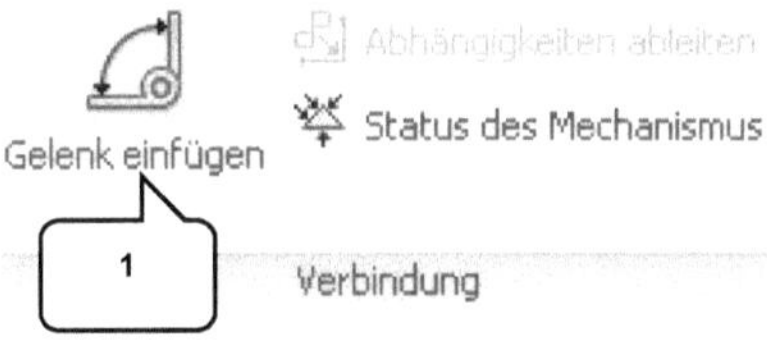

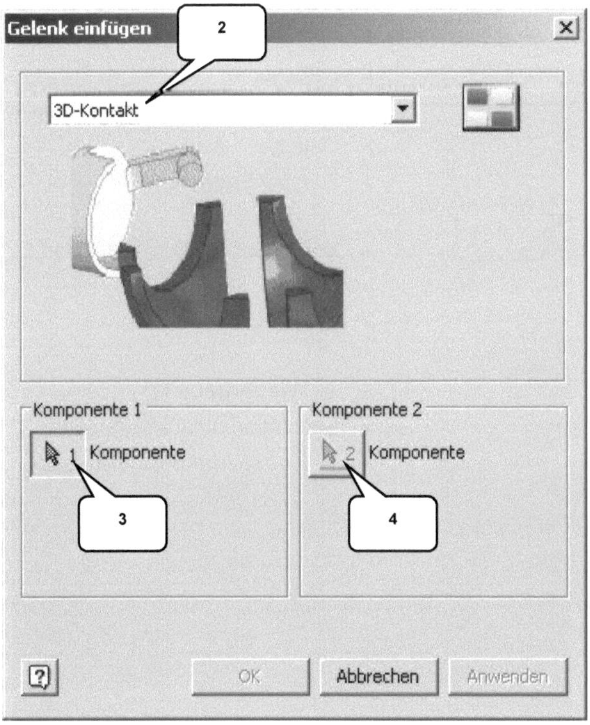

Kolben und Zylinder des Kippzylinders sollen jetzt also mit einer zusätzlichen Gelenkverbindung - einem ***3D-Kontakt*** - versehen werden. Der Zylinder wurde zu diesem Zweck an der oberen Seite präpariert, so dass der Blick in dessen Innenbereich - und damit auch auf den Kolben darin - frei ist.

Als Referenzen auszuwählen sind die jeweiligen (runden) Kanten von Kolben und Zylinder.

Gelenk einfügen (1)

- Auswahl: 3D-Kontakt (2)
- Komponente 1: Bohrungskante[4] Kippzylinder-Kolben:1 (3)
- Komponente 2: Zylinderkante Kippzylinder-Zylinder:1 (4)
- OK ***OK***

Speichern

[4] Es sind die jeweiligen Zylinderkanten auszuwählen, nicht die Flächen von Kolben und Zylinder.

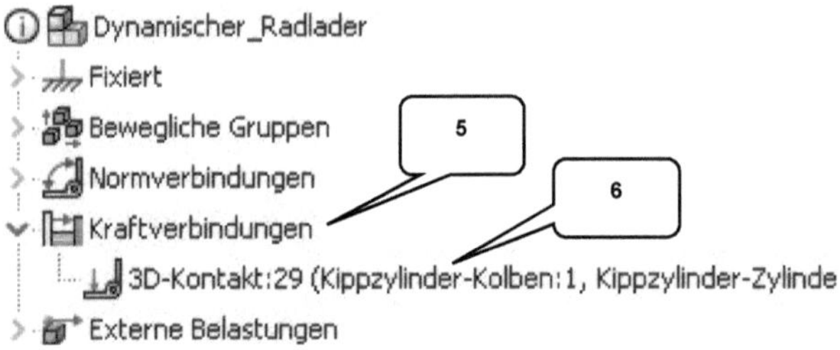

Der Browser erweitert sich jetzt um den neuen Ordner ***Kraftverbindungen*** (5). Darin enthalten ist der soeben erstellte ***3D-Kontakt***[5] (6).

7.12.3 Ausführen und Aufzeichnen der Simulation

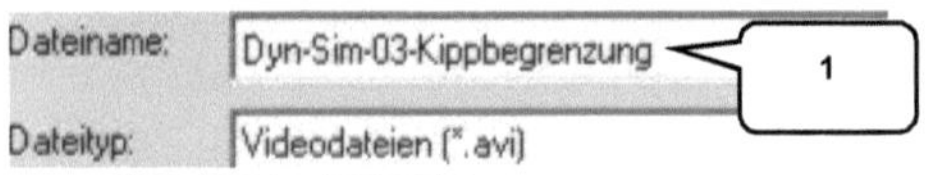

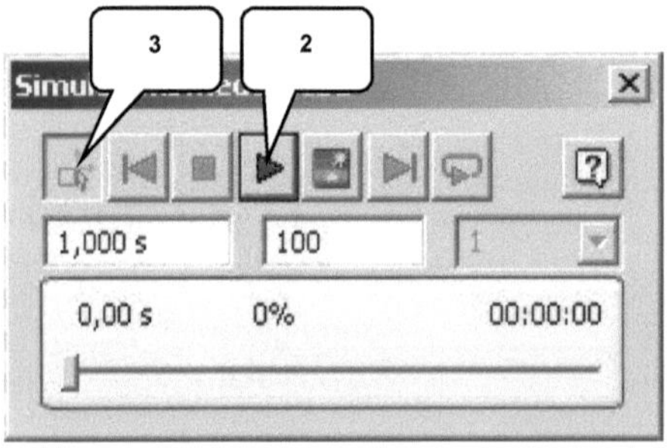

Eine neue Simulation soll zeigen, ob der 3D-Kontakt eine Durchdringung der Schaufel in angrenzende Bauteile verhindern kann.

Film publizieren

- Dateiname: Dyn-Sim-03-Kippbegrenzung (1)
- Dateityp: *.avi
- Speichern ***Speichern***

- Komprimier.: Microsoft Video 1
- Qualität: 100 %
- OK ***OK***

- ***Wiedergabe*** (2)
- Simulation ablaufen lassen
- ***Konstruktionsmodus*** (3)

Film publizieren

[5] Gelenkverbindungen werden automatisch nummeriert (z. B. 3D-Kontakt***:29***). Diese Nummerierung kann von den Abbildungen hier im Buch abweichen, was allerdings keine Rolle spielt. Wichtig ist nur die korrekte Bauteilkonstellation. Die Bauteile werden in Klammern hinter der Gelenkverbindung angegeben (z. B. Kippzylinder-Kolben:1, Kippzylinder-Zylinder:1). Ihre Reihenfolge spielt dabei ebenfalls keine Rolle.

Hubsystem und Schaufel fallen während der Simulation ungebremst nach unten, bis beide Hubrahmen den maximalen Winkel erreicht haben. Auch die Schaufel schwingt jetzt nicht mehr völlig frei, sondern wird in ihrer Bewegung begrenzt.

Weiterhin soll die Abwärtsbewegung verlangsamt werden, um das harte Aufschlagen des Hubapparates beim Erreichen des maximalen Winkels zu dämpfen. Das Programm bietet entsprechende Möglichkeiten in den ***Eigenschaften*** vorhandener Gelenkverbindungen.

7.13 Dämpfen der Hub- und Kippbewegungen

7.13.1 Dämpfen der Hubzylinder

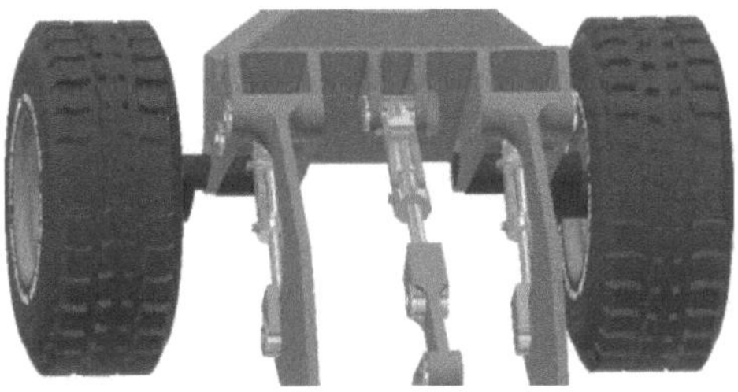

Die Dämpfung des Hubapparates soll über die Bearbeitung der zylindrischen Gelenkverbindungen beider Hubzylinder und des Kippzylinders erreicht werden.

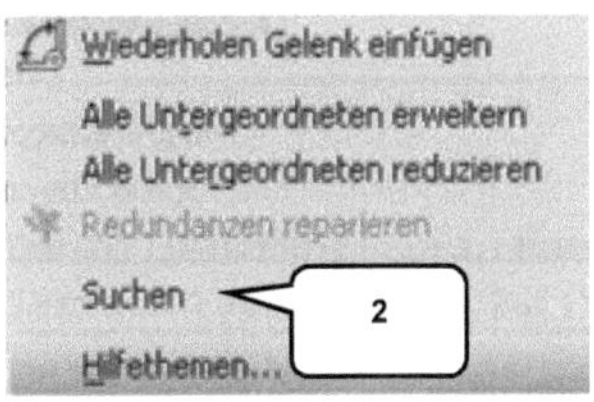

Da sich die Suche nach der richtigen Gelenkverbindung als schwierig erweisen könnte (der Ordner Normverbindungen ist bereits gut gefüllt), soll das gesuchte Gelenk über eine ***Suchoption*** im Kontextmenü der rechten Maustaste lokalisiert werden.

- ***Rechte Maustaste*** auf ***Dynamischer_Radlader*** (1)
- ***Suchen*** (2)
- Objekttyp: Gelenke (3)
- Suchbegriff: Hubzylinder-Kolben:1 (4)
- Weitersuchen ***Weitersuchen***

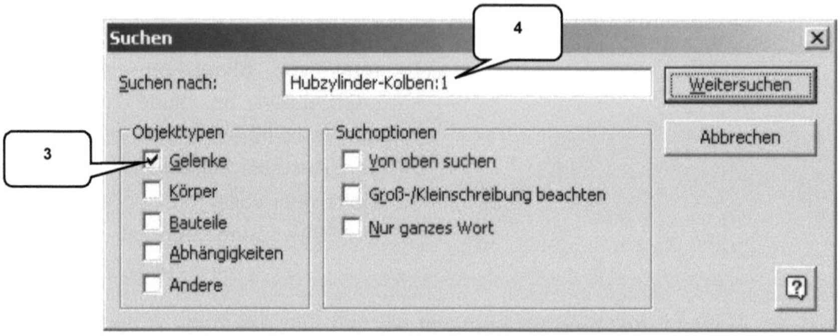

Das Programm wird jetzt im Browser nach und nach alle Gelenkverbindungen markieren, in denen das gesuchte Bauteil enthalten ist. Jetzt muss so oft auf den Button Weitersuchen ***Weitersuchen*** geklickt werden, bis die folgende Gelenkverbindung im Browser markiert wird:

➢ ***Zylindrisch (Hubzylinder-Zylinder:1, Hubzylinder-Kolben:1)*** (6)

Wurde sie lokalisiert, so kann das Befehlsfenster ***Suchen*** wieder geschlossen werden. Um die gesuchte Gelenkverbindung zu bearbeiten, muss im Browser mit der rechten Maustaste darauf geklickt werden, um im Kontextmenü die Option ***Eigenschaften*** auswählen zu können.

Wechselt man im neu geöffneten Befehlsfenster in das Register ***Freiheitsgrad (T)***, so kann im Bereich der ***Gelenkkraft*** eine Dämpfung (z. B. 1 Ns/mm) festgelegt werden: sie soll den Bewegungsablauf etwas verlangsamen.

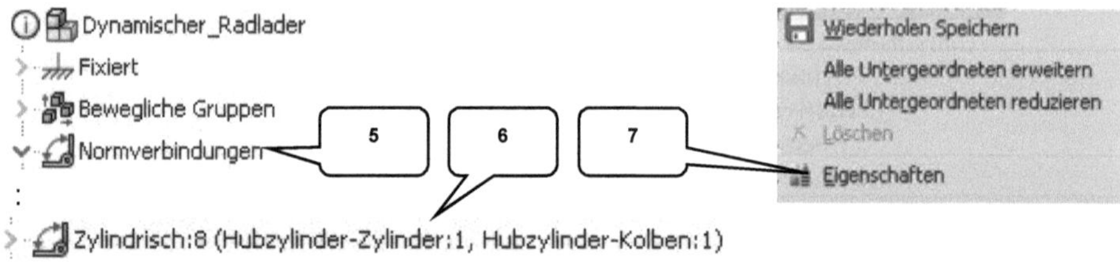

➢ ***Normverbindungen*** erweitern (5)
➢ ***Rechte Maustaste*** auf zylindrische Gelenkverbindung der Bauteile ***Hubzylinder-Kolben:1, Hubzylinder-Zylinder:1*** (6)
➢ ***Eigenschaften*** (7)

➢ Register ***Freiheitsgrad (T)*** (8)
➢ Gelenkkraft bearbeiten (9)
➢ Gelenkkraft aktivieren (10)
➢ Dämpfung: 1 N s/mm (11)
➢ OK ***OK***

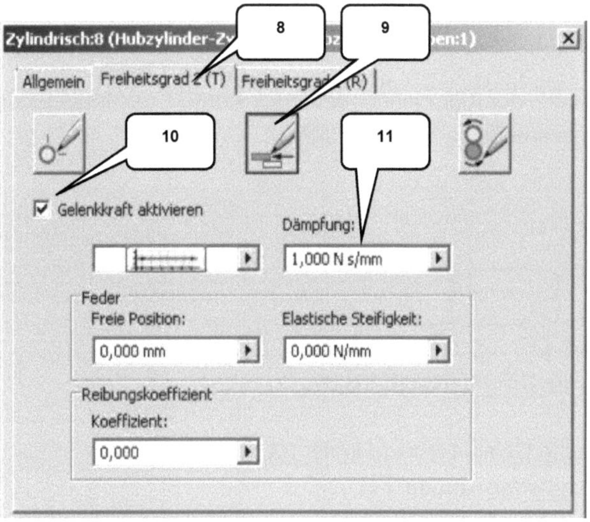

Modifizierte Gelenkverbindungen werden vom Programm durch ein # ***Rautensymbol*** gekennzeichnet, was im Browser in das vorhandene Gelenksymbol integriert wird.

Das zylindrische Gelenk des zweiten Hubzylinders soll ebenfalls bearbeitet werden, wofür im Browser das zylindrische Gelenk zwischen den Bauteilen ***Hubzylinder-Zylinder:2*** und ***Hubzylinder-Kolben:2*** zu lokalisieren ist.

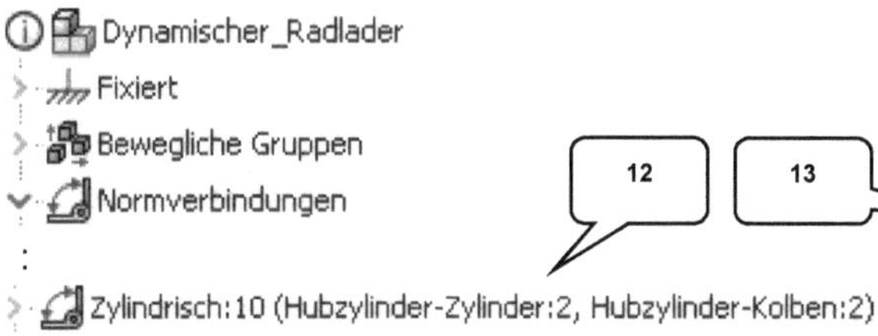

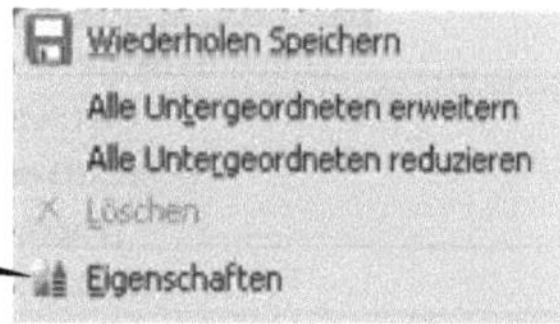

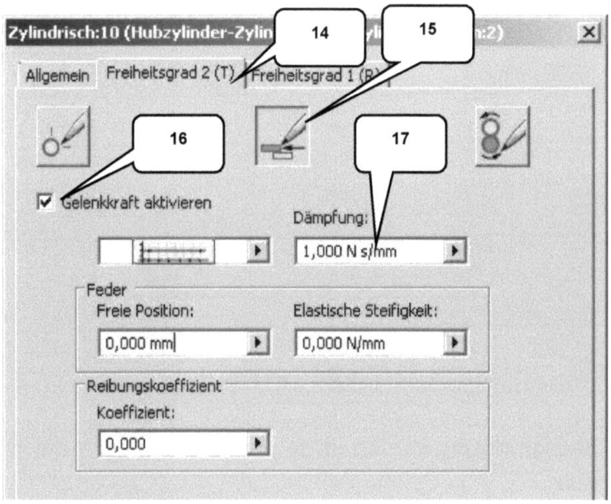

- ***Rechte Maustaste*** auf die zylindrische Gelenkverbindung der Bauteile ***Hubzylinder-Zylinder:2, Hubzylinder-Kolben:2*** (12)
- ***Eigenschaften*** (13)
- Register ***Freiheitsgrad*** (T) (14)
- Gelenkkraft bearbeiten (15)
- Gelenkkraft aktivieren (16)
- Dämpfung: 1 N s/mm (17)
- OK ***OK***

7.13.2 Dämpfen des Kippzylinders

Nach den Hubzylindern muss jetzt auch der Kippzylinder gedämpft werden, wofür die Eigenschaften dieser zylindrischen Gelenkverbindung zu öffnen sind.

- ***Rechte Maustaste*** auf zylindrische Gelenkverbindung der Bauteile ***Kippzylinder-Zylinder:1, Kippzylinder-Kolben:1*** (1)
- ***Eigenschaften*** (2)

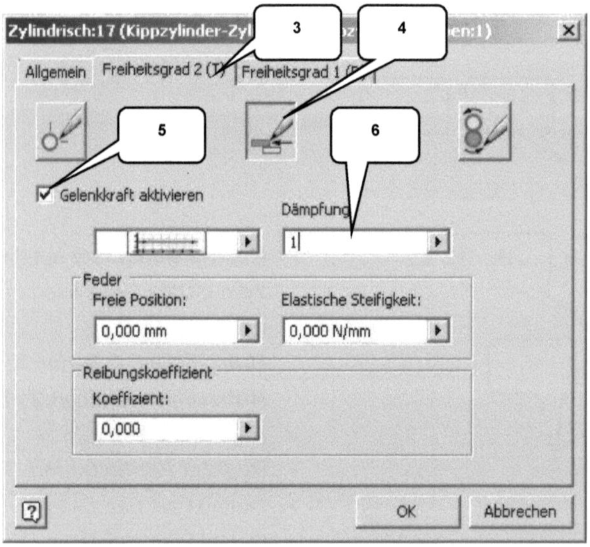

- Register ***Freiheitsgrad*** (T) (3)
- Gelenkkraft bearbeiten (4)
- Gelenkkraft aktivieren (5)
- Dämpfung: 1 N s/mm (6)
- ***OK***

Speichern

7.13.3 Ausführen und Aufzeichnen der Simulation

Mit einer weiteren Simulation soll nachgewiesen werden, dass die Optimierungen der drei Gelenkverbindungen erfolgreich waren.

Film publizieren

- Dateiname: Dyn-Sim-04-Dämpfung (1)
- Dateityp: *.avi
- Speichern ***Speichern***

- Komprimierung: Microsoft Video 1
- Qualität: 100 %
- OK ***OK***

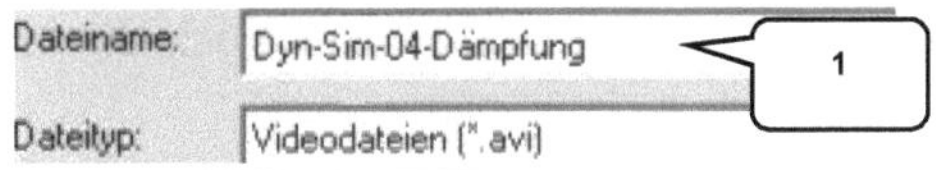

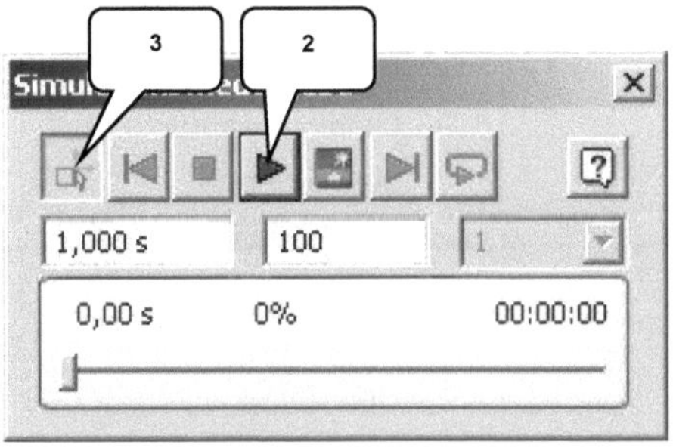

- ***Wiedergabe*** (2)
- Simulation ablaufen lassen
- ***Konstruktionsmodus*** (3)

Film publizieren

Der gesamte Hubapparat bewegt sich jetzt wesentlich langsamer abwärts. Und auch die Schaufel selbst bewegt sich nur noch langsam. Die Bearbeitung der Gelenke zeigt also die gewünschte Wirkung.

7.14 Definition der Reibungskoeffizienten

7.14.1 Drehgelenke mit Reibungskoeffizient und Reibradius versehen

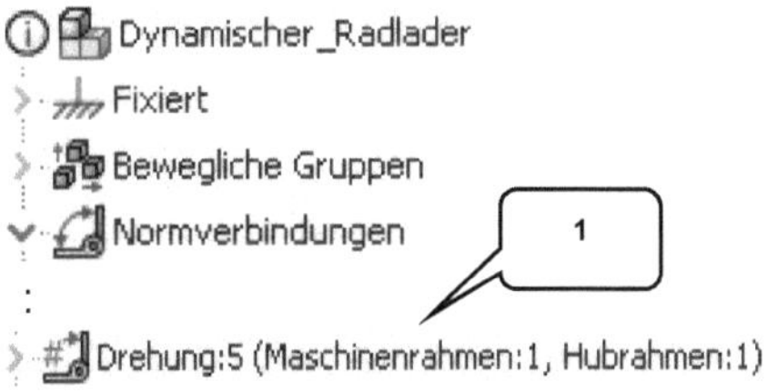

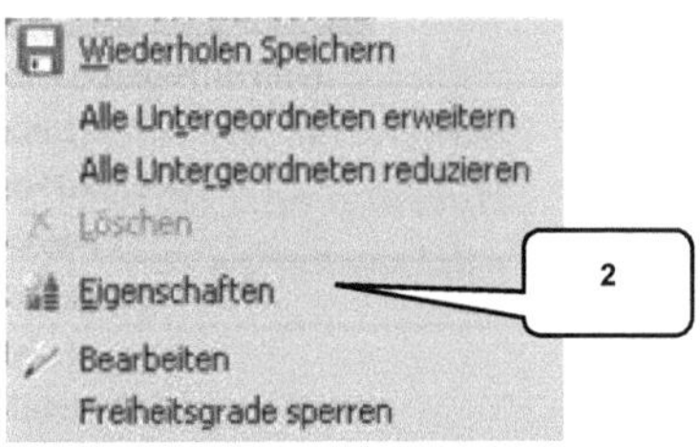

Wenn ***Reibungsverluste*** in Simulationen berücksichtigt werden sollen, so können auch sie in den ***Eigenschaften*** eines Gelenkes definiert werden.

Die Drehgelenke zwischen dem Maschinenrahmen und den beiden Hubrahmen sind in der folgenden Übung mit einem Reibungskoeffizienten zu versehen. Dadurch soll die Abwärtsbewegung des Hubapparates weiter verlangsamt werden. Neben dem Reibungskoeffizienten muss zusätzlich der Reibradius definiert werden, denn aus beiden Werten berechnet das Programm die Reibungsverluste automatisch.

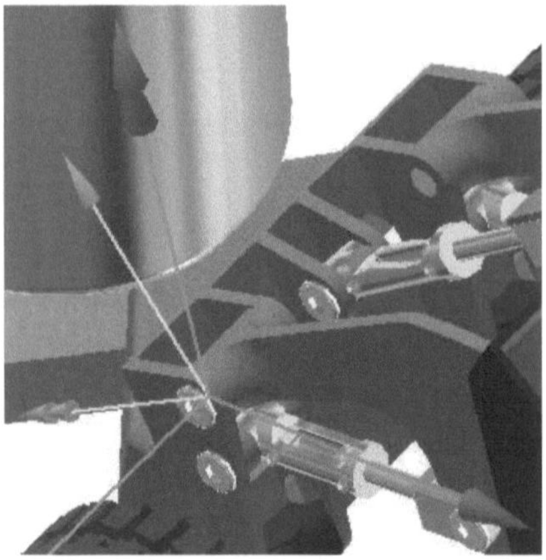

- ***Rechte Maustaste*** auf das Drehgelenk der Bauteile ***Maschinenrahmen:1, Hubrahmen:1*** (1)
- ***Eigenschaften*** (2)

Als Reibungskoeffizienten ist der Wert 0,1 einzutragen und als Reibradius der Wert 5 mm. Er resultiert aus dem Durchmesser des Gewindebolzens D = 10 mm. Das Drehgelenk zwischen den Bauteilen Maschinenrahmen:1 und Hubrahmen:2 ist danach ebenfalls zu bearbeiten.

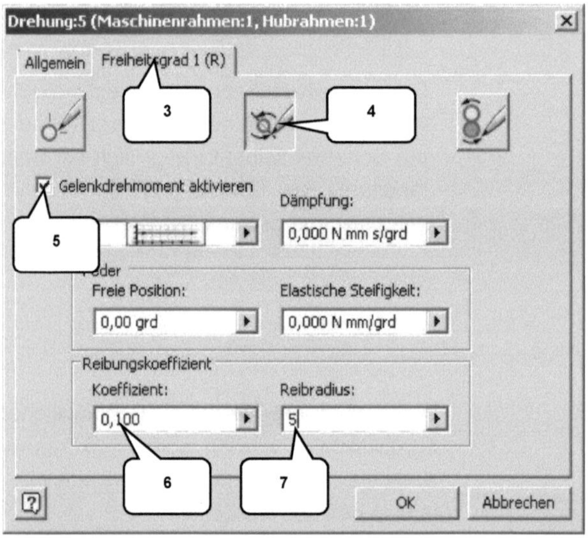

- Reg. ***Freiheitsgrad*** (R) (3)
- Gelenkdrehmoment bearbeiten (4)
- Gelenkdrehmoment aktivieren (5)
- Reibungskoeffizient: 0,1 (6)
- Reibradius: 5 mm (7)
- OK ***OK***

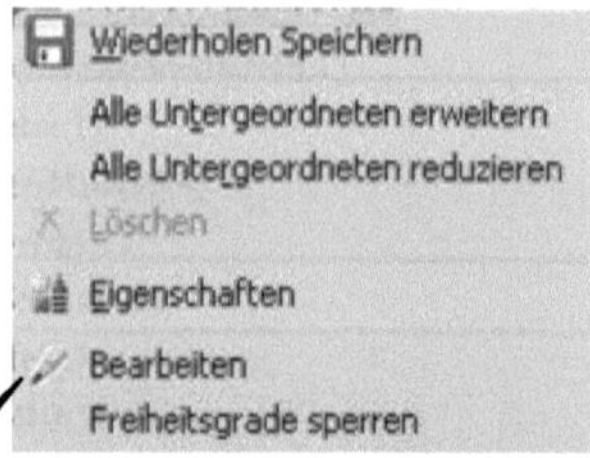

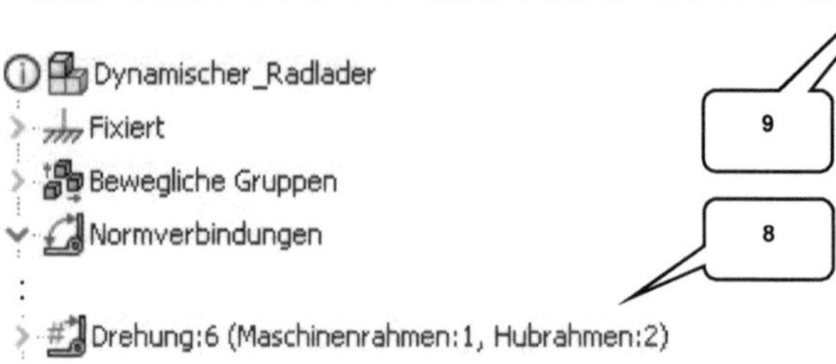

- ***Rechte Maustaste*** auf die zylindrische Gelenkverbindung der Bauteile ***Maschinenrahmen:1, Hubrahmen:2*** (8)
- ***Eigenschaften*** (9)

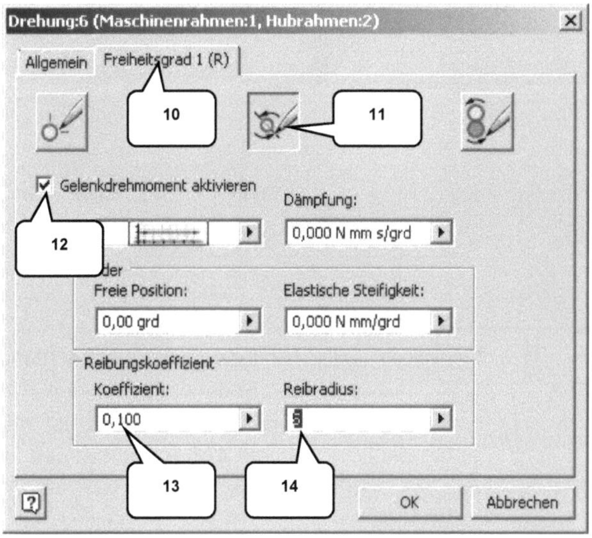

- Reg. ***Freiheitsgrad*** (R) (10)
- Gelenkdrehmoment bearbeiten (11)
- Gelenkdrehmoment aktivieren (12)
- Reibungskoeffizient: 0,1 (13)
- Reibradius: 5 mm (14)
- OK ***OK***

Speichern

7.15 Die Bodenplatte

7.15.1 Platzieren und Ausrichten der Bodenplatte

Arbeitsbereich:
Baugruppe (Zusammenfügen)

Der Bereich der Dynamischen Simulation muss jetzt kurzfristig verlassen werden[6], um ein neues Bauteil (die ***Bodenplatte***) in die Baugruppe einfügen zu können. Sie soll unterhalb des Radladers abgelegt und anschließend mit tangentialen Abhängigkeiten an den Rädern des Radladers befestigt werden (3).

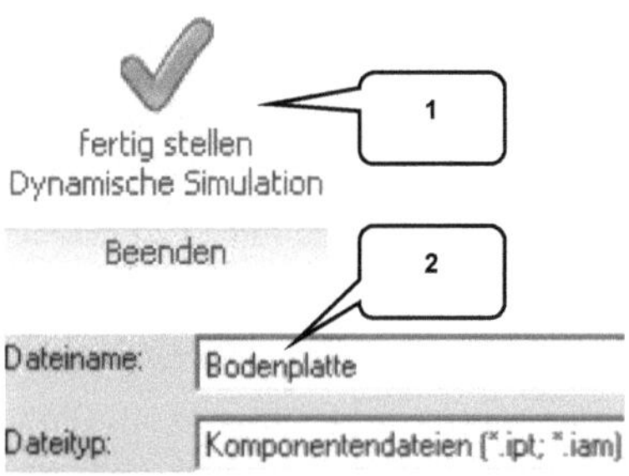

Fertigstellen (1)

Komponente platzieren

- Dateiname: Bodenplatte (2)
- Dateityp: *.ipt
- Öffnen ***Öffnen***
- Bauteil 1x frei ablegen
- Taste: ***ESC***

[6] Das Verlassen des Bereiches der Dynamischen Simulation ist nicht zwingend erforderlich, um z. B. weitere Bauteile in eine Baugruppe einzufügen. Bei grundlegenden Arbeiten an einer Baugruppe ist es jedoch empfehlenswert, um den Arbeitsspeicher nicht zu stark zu belasten und dem Programm beim Eintritt in den Bereich der Dynamischen Simulation eine Neuberechnung der Variablen zu ermöglichen.

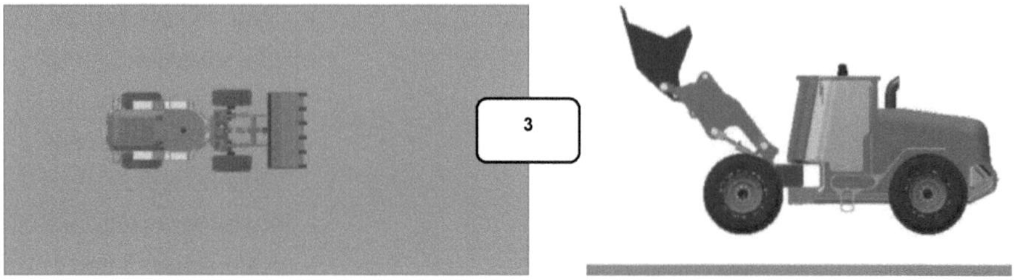

7.15.2 Ausrichten der Bodenplatte am Radlader

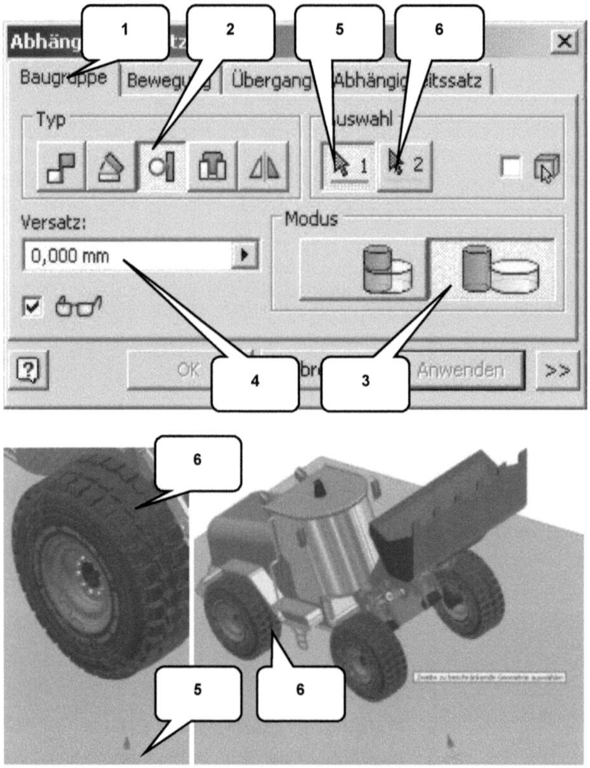

Zur tangentialen Ausrichtung der Bodenplatte an den Rädern des Radladers, ist der Befehl ***Abhängig machen*** zu starten.

Wir starten mit einem der beiden Vorderräder.

Abhängig machen

- Register ***Baugruppe*** (1)
- Typ: Tangential (2)
- Modus: Außerhalb (3)
- Versatz: 0 mm (4)
- Auswahl 1: Oberfläche Bodenplatte (5)
- Auswahl 2: Lauffläche Rad[7] (6)
- Anwenden ***Anwenden***

Platzieren Sie anschließend eine weitere tangentiale Abhängigkeit zwischen der Bodenplatte und einem der beiden Hinterräder.

[7] An den Rädern befindet sich in der Mitte der Lauffläche jeweils eine durchgängige zylindrische Fläche (6), welche als Referenz für die tangentiale Abhängigkeit zu verwenden ist.

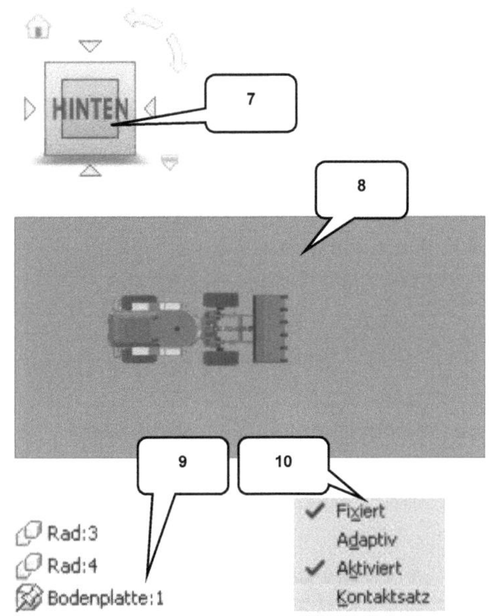

Bevor die Bodenplatte fixiert werden kann, sollte sie am Radlader ausgerichtet werden.

Hierfür ist am ***ViewCube*** die Ansicht ***HINTEN*** zu aktivieren, um die Bodenplatte danach bei gedrückter linker Maustaste zu positionieren, wie nebenstehend dargestellt.

- ***ViewCube-Ansicht: HINTEN*** (7)
- Bodenplatte ausrichten (8)

- ***Rechte Maustaste*** auf ***Bodenplatte*** (9)
- ***Fixiert*** (10)

Speichern (Ja für alle)

- OK ***OK*** (geändertes Datenformat)

7.15.3 Ausführen und Aufzeichnen der Simulation

Um die geänderten Gelenkeinstellungen zu überprüfen und um das Verhalten des Hubapparates im Zusammenspiel mit der neu eingefügten Bodenplatte analysieren zu können, muss in den Bereich der Dynamischen Simulation gewechselt werden. Hier ist zur besseren Darstellung am ***ViewCube*** die Ansicht ***UNTEN*** zu aktivieren.

Arbeitsbereich:
Dynamische Simulation

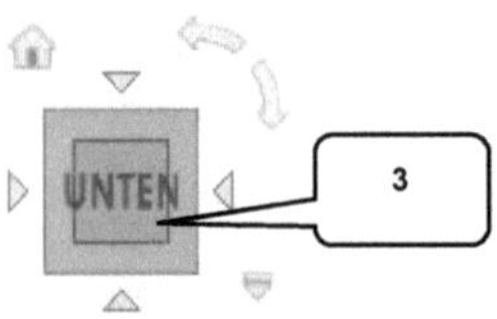

- Register ***Umgebungen*** (1)

Dynamische Simulation (2)

- ***ViewCube-Ansicht: UNTEN*** (3)

Film publizieren

- Dateiname: Dyn-Sim-05-Bodenplatte (4)
- Dateityp: *.avi
- Speichern ***Speichern***

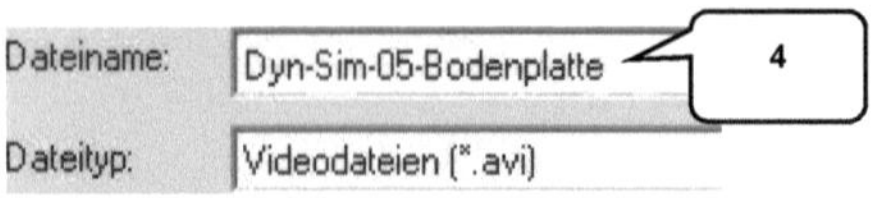

- Komprimierung: Microsoft Video 1
- Qualität: 100 %
- OK ***OK***

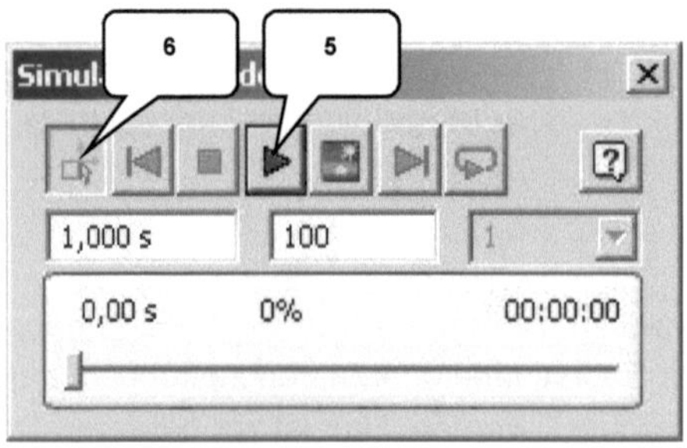

- ***Wiedergabe*** (5)
- Simulation ablaufen lassen
- ***Konstruktionsmodus*** (6)

Film publizieren

Die Abwärtsbewegung des Hubapparates erfolgt jetzt – wie erwartet - noch langsamer als vorher. Allerdings gibt es ein neues Problem: die Schaufel des Radladers kollidiert mit der Bodenplatte. Sie wurde ja gerade erst importiert und muss erst noch in unseren Bewegungsapparat integriert werden.

Denkbar wären hier z. B. die Definition einer Bewegungsbegrenzung in einem bereits vorhandenen Gelenk, ein 3D-Kontakt, oder aber die Platzierung eines ***2D-Kontaktes***.

7.16 2D-Kontakt zwischen Schaufel und Bodenplatte erzeugen

7.16.1 Grundlagen: 2D-Kontakt

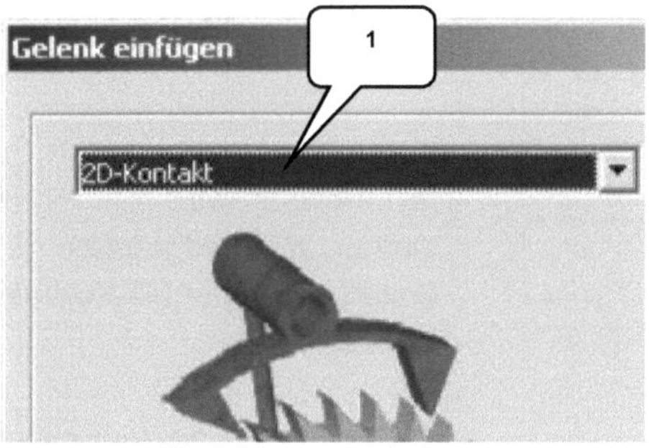

Auch ***2D-Kontakte*** (1) können Bauteilbewegungen stoppen, wenn das Programm Kollisionen zwischen den betroffenen Bauteilen erkennt.

Allerdings müssen hier die exakten Seitenflächen zweier Bauteile als Referenzen definiert werden und sie müssen planparallel zueinander angeordnet sein.

7.16.2 Platzieren des 2D-Kontaktes

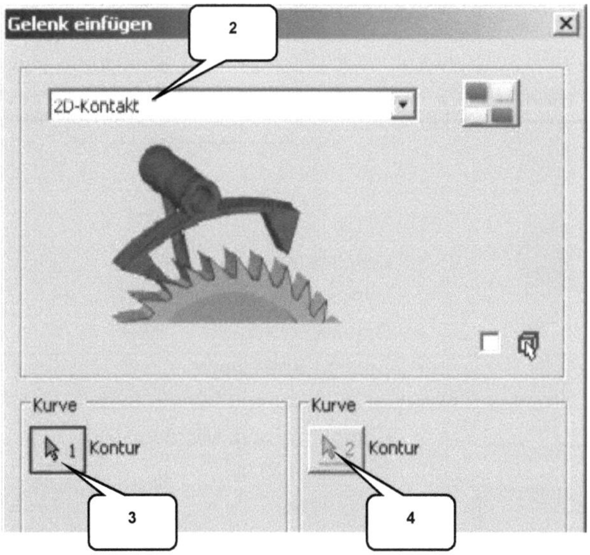

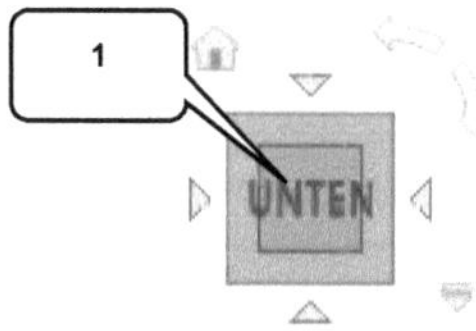

Der folgende Arbeitsschritt wird nur funktionieren, wenn die Seitenflächen von Bodenplatte und Schaufel parallel zueinander liegen (es sollte bereits so eingestellt sein). Ansonsten müsste die Ausrichtung korrigiert werden[8].

- ***ViewCube-Ansicht: UNTEN*** (1)

Gelenk einfügen

- Auswahl: 2D-Kontakt (2)
- Komponente 1: Seitenfläche der Schaufel (3)

[8] Wenn die Bodenplatte noch einmal in ihrer Ausrichtung korrigiert werden muss, dann ist vorher ihre Fixierung temporär zu lösen (***Rechte Maustaste*** auf Bodenplatte > ***Fixiert*** deaktivieren), Platte ausrichten und wieder fixieren

- Komponente 2: Seitenfläche[9] der Bodenplatte (4)
- **OK**

Speichern

Im Browser wird der neue Ordner ***Kontaktgelenke*** (5) erstellt, worin der ***2D-Kontakt*** zu finden ist.

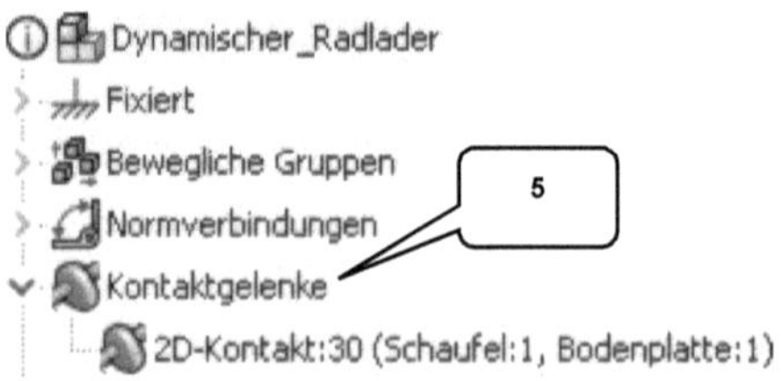

Ob die Bewegung der Schaufel bei einer Kollision zwischen Schaufel und Bodenplatte jetzt vermieden wird, soll in einer Simulation überprüft werden.

7.16.3 Ausführen und Aufzeichnen der Simulation

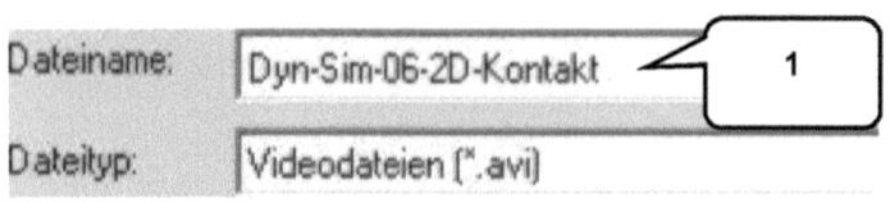

Film publizieren

- Dateiname: Dyn-Sim-06-2D-Kontakt (1)
- Dateityp: *.avi
- ***Speichern***

- Komprimierung: Microsoft Video 1
- Qualität: 100 %
- ***OK***

- ***Wiedergabe*** (2)
- Simulation ablaufen lassen
- ***Konstruktionsmodus*** (3)

Film publizieren

[9] Es ist die schmale Seitenfläche der Bodenplatte zu wählen! Nicht ihre Ober- oder Unterseite.

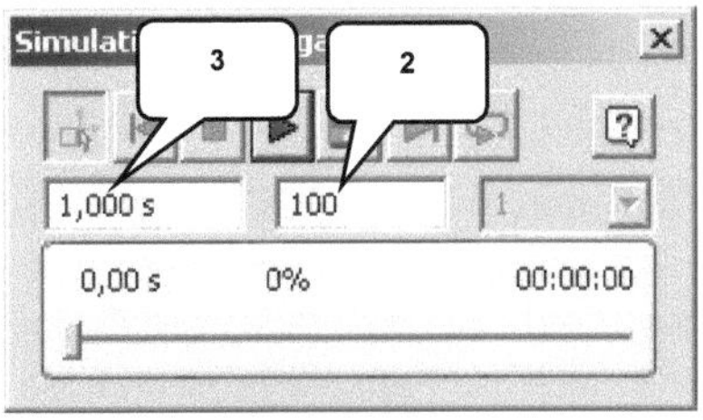

Verläuft alles nach Plan, so müsste sich der gesamte Hubapparat langsam nach unten bewegen, bis die Schaufel die Bodenplatte berührt (**4**).

Bereits kurz davor verlangsamt sich die Bewegung, denn das Programm jetzt einen erhöhten Rechenaufwand leisten. Die Spitze der Schaufel trifft auf die Bodenplatte und das Gewicht des gesamten Hubapparates drückt den restlichen Teil der Schaufel weiter nach unten. Ein Durchdringen der Schaufel durch die Bodenplatte findet allerdings nicht mehr statt.

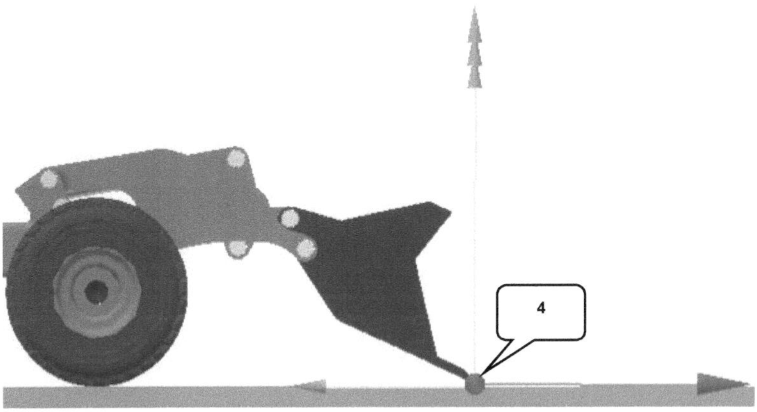

7.17 Einfügen eines Feder-Dämpfer-Systems
7.17.1 Grundlagen: Feder/ Dämpfung/ Buchse

Der Radlader soll weiterhin mit zwei Feder- Dämpfer-Systemen versehen werden, welche die beiden Radbolzen im vorderen Bereich des Fahrzeugs mit dem Maschinenrahmen verbinden.

Hierfür wird die Gelenkverbindung ***Feder/ Dämpfung/ Buchse*** (1) verwendet. Sie beinhaltet verschiedene Gelenktypen, die in der folgenden tabellarischen Übersicht dargestellt werden:

Typ	***Parameter***	
Spiralfeder	Steifigkeit, freie Länge, Dämpfung, Abmessungen	
Feder	Steifigkeit, freie Länge, Dämpfung, Abmessungen	
Federdämpfung	Steifigkeit, freie Länge, Dämpfung, Abmessungen	
Dämpfung	Dämpfung, Abmessungen	
Buchse	Kraft, Abmessungen	

Zur Platzierung des Gelenkes sind zuerst die Referenzen zweier Bauteile auszuwählen, wobei nur runde Flächen oder Kanten genutzt werden können. Denn neben den Basisflächen muss das Programm auch zwei Mittelpunkte bestimmen können, die zur Ausrichtung des Gelenkes benötigt werden.

Übernehmen Sie die folgende Vorgehensweise und platzieren Sie jetzt zwei Federsysteme an der Vorderachse des Radladers.

7.17.2 Platzieren des Federsystems an der Vorderachse

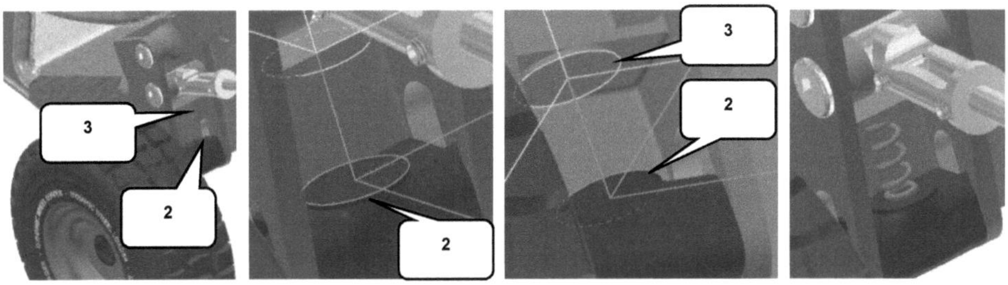

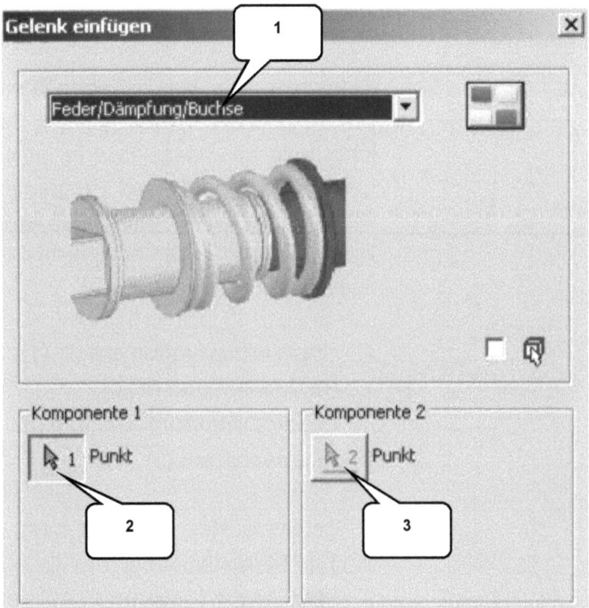

Der erste Federdämpfer soll zwischen den Bauteilen ***Rad-Bolzen-VR:1*** und ***Maschinenrahmen:1*** platziert werden, wobei die jeweiligen Zylinderkanten als Referenzen auszuwählen sind.

Gelenk einfügen

- Auswahl: Feder/ Dämpfung/ Buchse (1)
- Komponente 1: Zylinderkante Rad-Bolzen-VR:1 (2)
- Komponente 2: Zylinderkante Maschinenrahmen:1 (3)
- Anwenden ***Anwenden***

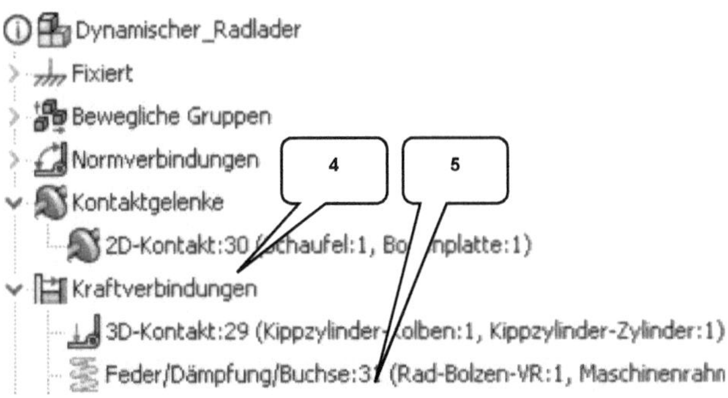

Im Ordner ***Kraftverbindungen*** (4) sollte das neue ***Federgelenk*** (5) jetzt bereits angezeigt werden.

Speichern Sie die Baugruppe noch einmal.

Speichern

7.17.3 Bearbeiten des Federsystems

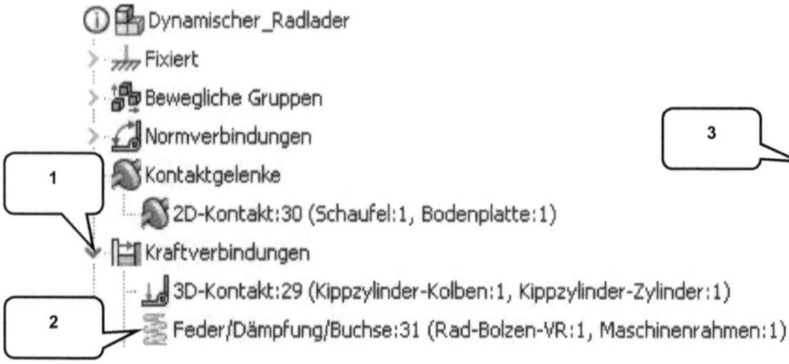

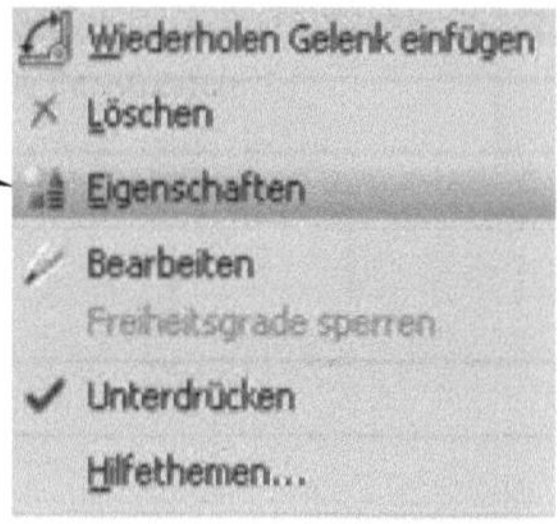

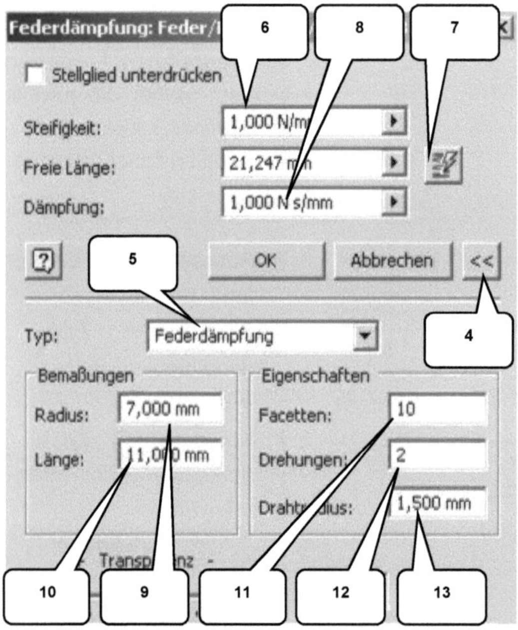

Betrachtet man das ***Feder-Symbol*** im Browser etwas genauer, so kann man erkennen, dass es noch grau hinterlegt ist. Das Programm weist hier darauf hin, dass die eigentlichen ***Eigenschaften*** noch nicht definiert wurden.

- ***Kraftverbindungen*** erweit. (1)
- ***Rechte Maustaste*** auf ***Feder/ Dämpfung/ Buchse*** (2)
- ***Eigenschaften*** (3)

- Befehlsfenster >> erweitern (4)
- Typ: Federdämpfung (5)
- Steifigkeit: 1 N/mm (6)
- Freie Länge: Aktualisieren (7)
- Dämpfung: 1 N s/mm (8)
- Radius: 7 mm (9)
- Länge: 11 mm (10)
- Facetten: 10 (11)
- Drehungen: 2 (12)
- Drahtradius: 1,5 mm (13)
- OK ***OK***

- Speichern

Ein identisches Federsystem soll jetzt auch auf der linken Seite des Radladers (zwischen den Bauteilen ***Maschinenrahmen:1*** und ***Rad-Bolzen-VL:1***) platziert werden, wobei dieselben Eigenschaften zu verwenden sind. Speichern und schließen Sie die Baugruppe danach.

HINWEIS: Werden ***Feder-Dämpfer-Systeme*** dynamisch beansprucht, dann werden ihre physikalischen Eigenschaften (Steifigkeit, Dämpfung, freie Länge) in die Simulation mit einbezogen. Die Eingabewerte in den Bereichen ***Bemaßungen*** und ***Eigenschaften*** haben hingegen keinen Einfluss auf die Berechnungsergebnisse: sie dienen lediglich der Darstellung.

Speichern
Baugruppe schließen

7.18 Schraubverbindungen
7.18.1 Öffnen einer neuen Baugruppe

Arbeitsbereich:
Baugruppe (Zusammenfügen)

Wenn in einer Baugruppe Schraubverbindungen mit einer kombinierten Axial- und Rotationsbewegung simuliert werden sollen, dann bietet das Programm hierfür das spezielle Gelenk ***Schraubverbindung***. Zur Darstellung der Möglichkeiten dieses Gelenkes soll eine vereinfachte Baugruppe geöffnet werden.

Öffnen
- Dateiname: BG_Schraubverbindung (1)
- Dateityp: *.iam
- ***Öffnen***

Der vereinfachte Radlader in dieser Baugruppe enthält eine noch unbefestigte Sechskantmutter. Sie soll jetzt mit zwei Abhängigkeiten versehen werden: einer axialen Abhängigkeit und einer Flächenabhängigkeit.

7.18.2 Positionieren der Sechskantmutter

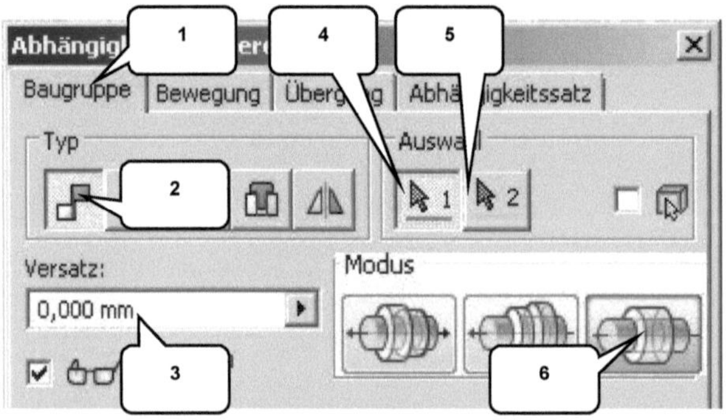

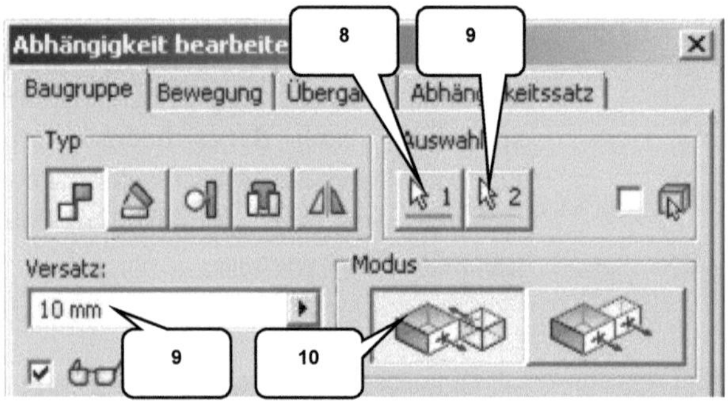

Abhängig machen

- Register ***Baugruppe*** (1)
- Typ: Passend (2)
- Versatz: 0 mm (3)
- Auswahl 1: Gewindefläche Sechskantmutter (4)
- Auswahl 2: Gewindefläche Schraube (5)
- Modus: Nicht ausger. (6)
- Anwenden ***Anwenden***

- Auswahl 1: Seitenfläche Sechskantmutter[10] (7)
- Auswahl 2: Seitenfläche Maschinenrahmen (8)
- Versatz: ***10 mm*** (9)
- Modus: Passend (10)
- OK ***OK***

Die zuletzt erzeugte Flächenabhängigkeit muss direkt nach dem Setzen wieder deaktiviert werden, denn sie diente lediglich zur Positionierung der Sechskantmutter und darf für die folgenden Arbeitsschritte nicht weiter aktiv sein. Danach darf die Sechskantmutter dann nicht mehr bewegt werden!

[10] Sollte sich das Setzen der zweiten (Flächen-) Abhängigkeit als schwierig erweisen, weil die Sechskantmutter nach dem Setzen der ersten (axialen) Abhängigkeit möglicherweise zu dicht am Maschinenrahmen angeordnet wurde, so müsste die Sechskantmutter vorher manuell etwas davon entfernt werden (der Befehl muss in diesem Fall unterbrochen werden, um die Sechskantmutter etwas zu verschieben).

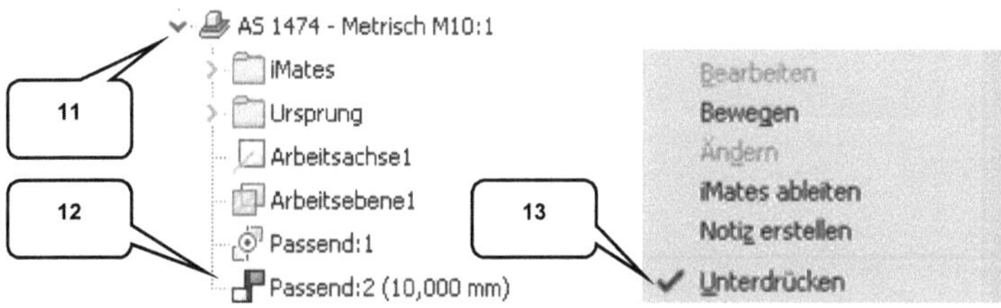

- ***Sechskantmutter AS 1474 - Metrisch M10:1*** erweitern (11)
- ***Rechte Maustaste*** auf Abhängigkeit ***Passend:2*** (12)
- Option: ***Unterdrücken*** (13)

Speichern

7.18.3 Grundlagen: Schraubgelenk

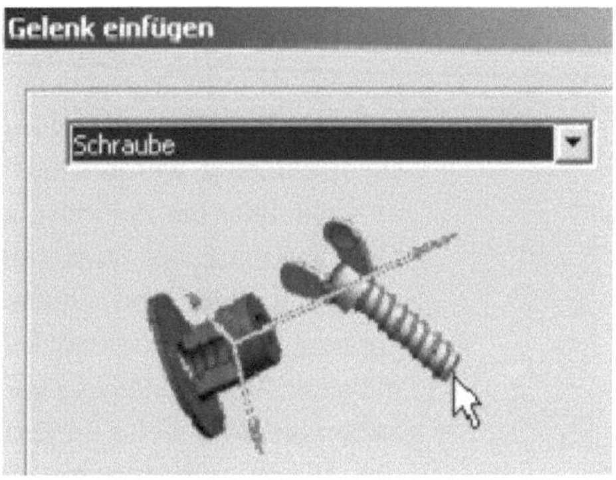

Die Bewegung einer Schraube, die in eine Gewindebohrung eingeschraubt wird, bzw. einer Sechskantmutter die auf ein Gewinde aufgeschraubt wird, setzt sich aus einer translatorischen und einer rotatorischen Bewegung zusammen und muss daher speziell zugeordnet werden.

Im Bereich der Dynamischen Simulation gibt es dafür das besondere Gelenk ***Schraube***.

7.18.4 Einfügen einer Schraubverbindung

Nachdem die Sechskantmutter in Position gebracht wurde, sind jetzt im Bereich der ***Dynamischen Simulation*** ein ***Schraubgelenk*** zu definieren und die Referenzen (Bohrungs- und Zylinderkanten) sowie die Steigung festzulegen.

Arbeitsbereich:
Dynamische Simulation

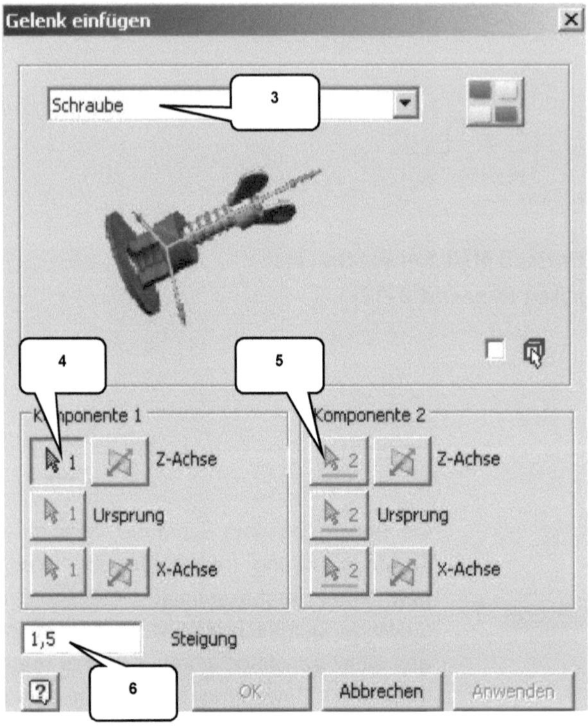

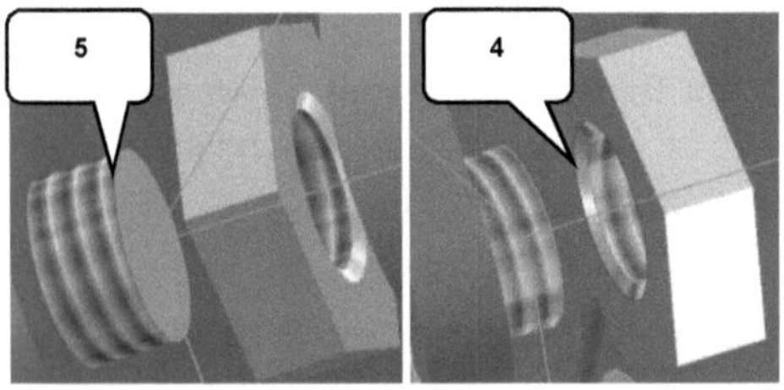

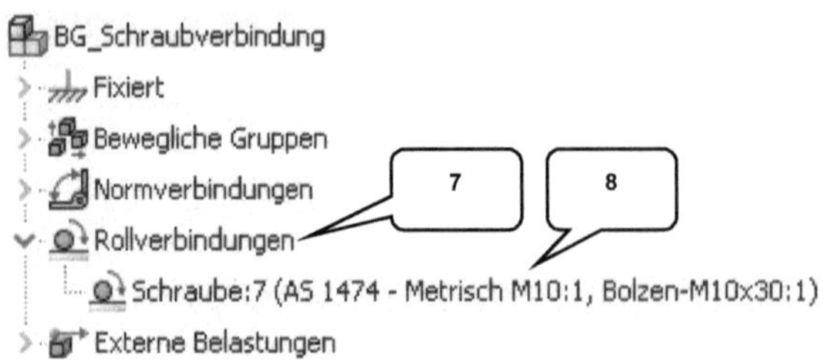

- Register ***Umgebungen*** (1)

Dynamische Sim. (2)

Gelenk einfügen

- Auswahl: Schraube (3)
- Z-Achse 1: Bohrungskante Sechskantmutter (4)
- Z-Achse 2: Zylinderkante Gewindebolzen (5)
- Steigung: 1,5 mm (6)
- OK ***OK***

Im Browser erstellt sich der neue Ordner ***Rollverbindungen*** (7): er beinhaltet das Gelenk ***Schraubverbindung*** (8). Bearbeitet werden muss es nicht, aber die zylindrische Gelenkverbindung zwischen Gewindebolzen und Sechskantmutter muss zusätzlich mit einer Geschwindigkeit versehen werden, wofür im Ordner ***Normverbindungen*** die zylindrische Gelenkverbindung zwischen Bolzen und Sechskantmutter zu bearbeiten ist

- ***Normverbindungen*** erweitern (9)
- ***Rechte Maustaste*** auf zylindrisches Gelenk der Bauteile ***AS 1474 - Metrisch M10:1, Bolzen-M10x30:1*** (10)
- ***Eigenschaften*** (11)

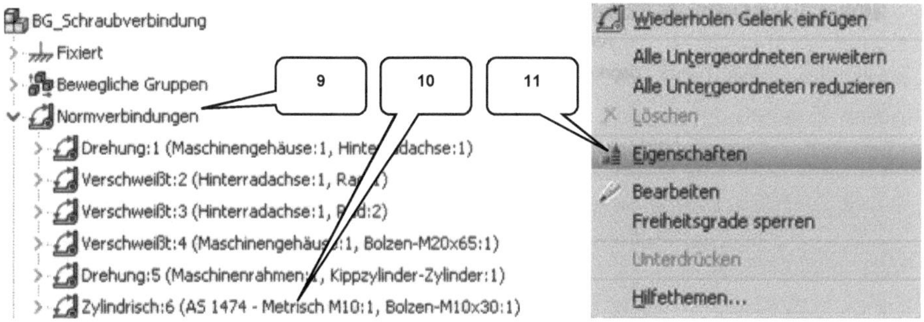

In den Eigenschaften des zylindrischen Gelenkes ist das Register ***Freiheitsgrad*** (R) zu öffnen. Um die Bewegung der Sechskantmutter - analog zum Abstand zwischen Sechskantmutter und Maschinenrahmen und der Steigung des Gewindes - gestalten zu können, sollte die folgende Überlegung durchgeführt werden: Der Abstand zwischen Maschinenrahmen und Sechskantmutter beträgt genau 10 mm und Bolzen sowie Sechskantmutter besitzen ein metrisches Gewinde M10 mit einer Gewindesteigung von 1,5 mm. Die Sechskantmutter muss sich also insgesamt 10 / 1,5 Mal drehen, um die 10 mm bis zum Maschinenrahmen zurücklegen zu können. Die resultierende Winkelgeschwindigkeit berechnet sich demzufolge aus dem Produkt (360 ° x 10) / 1,5 was bei einer Simulationsdauer von einer Sekunde einer ***Winkelgeschwindigkeit*** von ***2400 Grad/ Sekunde*** entspricht.

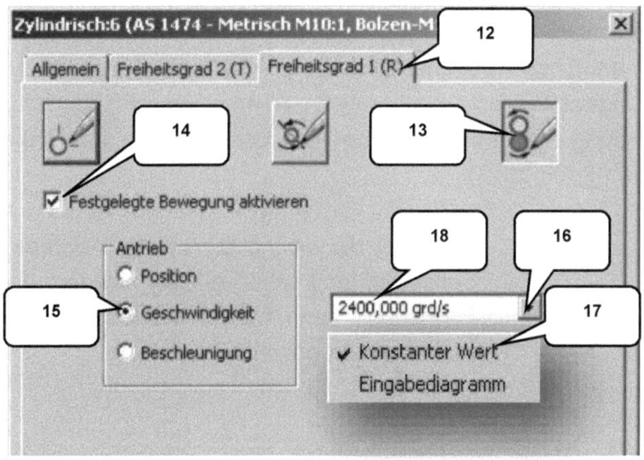

- Register ***Freiheitsgrad*** (R) (12)
- Festgelegte Bewegung bearbeiten (13)
- Festgelegte Bewegung aktivieren (14)
- Geschwindigkeit (15)
- Eingabefeld erweitern (16)
- Konstanter Wert (17)
- Eingabe: 2400 grd/s (18)
- OK ***OK***

7.18.5 Ausführen und Aufzeichnen der Simulation

In einer weiteren Simulation soll überprüft werden, ob die Einstellungen der Gelenke zu einem sinnvollen Ergebnis führen und die Sechskantmutter auch passend auf den Bolzen geschraubt wird.

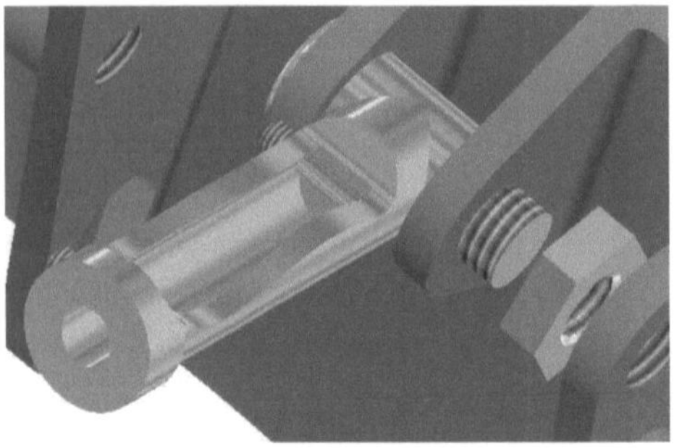

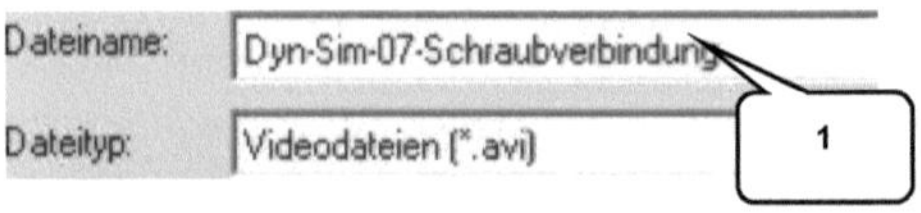

Film publizieren

- Dateiname: Dyn-Sim-07-Schraubverbindung (1)
- Dateityp: *.avi
- Speichern ***Speichern***

- Komprimierung: Microsoft Video 1
- Qualität: 100 %
- OK ***OK***

- ***Wiedergabe*** (2)
- Simulation ablaufen lassen
- ***Konstruktionsmodus*** (3)

Film publizieren

Verlief alles nach Plan, so sollte sich die Sechskantmutter rotierend in Richtung des Maschinenrahmens bewegen und diesen am Ende der Simulation auch erreicht haben. Sollte sich die Sechskantmutter in die entgegengesetzte Richtung bewegen, so müssten die Eigenschaften der zylindrischen Gelenkverbindung erneut bearbeitet werden, um den Wert der Winkelgeschwindigkeit wieder zu negieren (-2400 grd/s).

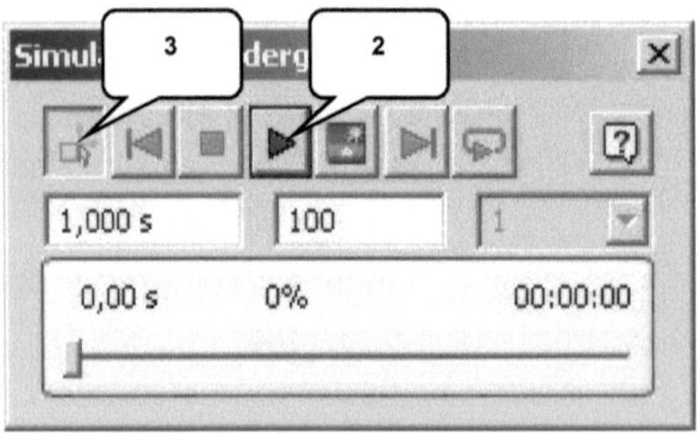

Damit ist die Übung zum Thema Schraubenverbindung schon erledigt worden, die Baugruppe kann wieder gespeichert und anschließend geschlossen werden.

Speichern

Fertigstellen

Baugruppe schließen

7.19 Rollbewegung eines Rades

7.19.1 Öffnen der Baugruppe

Arbeitsbereich:
Baugruppe (Zusammenfügen)

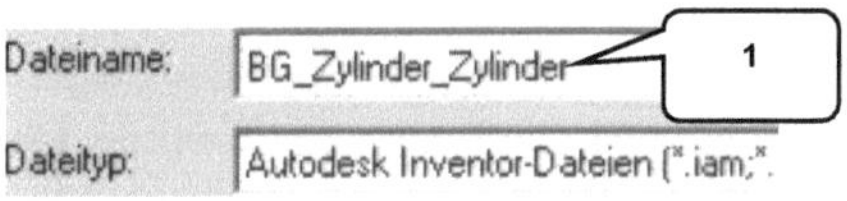

Für die nächste Übung wird eine neue, ebenfalls bereits vorhandene Baugruppe benötigt, welche jetzt zu öffnen ist.

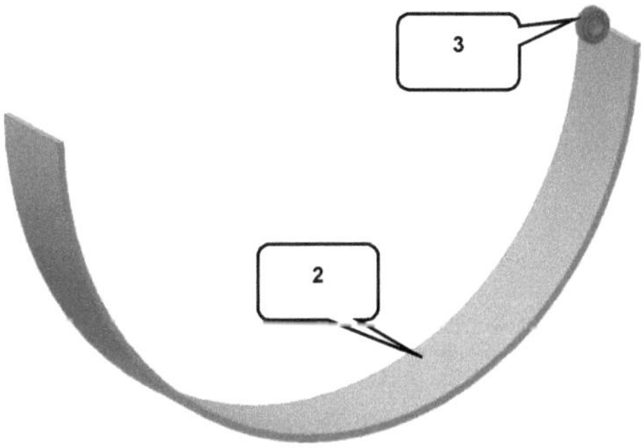

Öffnen

- Dateiname: BG_Zylinder_Zylinder (1)
- Dateityp: *.iam
- Öffnen ***Öffnen***

Darin befinden sich lediglich 2 Komponenten: eine Halfpipe (2) und ein Rad (3). Die Halfpipe wurde am Koordinatenursprung platziert und fixiert.

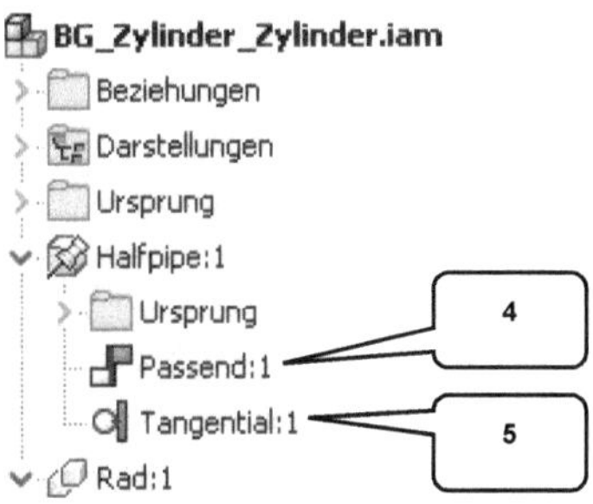

Das Rad wurde an der XY-Ebene der Baugruppe angeordnet (4) und verfügt weiterhin über eine tangentiale Abhängigkeit zur Halfpipe (5). Wird das Rad jetzt im Baugruppenbereich bei gedrückter linker Maustaste nach unten bewegt, so folgt es dem Verlauf der Halfpipe.

Öffnen Sie den Bereich der Dynamischen Simulation.

7.19.2 Ausführen und Aufzeichnen der Simulation

Arbeitsbereich:
Dynamische Simulation

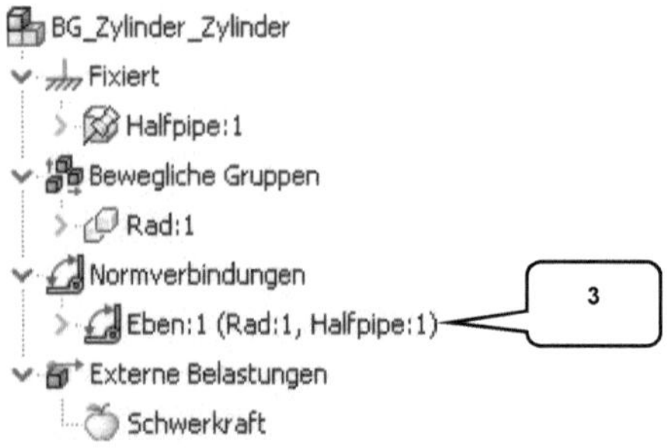

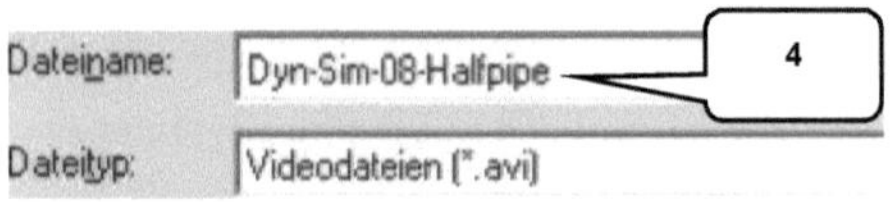

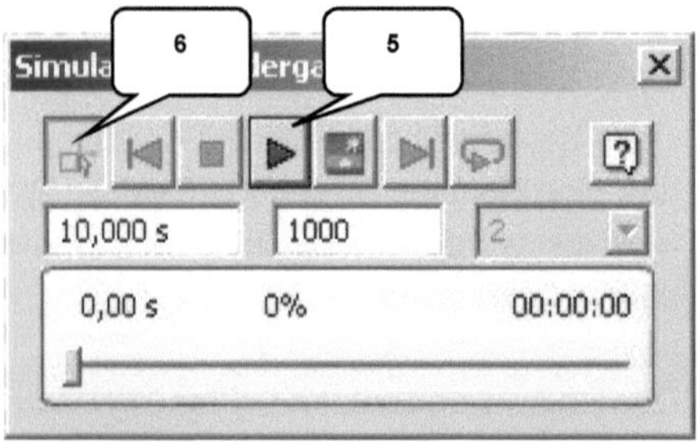

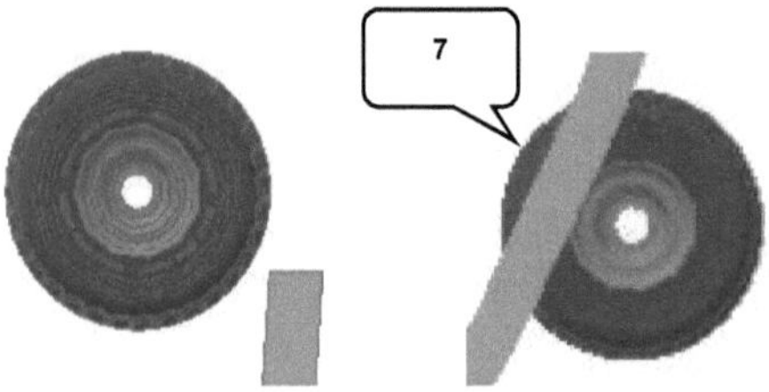

- Register ***Umgebungen*** (1)
- **Dynamische Simulation** (2)

Erweitert man im Browser den Ordner ***Normverbindungen***, so sieht man darin, dass die Flächenabhängigkeit zwischen dem Rad und der XY-Ebene in die Gelenkverbindung ***Eben*** (3) konvertiert wurde. Die tangentiale Abhängigkeit zwischen Rad und Halfpipe hingegen existiert nicht mehr.

Mit einer ersten Simulation wollen wir testen, wie die einzelnen Komponenten reagieren.

Film publizieren

- Dateiname: Dyn-Sim-08-Halfpipe (4)
- Dateityp: *.avi
- Speichern ***Speichern***

- Komprimierung: Microsoft Video 1
- Qualität: 100 %
- OK ***OK***

- ***Wiedergabe*** (5)
- Simulation ablaufen lassen
- ***Konstruktionsmodus*** (6)

Film publizieren

Das Rad fällt gerade nach unten und durchschlägt dabei die Halfpipe (die Schwerkraft wurde in dieser Baugruppe bereits vorgegeben). Das Programm erkennt weder eine Kollision beider Komponenten, noch einen tangentialen Zusammenhang zwischen Rad und Halfpipe[11]. Es muss also im Bereich der Dynamischen Simulation nach einer alternativen Lösung gesucht werden.

[11] Tangentiale Abhängigkeiten werden nicht automatisch in den Bereich der Dynamischen Simulation übertragen. Der Grund ist folgender: In den Gelenkverbindungen gäbe es zwei Möglichkeiten dieser tangentialen Verbindung. Ein Schiebegelenk und ein Rollgelenk. Weil das Programm nicht wissen kann was der Anwender benötigt, so erstellt es gar kein Gelenk.

7.19.3 Grundlagen: Rollgelenk Zylinder in Zylinder

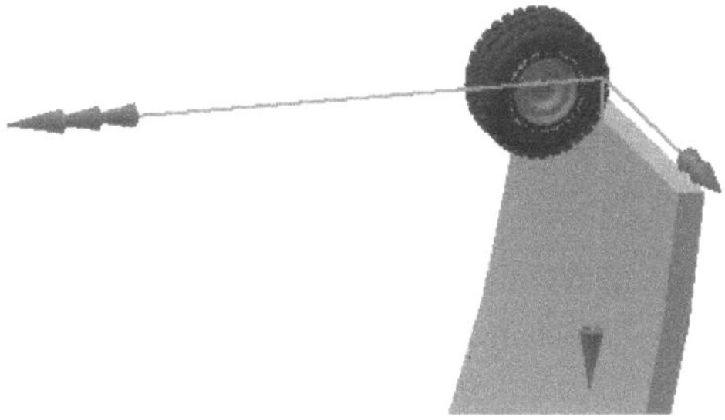

Um das Rad entlang der Halfpipe abrollen lassen zu können, wird ein Rollgelenk ***Zylinder in Zylinder*** benötigt. Sobald es platziert wurde kann es bearbeitet werden, denn zusätzliche Eigenschaften wie Winkel, Schrägen oder ein Wirkungsgrad sind zu definieren. Fügen Sie das Rollgelenk zuerst einmal ein.

7.19.4 Einfügen eines Rollgelenkes

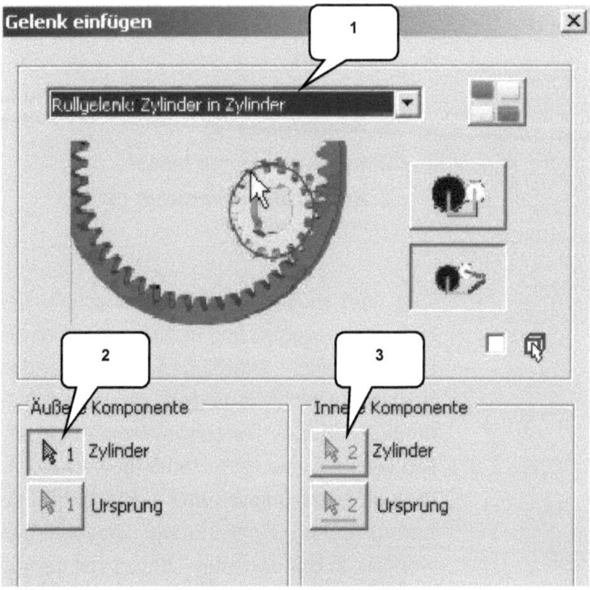

Gelenk einfügen

- Auswahl: Rollgelenk: Zylinder in Zylinder (1)
- Zylinder 1: Innenfläche Halfpipe (2)
- Zylinder 2: Lauffläche Rad (3)
- ***OK***

HINWEIS: Am Rad ist die mittig liegende Lauffläche zu wählen. Weiterhin ist auf die richtige Reihenfolge zu achten (äußere Komponente = zylindrische Fläche der Halfpipe, innere Komponente = Lauffläche des Rades).

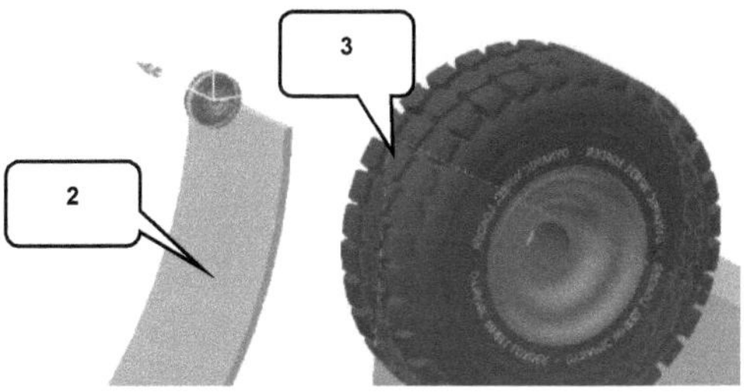

7.19.5 Ausführen und Aufzeichnen der Simulation

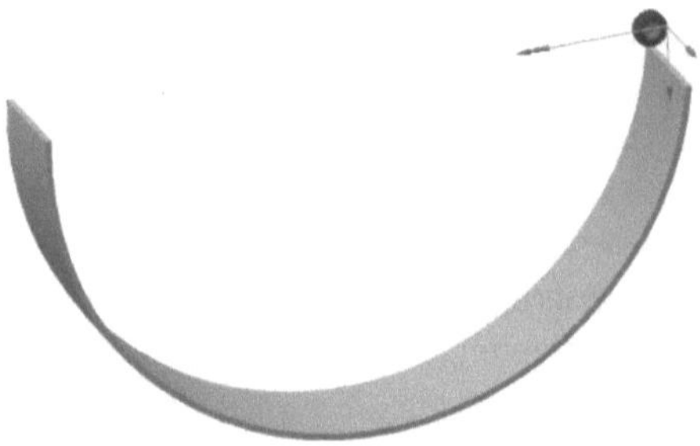

In einer neuen Simulation soll kontrolliert werden, ob das Rollgelenk das gewünschte Ergebnis liefert.

Film publizieren

- Dateiname: Dyn-Sim-09-Rollgelenk (1)
- Dateityp: *.avi
- ***Speichern***

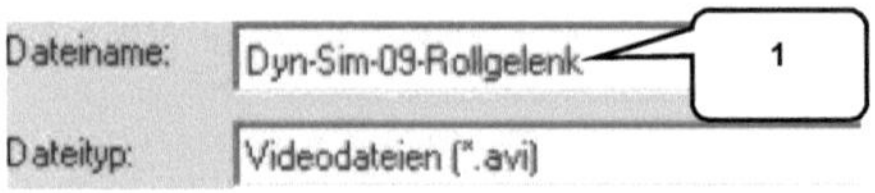

- Komprimierung: Microsoft Video 1
- Qualität: 100 %
- ***OK***

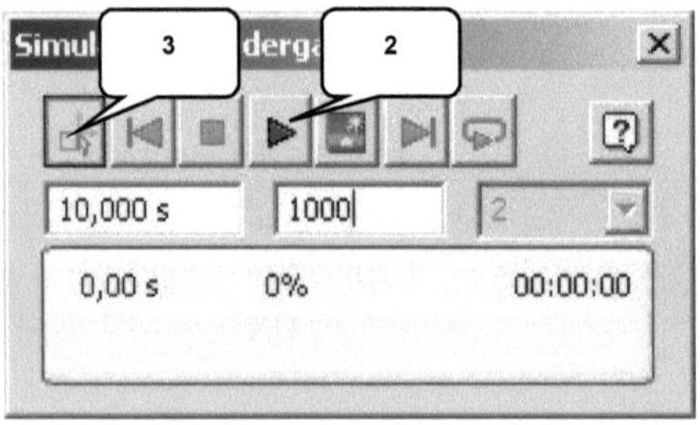

- ***Wiedergabe*** (2)
- Simulation ablaufen lassen
- ***Konstruktionsmodus*** (3)

Film publizieren

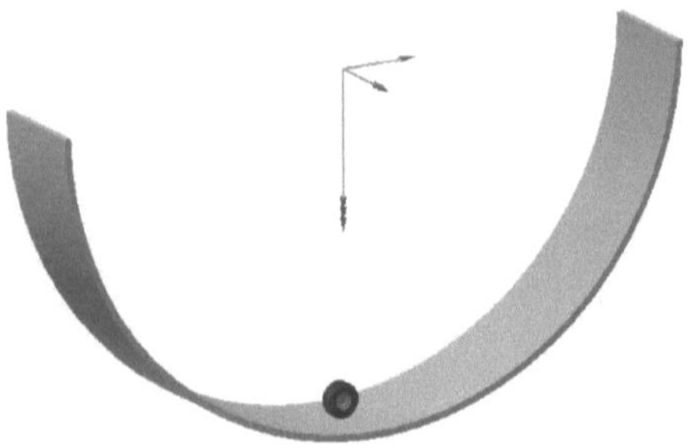

Das Rad müsste sich jetzt innerhalb der Halfpipe bewegen und nicht mehr durch sie hindurch fallen. Allerdings wird die Pendelbewegung nicht verringert, so wie es (bedingt durch z. B. Reibungsverluste) eigentlich sein müsste. Die Pendelbewegung ist derzeit noch ungebremst und könnte als harmonische Schwingung beschrieben werden. In der nächsten Übung soll geprüft werden, wie derartige Verluste durch die Bearbeitung der Gelenkeigenschaften simuliert werden können.

7.19.6 Bearbeiten des Rollgelenk-Wirkungsgrades

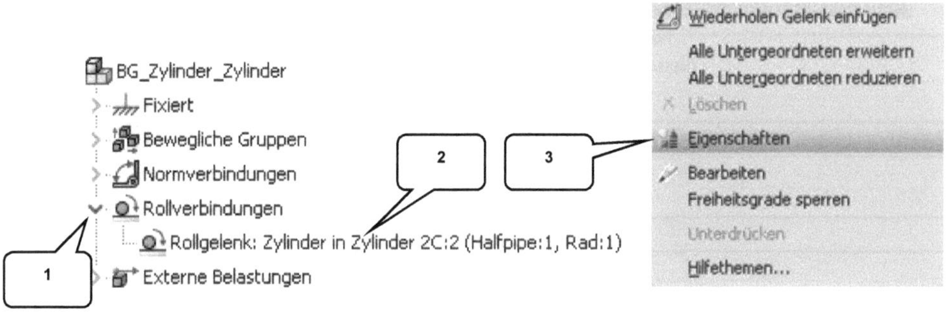

Das zuletzt erzeugte und zu bearbeitende Gelenk findet man im Ordner ***Rollverbindungen***. Klickt man dort mit der rechten Maustaste auf das ***Rollgelenk*** und wählt man dann im Kontextmenü die ***Eigenschaften*** aus, so kann dieses Gelenk bearbeitet werden.

Im Register ***Parameter*** muss jetzt der Wirkungsgrad geändert werden, um die Pendelbewegung des Rades zu minimieren und somit Reibungsverluste zu simulieren.

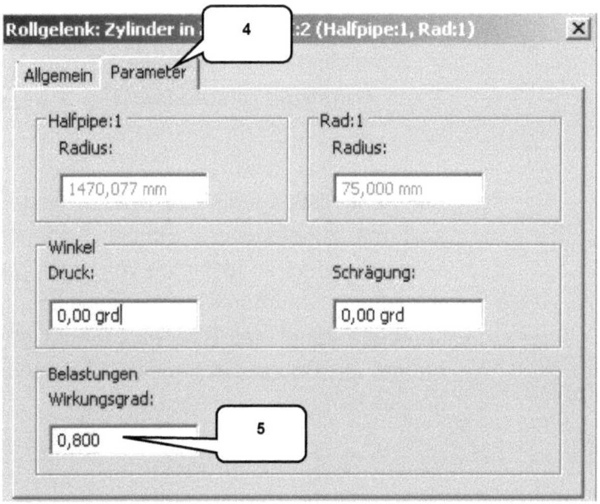

- ***Rollverbindungen*** erweitern (1)
- ***Rechte Maustaste*** auf Rollgelenk der Bauteile ***Halfpipe:1*** und ***Rad:1*** (2)
- ***Eigenschaften*** (3)

- Register ***Parameter*** (4)
- Wirkungsgrad: 0,8 (5)
- OK ***OK***

<u>HINWEIS</u>: Ein Wirkungsgrad kann im Bereich von 0,001 bis 1,0 definiert werden.

7.19.7 Ausführen und Aufzeichnen der Simulation

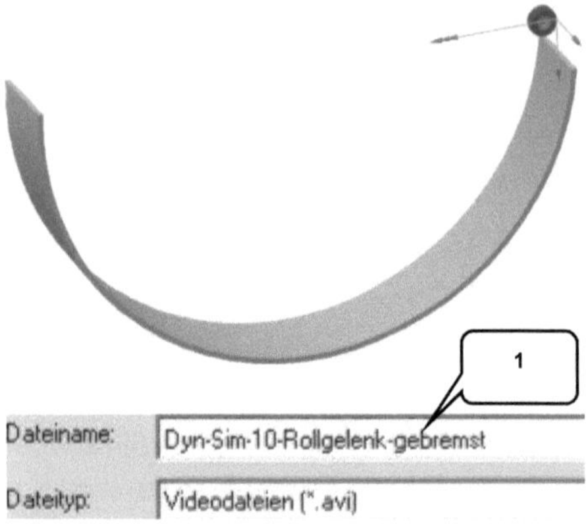

Ob der geänderte Wirkungsgrad die Pendelbewegung des Rades in der Halfpipe auch wirklich verlangsamen kann, soll mit einer weiteren Simulation überprüft werden.

Film publizieren
- Dateiname:
  Dyn-Sim-10-Rollgelenk-gebremst (1)
- Dateityp: *.avi
- ***Speichern***

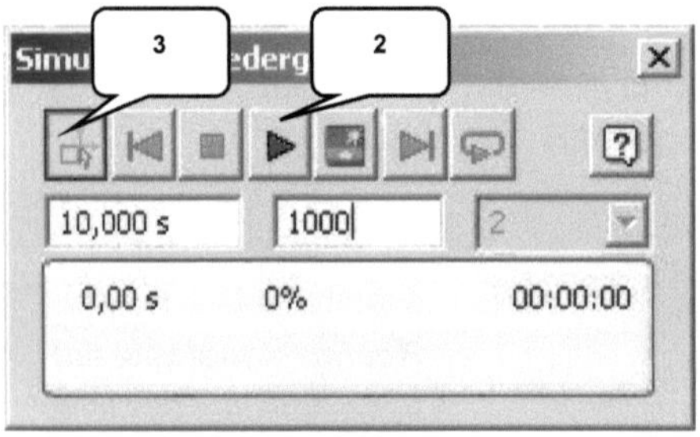

- Komprimierung: Microsoft Video 1
- Qualität: 100 %
- ***OK***

- ***Wiedergabe*** (2)
- Simulation ablaufen lassen
- ***Konstruktionsmodus*** (3)

Film publizieren

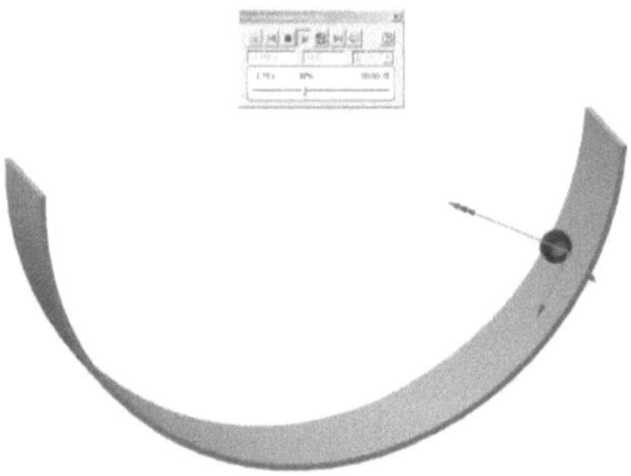

Die Pendelbewegung des Rades müsste jetzt mit zunehmender Simulationsdauer kleiner werden, sodass man von einer gedämpften, harmonischen Schwingung sprechen kann: das Rad wird (sanft) gebremst. Die Baugruppe kann bereits wieder gespeichert und geschlossen werden.

Speichern (Ja für alle)
- ***OK*** (Datenformat)

Fertigstellen

Baugruppe schließen

7.20 Parameter in der Dynamischen Simulation

7.20.1 Öffnen der Baugruppe

Die nächsten Übungen sind wieder an der Baugruppe ***Dynamischer_Radlader.iam*** durchzuführen. Öffnen Sie die Baugruppe und wechseln Sie anschließend in den Bereich der Dynamischen Simulation.

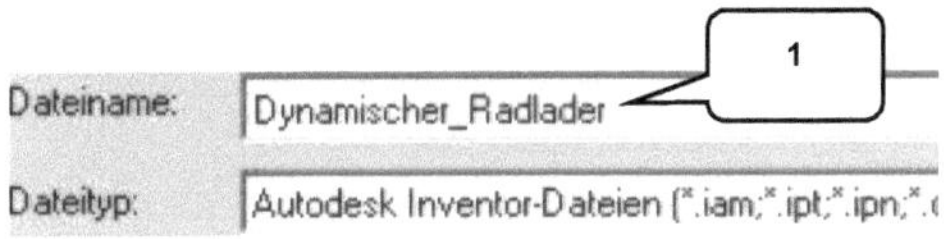

Öffnen

- Dateien.: Dynamischer_Radlader (1)
- Dateityp: *.iam
- Öffnen ***Öffnen***

7.20.2 Definition des Parameters: Dämpfung (Kippzylinder)

Arbeitsbereich:
Dynamische Simulation

- Register ***Umgebungen*** (1)

Dynamische Simulation (2)

Auch im Bereich der Dynamischen Simulation gibt es ***Parameter***. In der folgenden Übung sollen die Dämpfungswerte der drei Zylinder parametrisch miteinander verknüpft werden.

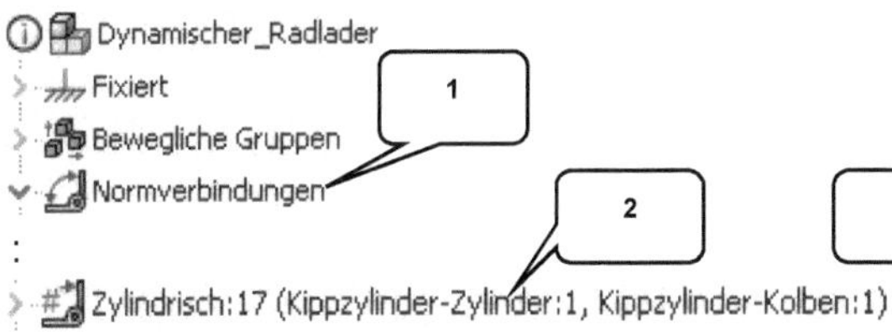

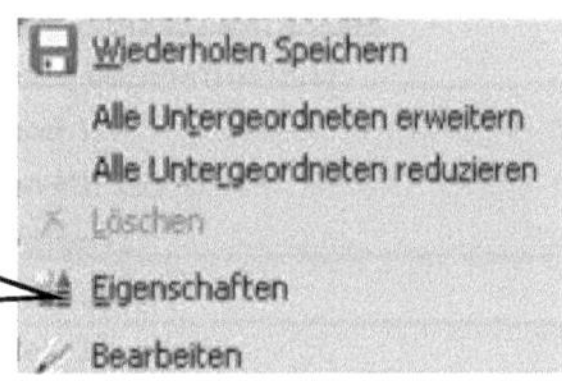

- ***Normverbindungen*** erweitern (1)
- ***Rechte Maustaste*** auf zylindrische Gelenkverbindung der Bauteile ***Kippzylinder-Zylinder:1, Kippzylinder-Kolben:1*** (2)
- ***Eigenschaften*** (3)

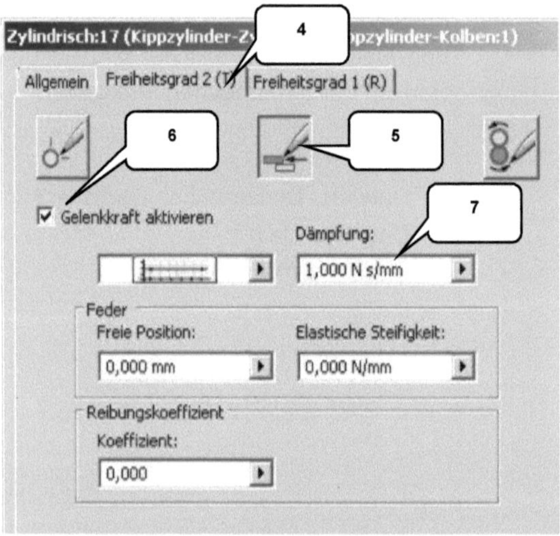

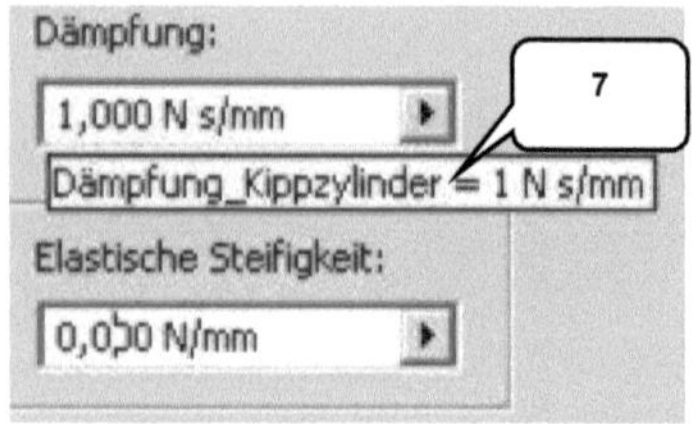

Um den Parameter der Kippzylinder-Dämpfung später im Parameter-Manager schneller lokalisieren zu können, sollte in den Eigenschaften der Gelenkverbindung neben dem eigentlichen Wert auch bereits die Parameter-Bezeichnung als Gleichungssystem hinterlegt werden[12].

- Register ***Freiheitsgrad*** (T) (4)
- Gelenkkraft bearbeiten (5)
- Gelenkkraft aktivieren (6)
- Dämpfung: Dämpfung_Kippzylinder=1 (7)

- Taste: ***ENTER***
- OK ***OK***
- **Speichern**

7.20.3 Definition des Parameters: Dämpfung (Hubzylinder)

In gleicher Weise sind nacheinander die beiden Hubzylinder zu bearbeiten.

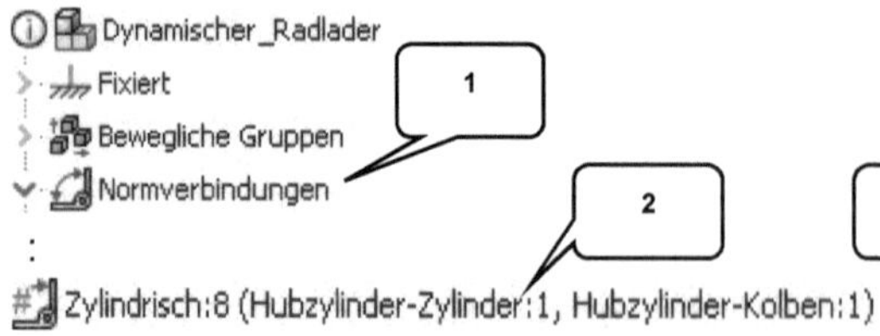

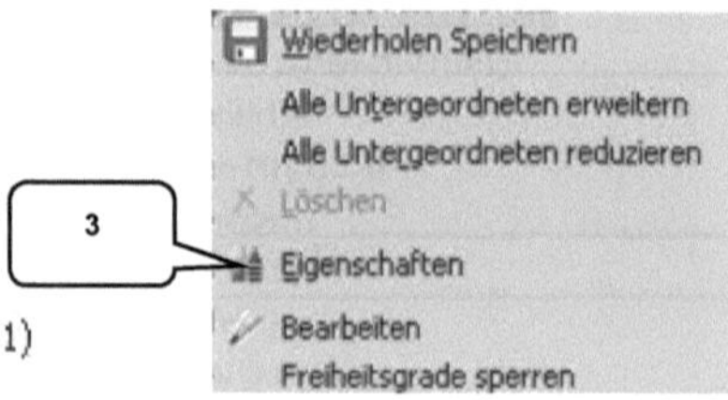

[12] Die Eingabe muss zwingend durch ***ENTER*** bestätigt werden!

- ***Normverbindungen*** erweitern (1)
- ***Rechte Maustaste*** auf die zylindrische Gelenkverbindung der Bauteile ***Hubzylinder-Zylinder:1, Hubzylinder-Kolben:1*** (2)
- ***Eigenschaften*** (3)

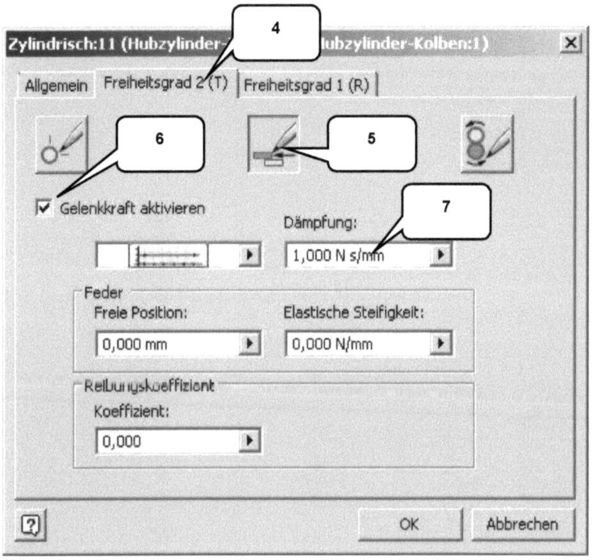

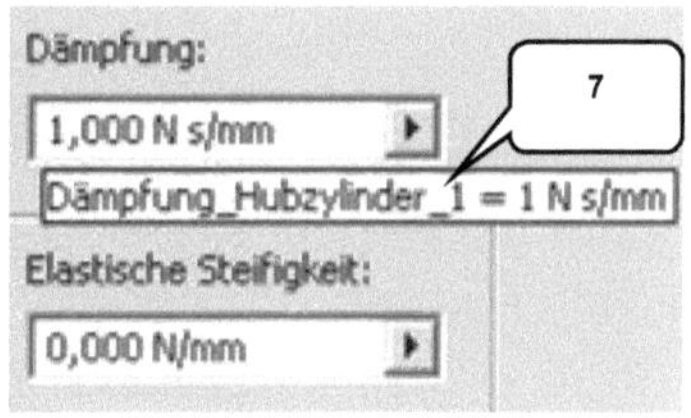

- Reg. ***Freiheitsgrad*** (T) (4)
- Gelenkkraft bearbeiten (5)
- Gelenkkraft aktivieren (6)

- Dämpfung: Dämpfung_Hubzylinder_1=1 (7)
- Taste: ***ENTER***
-  ***OK***

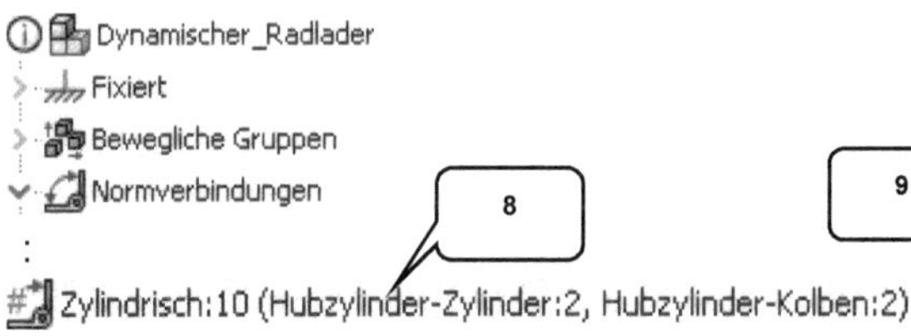

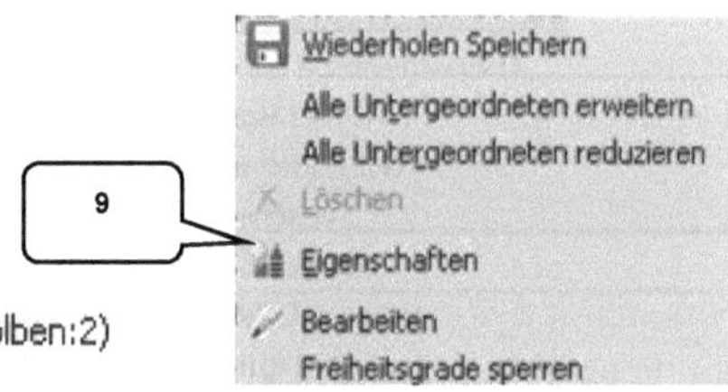

- ***Rechte Maustaste*** auf zylindrische Gelenkverbindung der Bauteile ***Hubzylinder-Zylinder:2, Hubzylinder-Kolben:2*** (8)
- ***Eigenschaften*** (9)

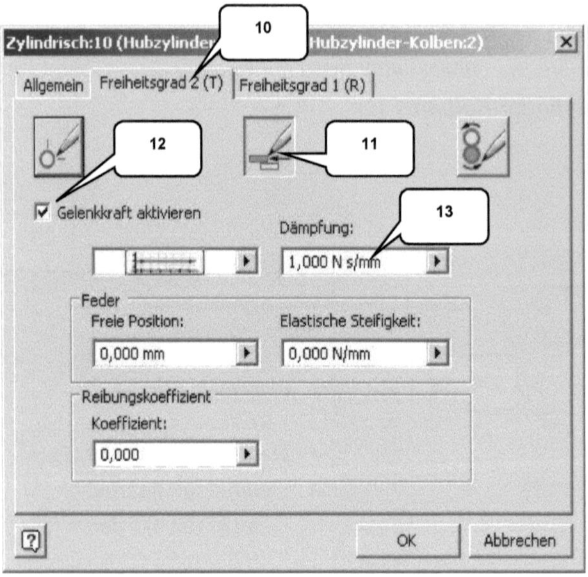

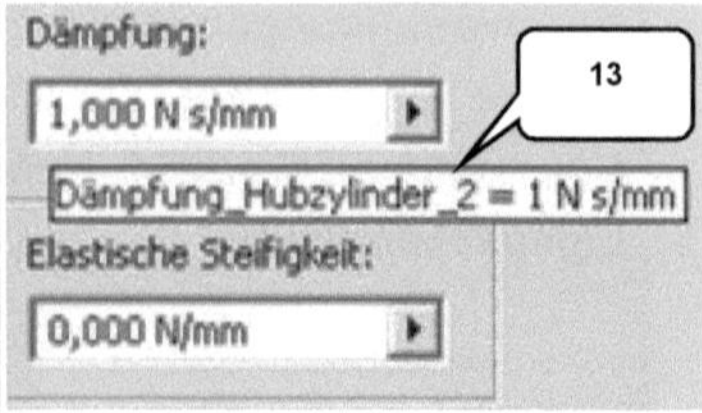

- Register ***Freiheitsgrad*** (T) (10)
- Gelenkkraft bearbeiten (11)
- Gelenkkraft aktivieren (12)
- Dämpfung: Dämpfung_Hubzylinder_2=1 (13)
- Taste: ***ENTER***
- OK ***OK***

Die Baugruppe sollte zwischenzeitlich gespeichert werden.

Speichern

7.20.4 Dämpfungsparameter der Hubzylinder miteinander verknüpfen

Die Verknüpfung der zuletzt bearbeiteten drei Werte ist im ***Parameter-Manager*** zu erledigen. Er kann entweder in der oberen Schnellstartleiste des Programms, oder aber in der Befehlsgruppe ***Verwalten*** geöffnet werden.

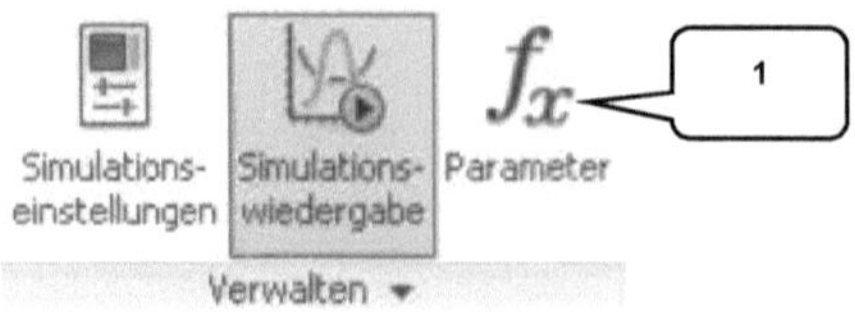

- Befehlsgruppe ***Verwalten***

f_x Parameter (1)

Zur besseren Lokalisierung der benötigten Parameter sollte zuerst der Filter ***Umbenannt*** aktiviert werden. Erweitert man anschließend den Bereich der ***Parameter der Dynamischen Simulation***, so findet man die gesuchten Parameter, welche jetzt miteinander verknüpft werden können.

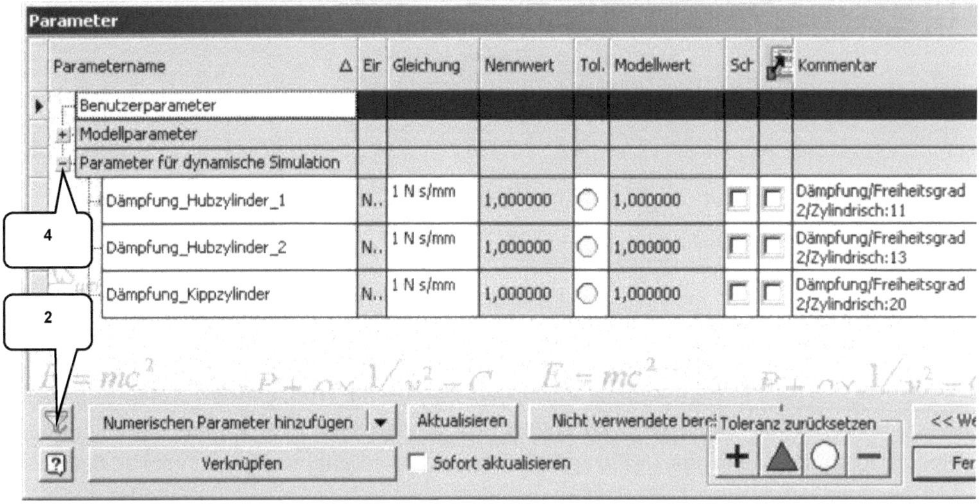

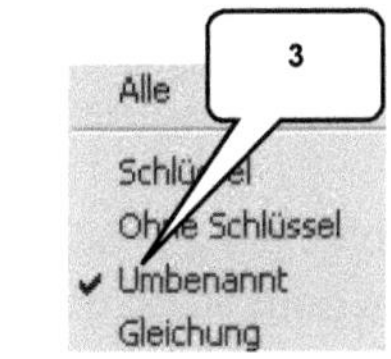

- Filter öffnen (2)
- Aktivieren: Umbenannt (3)
- Erweitern: Parameter für Dynamische Simulation (4)

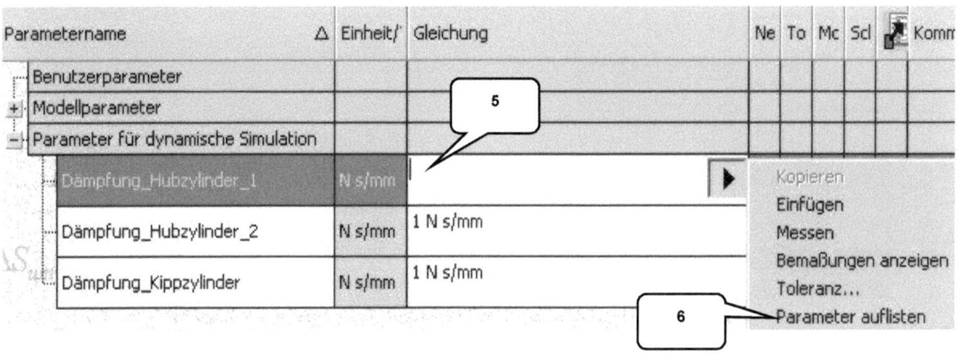

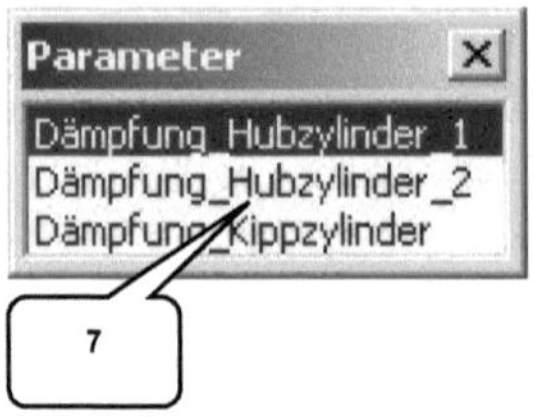

- Feld ***Gleichung*** des Parameters ***Dämpfung_Hubzylinder_1*** anklicken (5)
- Enthaltenen Wert löschen (Taste: ***ENTF***)
- ***Rechte Maustaste*** ins leere Feld (5)
- Auswahl: Parameter auflisten (6)
- Auswahl: ***Dämpfung_Hubzylinder_2*** (7)
- Taste: ***ENTER***

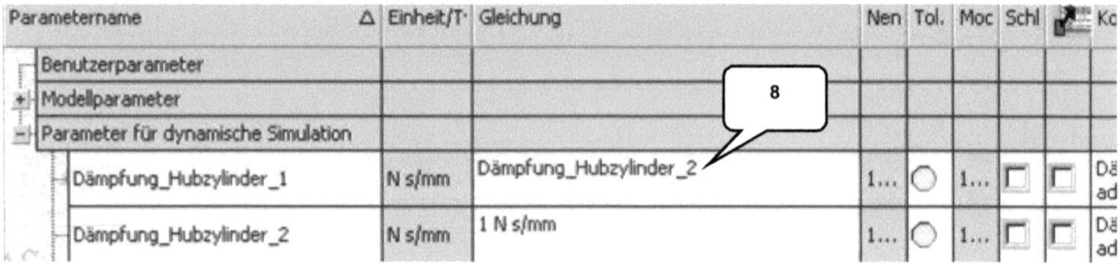

Im bearbeiteten Feld müsste jetzt der Parameter ***Dämpfung_Hubzylinder_2*** angezeigt werden (8). Der Wert der Dämpfung des ersten Hubzylinders wird nun von der Dämpfung des zweiten Hubzylinders bezogen. Wird später im Bereich der Dynamischen Simulation der Wert der Dämpfung des zweiten Hubzylinders geändert, wirkt sich das auf beide Zylinder aus.

7.20.5 Dämpfungsparameter des Kippzylinders mit Werten versehen

Die Dämpfung des Kippzylinders hingegen soll nicht von den Hubzylindern abhängig gemacht werden. Stattdessen soll ein Auswahlmenü zur Verfügung stehen, welches es ermöglicht, den Wert der Dämpfung aus drei verschiedenen Vorlagen auszuwählen.

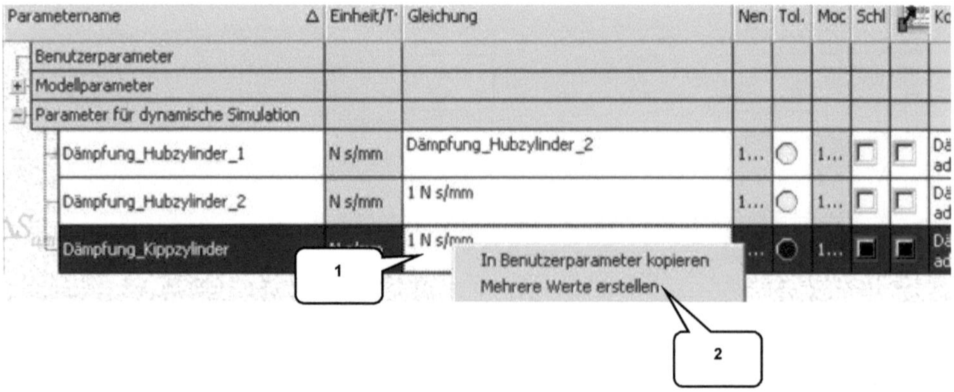

- ***Rechte Maustaste*** auf markiertes Feld (1)
- Mehrere Werte erstellen[13] (2)

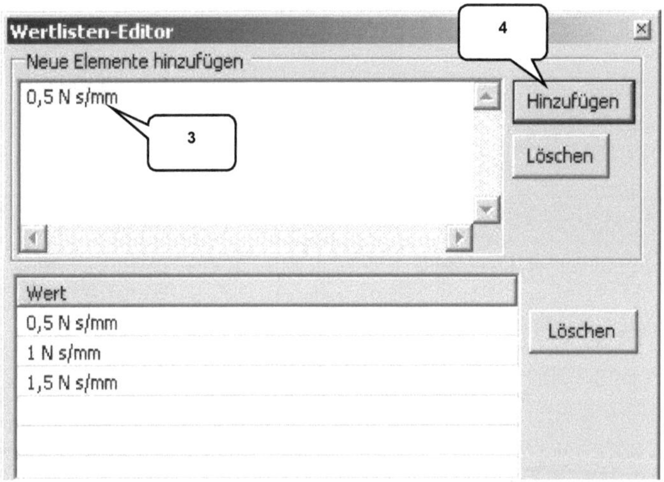

Im ***Wertlisten-Editor*** sind dem vorhandenen Wert der Dämpfung des Kippzylinders (1,0 N s/mm) zwei weitere Werte hinzuzufügen.

- Wert eintragen: 0,5 N s/mm (3)
- Hinzufügen (4)
- Wert eintragen: 1,5 N s/mm (3)
- Hinzufügen (4)
- OK ***OK***

7.20.6 Dämpfungswerte des Kippzylinders ändern

Im ***Parameter-Manager*** kann der Wert der Dämpfung des Kippzylinders jetzt aus einem Menü ausgewählt werden. Klicken Sie auf die entsprechende Zeile und aktivieren Sie den Wert ***0,5 N s/mm***.

- Auswahlmenü[14] des Kippzylinders erweitern (1)
- Auswahl: 0,5 N s/mm (2)
- Fertig ***Fertig***

---

[13] Das Kontextmenu mit der Option ***Mehrere Werte erstellen*** (2) steht nur dann zur Verfügung, wenn die betreffende Zelle (1) nicht gerade bearbeitet wird, d. h., der Cursor darin darf nicht blinken. Sollte dies der Fall sein, muss gegebenenfalls vorab mit der linken Maustaste eine andere Zeile aktiviert werden, um anschließend mit der rechten Maustaste auf die (derzeit noch inaktive) Zelle (1) zu klicken.

[14] Das im Parameter-Manager hinterlegte Auswahlmenü für den Kippzylinder kann auch nur dort genutzt werden. Eine derartige Auswahloption gibt es leider nicht in den Gelenkeigenschaften.

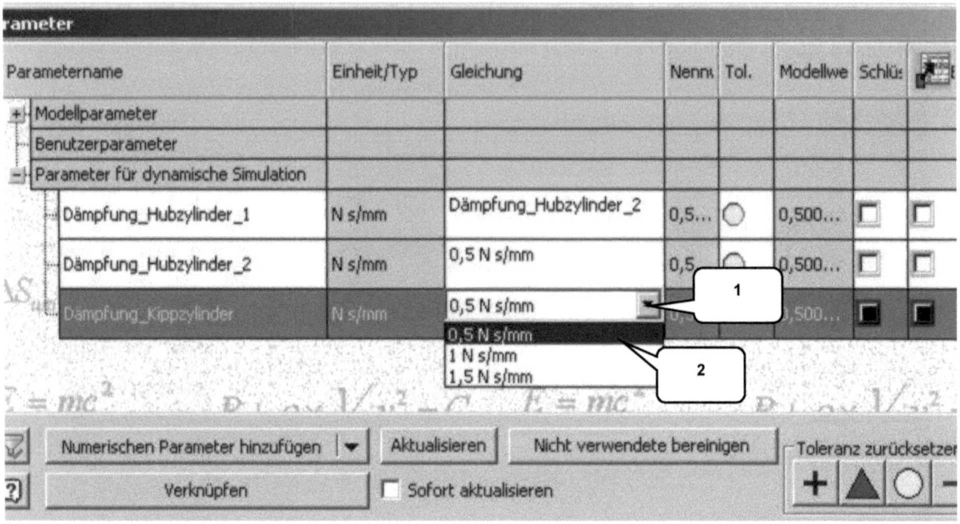

7.20.7 Ausführen und Aufzeichnen der Simulation

Die zuletzt bearbeiteten Eigenschaften der Dämpfung der drei Zylinder sollen in einer Simulation noch einmal überprüft und als Video aufgezeichnet werden.

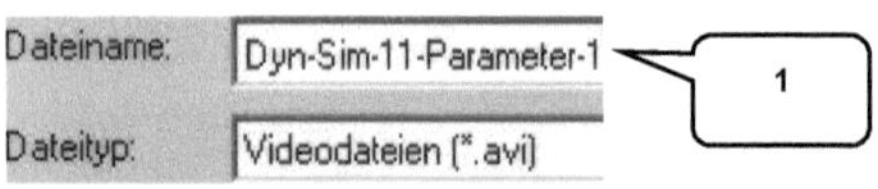

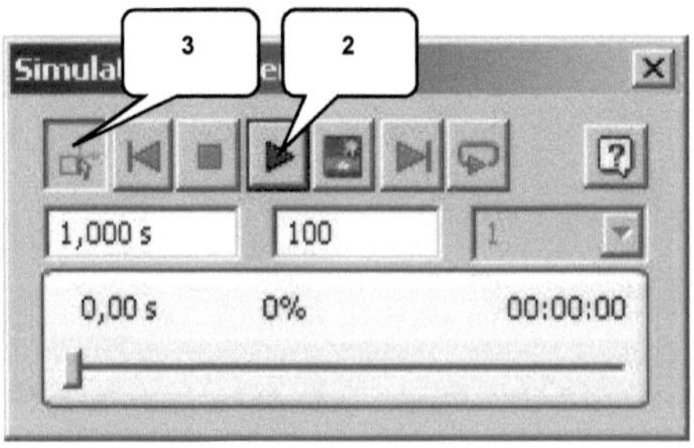

Film publizieren

- Dateiname: Dyn-Sim-11-Parameter-1 (1)
- Dateityp: *.avi
- **Speichern**
- Komprimierung: Microsoft Video 1
- Qualität: 100 %
- **OK**

- ***Wiedergabe*** (2)
- Simulation ablaufen lassen
- ***Konstruktionsmodus*** (3)

Film publizieren

7.20.8 Dämpfungsparameter der Hubzylinder ändern

Die Dämpfung des ersten Hubzylinders kann jetzt über die Eigenschaften des zweiten Hubzylinders gesteuert werden. Um das zu testen, soll die Dämpfung des zweiten Hubzylinders bearbeitet werden. Lokalisieren Sie im Browser die zylindrische Gelenkverbindung der Bauteile ***Hubzylinder-Kolben:2*** und ***Hubzylinder-Zylinder:2*** und öffnen Sie die Eigenschaften.

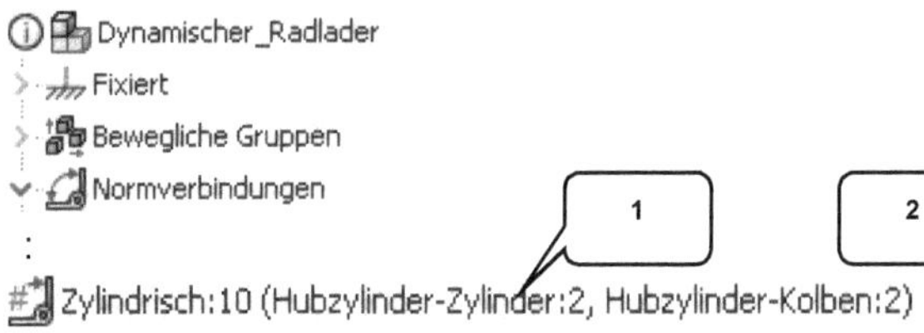

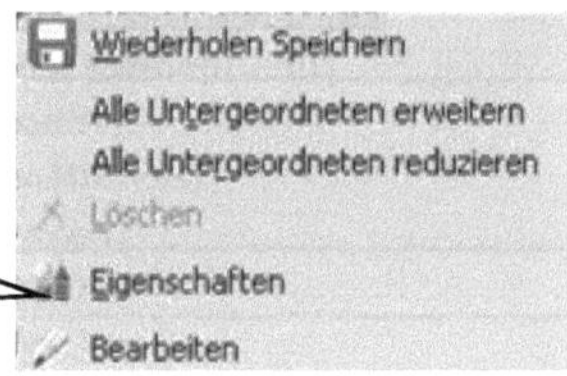

- ***Rechte Maustaste*** auf zylindrische Gelenkverbindung der Bauteile ***Hubzylinder-Zylinder:2, Hubzylinder-Kolben:2*** (1)
- ***Eigenschaften*** (2)

Ändern Sie im Register ***Freiheitsgrad (T)*** den Wert der Dämpfung des zweiten Hubzylinders auf ***0,5 N s/mm*** und prüfen Sie anschließend, ob die Änderung auch auf die Eigenschaften des ersten Hubzylinders übertragen wurde.

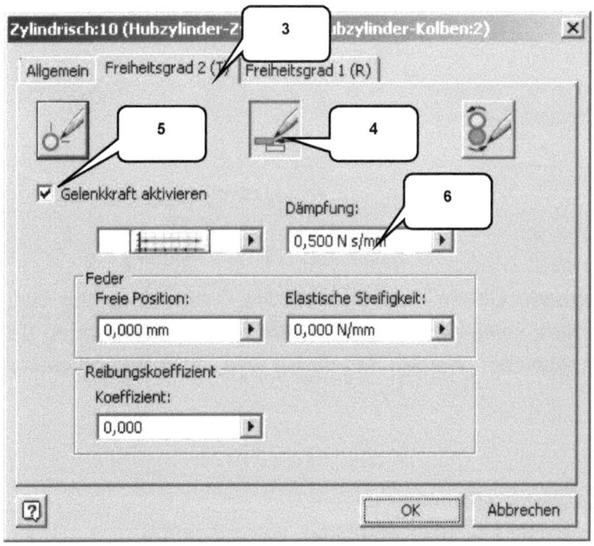

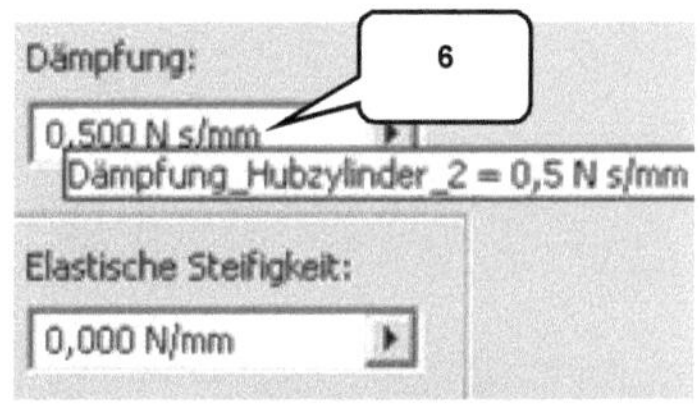

- Register ***Freiheitsgrad*** (T) (3)
- Gelenkkraft bearbeiten (4)
- Gelenkkraft aktivieren (5)
- Dämpfung: 0,5 N s/mm (6)
- OK ***OK***

7.20.9 Ausführen und Aufzeichnen der Simulation

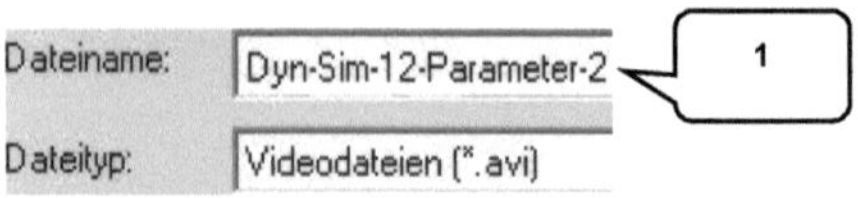

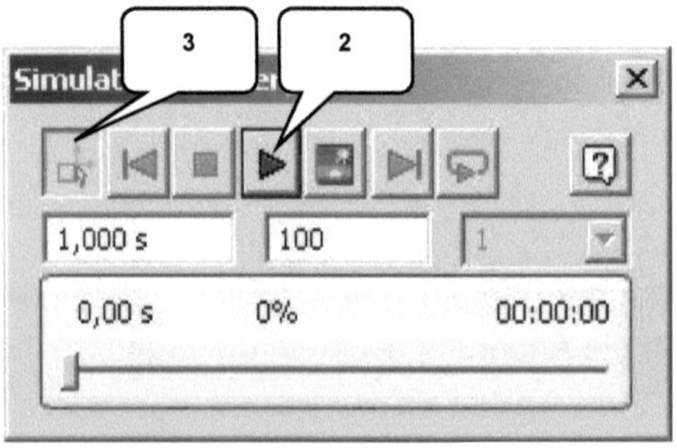

Führen Sie eine weitere Simulation durch, um auch die neuen Einstellungen zu testen.

Film publizieren

- Dateiname: Dyn-Sim-12-Parameter-2 (1)
- Dateityp: *.avi
- ***Speichern***

- Komprimierung: Microsoft Video 1
- Qualität: 100 %
- ***OK***

- ***Wiedergabe*** (2)
- Simulation ablaufen lassen
- ***Konstruktionsmodus*** (3)

Film publizieren

Speichern

7.21 Mechanismus und Redundanzen

7.21.1 Speichern einer Kopie der Baugruppe

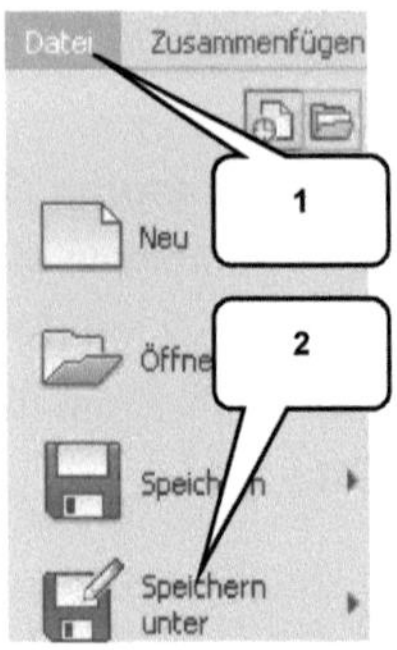

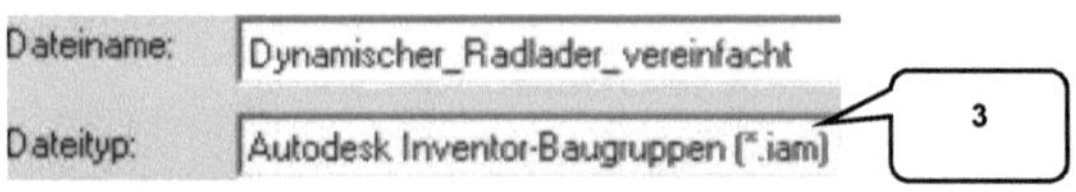

Weil die folgende Übung eine umfassende Bearbeitung der Baugruppe erfordert, sollte die Datei jetzt unter einer abweichenden Bezeichnung gespeichert werden. Mit dieser wird anschließend weitergearbeitet.

- **Datei** (1)

Speichern unter (2)

- Dateiname: Dynamischer_Radlader_vereinfacht (3)
- Dateityp: *.iam
- ***Speichern***

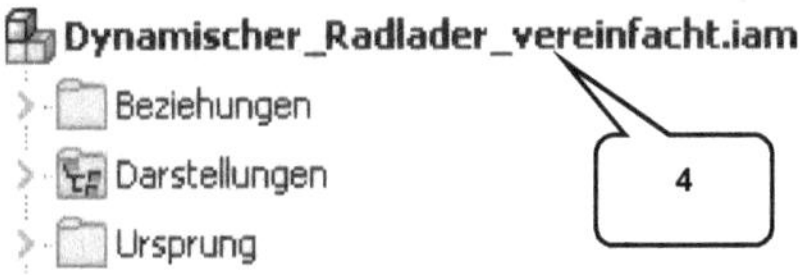

Im Browser sollte noch einmal kontrolliert werden, ob jetzt auch wirklich die neue Kopie der Baugruppe (4) verwendet wird und nicht das Original. Anschließend kann in den Bereich der Dynamischen Simulation zurückgekehrt werden.

7.21.2 Grundlagen: Status des Mechanismus

Arbeitsbereich:
Dynamische Simulation

- Register ***Umgebungen*** (1)
- Dynamische Simulation (2)

Status des Mechanismus (3)

Der Befehl ***Status des Mechanismus*** stellt Informationen zum Modellstatus (wie z. B. Redundanzen[15], Beweglichkeit, Körper) bereit und hilft dabei, Redundanzen zu lokalisieren.

7.21.3 Abrufen der aktuellen Modellinformationen

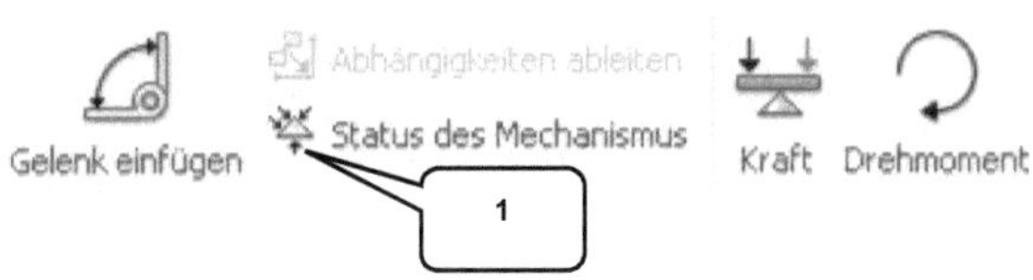

Status des Mechanismus (1)

Befehlsfenster >> erweitern (2)

[15] Redundanzen entstehen wenn sich Abhängigkeiten oder Gelenke innerhalb geschlossener Gelenkketten überlagern. Im Bereich der Dynamischen Simulation kann das unter Umständen den PC verlangsamen oder sogar die Berechnungsergebnisse verfälschen. Redundanzen werden im Browser durch das ⓘ Symbol gekennzeichnet.

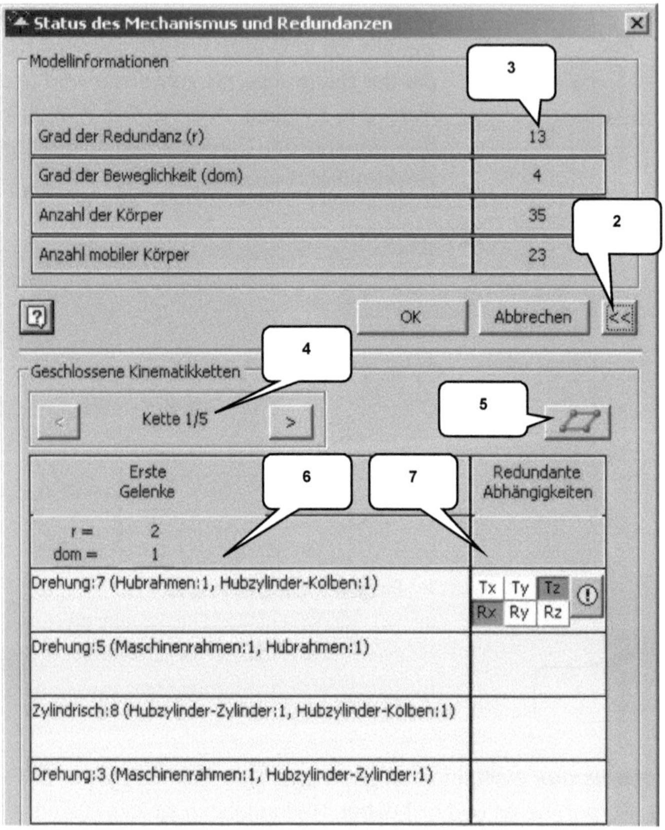

Modellinformationen geben einen Überblick über den grundlegenden kinematischen Zustand einer Baugruppe.

In unserem Befehlsfenster ist zu erkennen, dass momentan 13 ***Redundanzen*** (3) vorhanden sind und das System über insgesamt fünf geschlossene ***Kinematikketten*** verfügt (4). Sie können mit dem zugehörigen Button (5) zusätzlich hervorgehoben werden.

Alle Gelenkverbindungen einer kinematischen Kette werden in der Spalte ***erste Gelenke*** (6) aufgelistet, Redundanzen in der Spalte ***redundante Abhängigkeiten*** (7)[16].

[16] Redundanzen sind allerdings nicht auf einzelne Gelenke zurückzuführen, weshalb stets die gesamte kinematische Kette (teilweise auch die gesamte Baugruppe) überprüft werden muss.

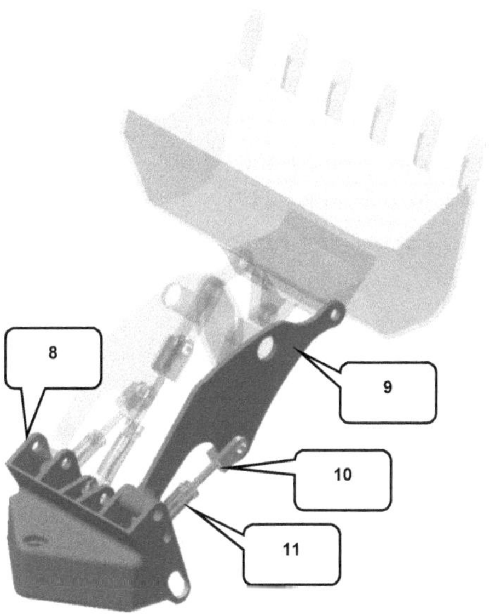

Die folgenden kinematischen Ketten hat das Programm in der Baugruppe gefunden:

Kinematikkette 1/5

Bauteile:

- Maschinenrahmen:1 (8)
- Hubrahmen:1 (9)
- Hubzylinder-Kolben:1 (10)
- Hubzylinder-Zylinder:1 (11)

Redundanzen:

- Hubrahmen:1 <> Hubzylinder-Kolben:1
- ***T_Z, R_X***

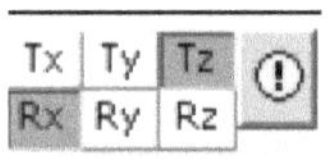

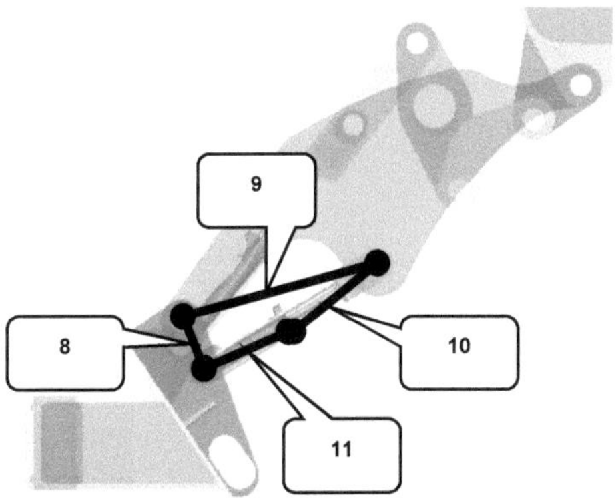

Die erste kinematische Kette setzt sich aus den Bauteilen: Maschinenrahmen:1, Hubrahmen:1, Hubzylinder-Kolben:1 und Hubzylinder-Zylinder:1 zusammen.

Das Programm erkennt ***Redundanzen*** in Richtung der Z-Achse (***T_Z***) und um die X-Achse (***R_X***) und lokalisiert sie zwischen den Bauteilen Hubrahmen:1 und Hubzylinder-Kolben:1. Diese Lokalisierung der Problemursache sollte, wie bereits beschrieben, eher als Vorschlag verstanden werden, da Redundanzen nicht in einem einzigen Gelenk entstehen, sondern das Ergebnis zu vieler Abhängigkeiten oder Gelenkverbindungen aller Bauteile einer kinematischen Kette sind.

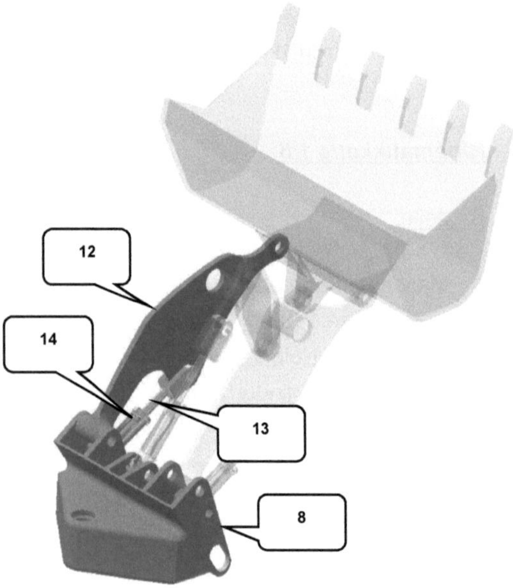

Kinematikkette 2/5:

Bauteile:

- Maschinenrahmen:1 (8)
- Hubrahmen:2 (12)
- Hubzylinder-Kolben:2 (13)
- Hubzylinder-Zylinder:2 (14)

Redundanzen:

- Hubrahmen:2 <> Hubzylinder-Kolben:2
- ***T_Z, R_X***

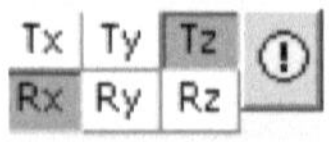

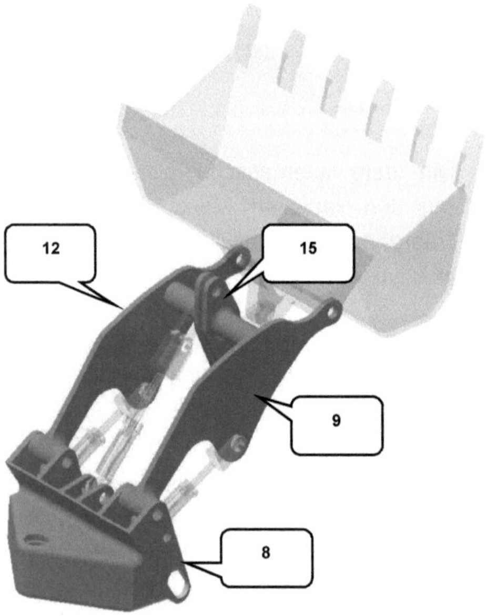

Kinematikkette 3/5:

Bauteile:

- Maschinenrahmen:1 (8)
- Hubrahmen:1 (9)
- Kipphebel:1 (15)
- Hubrahmen:2 (12)

Redundanzen:

- Hubrahmen:2 <> Kipphebel:1
- ***T_Y, T_Z, R_X, R_Y***

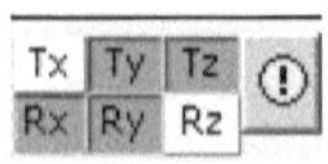

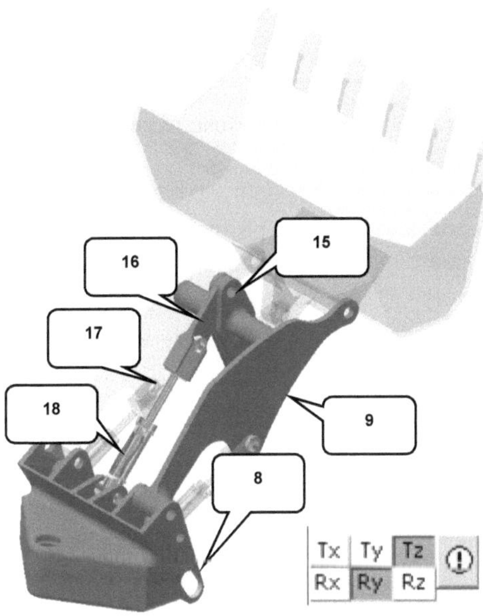

Kinematikkette 4/5:

Bauteile:

- Maschinenrahmen:1 (8)
- Hubrahmen:1 (9)
- Kipphebel:1 (15)
- Kippzylinder-Fixierung:1 (16)
- Kippzylinder-Kolben:1 (17)
- Kippzylinder-Zylinder:1 (18)

Redundanzen:

- Kipphebel:1 <> Kippzylinder-Fixierung:1
- ***T_Z, R_Y***

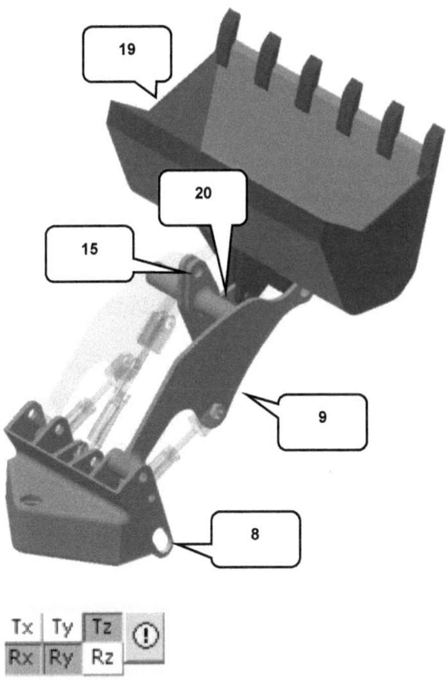

Kinematikkette 5/5:

Bauteile:

- Maschinenrahmen:1 (8)
- Hubrahmen:1 (9)
- Schaufel:1 (19)
- Kippschwinge:1 (20)
- Kipphebel:1 (15)

Redundanzen:

- Kippschwinge:1 <> Schaufel:1
- ***T_Z, R_X, R_Y***

Das Befehlsfenster ***Status des Mechanismus*** kann geschlossen, die Baugruppe gespeichert und der Bereich der Dynamischen Simulation vorerst ***verlassen*** werden.

- OK ***OK***
- **Speichern**
- **Fertigstellen**

7.22 Redundanzen minimieren

7.22.1 Korrekturmöglichkeiten redundanter Systeme

Redundanzen spielen im Bereich der Baugruppenmodellierung keine Rolle, da sie die Funktionalität der Baugruppe nicht beeinflussen.

Im Bereich der Dynamischen Simulation ist das anders: Hier werden Redundanzen als problematisch betrachtet, weil sie die Rechenergebnisse beeinflussen oder verfälschen und die Rechengeschwindigkeit des PCs beeinflussen können. Daher sollte nach Möglichkeiten gesucht werden, vorhandene Redundanzen zu minimieren oder zu vermeiden. Die folgenden Lösungsansätze können dabei gewählt werden:

Löschen/ Deaktivieren überflüssiger Komponenten

Im Bereich der Dynamischen Simulation sollten möglichst die Komponenten einer Baugruppe vor der Simulation entfernt/ deaktiviert werden, die in den Simulationsprozess nicht integriert sind, also solche, die in keiner geschlossenen kinematischen Kette enthalten sind. Weil das oftmals einen großen Eingriff in die Konstruktion bedeutet, sollte speziell für die Simulation vorab eine Kopie der (zu vereinfachenden) Baugruppe erzeugt werden. Die eigentliche Baugruppe wird dann nicht beschädigt.

Komponenten zusammenfassen und vereinfachen

Bauteile die innerhalb einer geschlossenen kinematischen Kette fest miteinander verbunden sind (d. h. sie besitzen zueinander keine Freiheitsgrade) können vereinfacht werden. Das bedeutet, dass sie zusammengefasst und durch ein einzelnes Bauteil ersetzt werden.

Gelenkverbindungen im Baugruppenbereich durch andere Gelenke ersetzen

Werden vorhandene Gelenkverbindungen im Baugruppenbereich durch andere Gelenkverbindungen mit weniger Freiheitsgraden ersetzt, so können dadurch Redundanzen vermieden werden. Hierbei ist zu beachten, dass der Bewegungsablauf der geschlossenen kinematischen Kette dabei nicht eingeschränkt werden darf.

Gelenkverbindungen im Baugruppenbereich durch Abhängigkeiten ersetzen

Gelenkverbindungen können im Baugruppenbereich auch durch einfache Abhängigkeiten ersetzt werden. Die uneingeschränkte Funktionalität der kinematischen Kette ist auch hier zu beachten.

7.22.2 Löschen überflüssiger Bauteile

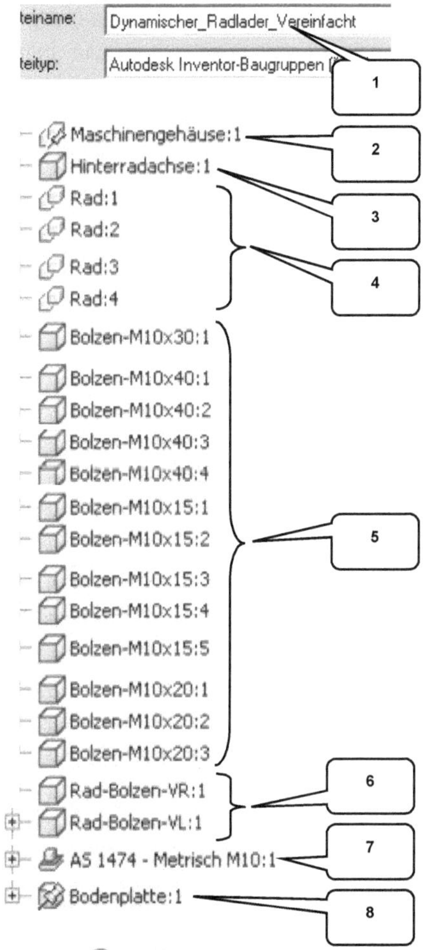

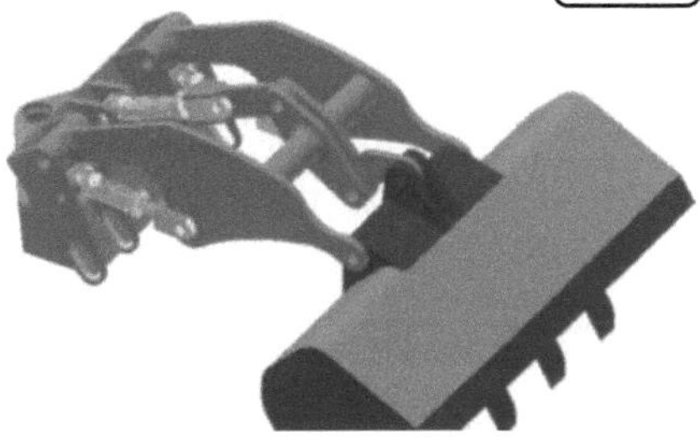

Betrachtet man die Baugruppe und insbesondere die Funktionen der einzelnen Komponenten, wird schnell klar, dass außer den (Haupt-) Bauteilen des Hubsystems, eigentlich keine weiteren Komponenten zur Simulation in der Baugruppe verbleiben müssten. Aufgrund der Vorgehensweise bei der Platzierung der Verbindungen und Abhängigkeiten können auch alle Bolzen des Hubsystems gelöscht werden (sie sind ebenfalls nicht in den Gelenkketten enthalten).

Die Baugruppe sollte vorher allerdings zur Sicherheit kopiert werden:

Speichern unter

- Dateiname: Dynamischer_Radlader_vereinfacht (1)

Beginnen Sie mit der Bereinigung der Baugruppe und löschen Sie die folgenden Komponenten aus der Baugruppe[17] heraus:

- Maschinengehäuse (2)
- Hinterradachse (3)
- Räder (4), Bolzen (5), Radbolzen (6)
- Sechskantmutter (7), Bodenplatte (8)
- Taste: ***ENTF***

Die nebenstehende Abbildung zeigt die Baugruppe nach dem Löschen der für die Simulation überflüssigen Komponenten und Abbildung (9) stellt den Browser nach der Bereinigung des Systems dar.

[17] Die Reihenfolge der Komponenten im Browser wurde zur besseren Übersicht angepasst.

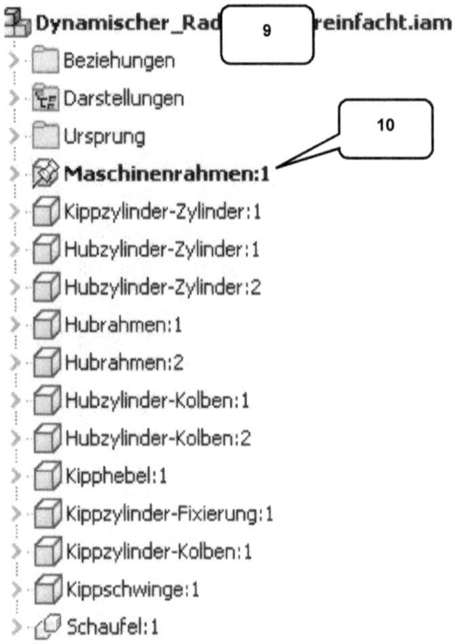

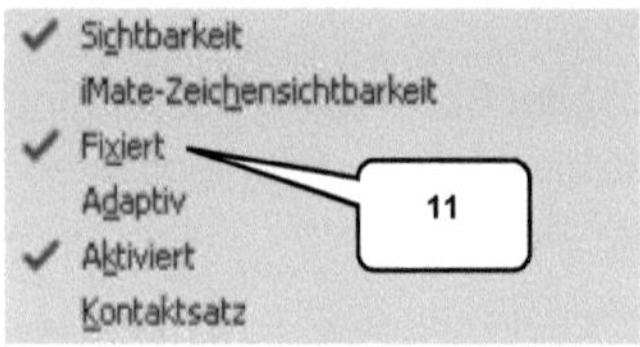

Bis dato war das Maschinengehäuse die feste Komponente der gesamten Baugruppe, weil es am Koordinatenursprung platziert und dort fixiert wurde. Alle anderen Bauteile wurden daran befestigt. Weil es aus der Baugruppe entfernt wurde muss eine andere Komponente als Basiselement definiert werden: sehr gut geeignet wäre z. B. der Maschinenrahmen.

Eine vorangehende Ausrichtung des Maschinenrahmens am Koordinatenursprung ist nicht erforderlich, sofern er nicht zwischenzeitlich verschoben wurde.

- ***Rechte Maustaste*** auf ***Maschinenrahmen*** (10)
- ***Fixiert*** (11)

Richten Sie den Hubapparat und die Schaufel im Anschluss daran aus: Der Hubapparat soll, wie in der unteren Abbildung (12) dargestellt, bei gedrückter linker Maustaste nach unten gezogen werden, bis der untere Anschlag des Hubsystems erreicht ist.

Speichern Sie die Baugruppe danach und kehren Sie in den Bereich der Dynamischen Simulation zurück.

Speichern

7.22.3 Überprüfung von Mechanismus und Redundanzen

Arbeitsbereich:
Dynamische Simulation

Vor der Optimierung der vereinfachten Baugruppe soll der ***Status des Mechanismus*** überprüft werden.

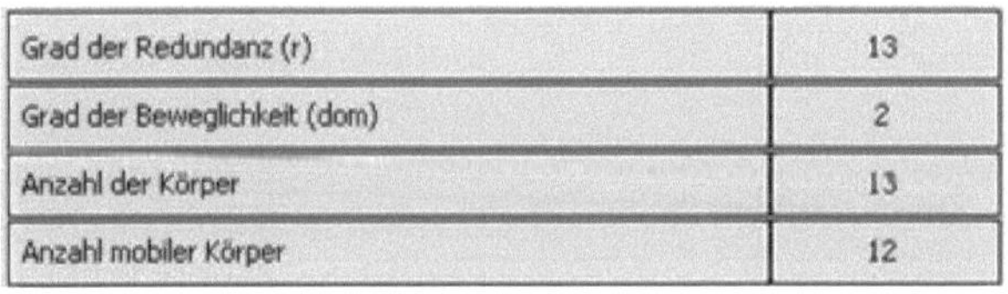

Grad der Redundanz (r)	13
Grad der Beweglichkeit (dom)	2
Anzahl der Körper	13
Anzahl mobiler Körper	12

- Register ***Umgebungen*** (1)

Dynamische Simulation (2)

Status des Mechanismus

	Vorher	***Nachher***
Grad der Redundanz	13	13
Grad der Beweglichkeit	4	2
Anzahl der Körper	35	13
Anzahl mobiler Körper	23	12

Der Grad der Redundanzen wurde leider nicht minimiert, weil diese ausschließlich im noch vorhandenen Hubapparat vorhanden sind. Aber: Der Grad der Beweglichkeit wurde von 4 auf 2 verringert, die Anzahl der Körper von 35 auf 13 und die Anzahl mobiler Körper von 23 auf 12, was zumindest eine verbesserte Rechenleistung während der Simulation zur Folge haben sollte.

Der Befehl kann jetzt beendet und der Bereich der Dynamischen Simulation vorerst wieder verlassen werden, denn mit der Minimierung der Redundanzen soll im Bereich der Baugruppenmodellierung begonnen werden.

- OK ***OK*** (Status des Mechanismus beenden)

✔ Fertigstellen

7.22.4 Grundlagen: Konturvereinfachung

Baugruppen können weiter vereinfacht werden, indem fest miteinander verbundene und zueinander unbewegliche Komponenten zusammengefasst werden. Sie werden aus der Baugruppe entfernt und als ein einziges kombiniertes Bauteil in die Baugruppe reimportiert. Eine Möglichkeit wäre hier z. B. der Befehl ***Konturvereinfachung***.

- Befehlsgruppe ***Vereinfachung***
  Konturvereinfachung (1)

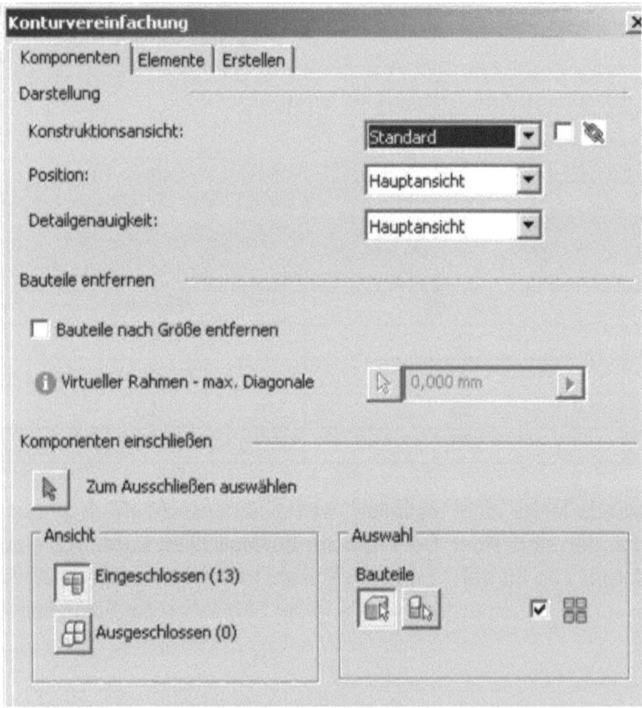

Mit dem Befehl ***Konturvereinfachung*** kann eine Baugruppe als ein einziges Bauteil abgespeichert werden, wobei entweder alle oder nur bestimmte Bauteile der Baugruppe mit einbezogen werden können. Außerdem kann festgelegt werden, ob bestimmte Konstruktionselemente (z. B. Bohrungen, Rundungen, Fasen) zu übernehmen bzw. zu entfernen sind. Das vereinfachte Objekt wird dann als Bauteil gespeichert und kann - wie z. B. im aktuellen Fall - als vereinfachtes Objekt in eine andere Baugruppe eingefügt werden.

7.22.5 Vereinfachen von Kipphebel, Kippschwinge und Schaufel

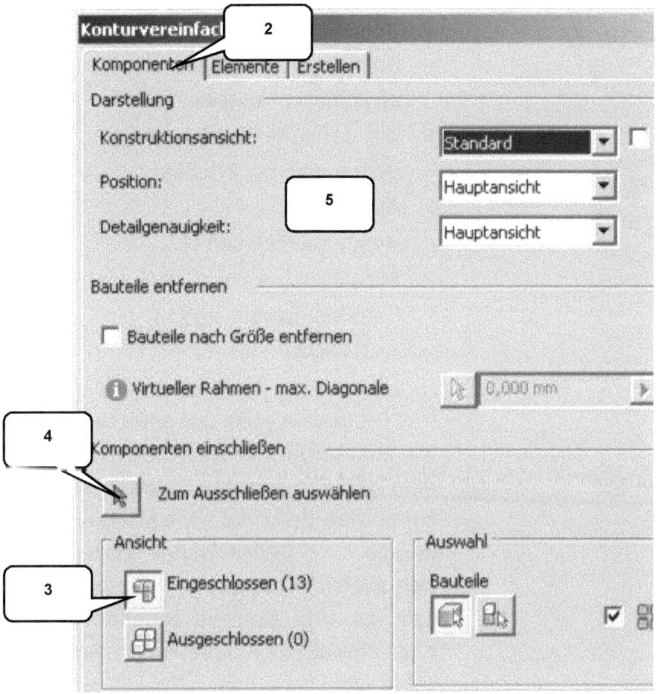

In der folgenden Übung sollen Kipphebel, Kippschwinge und Schaufel zusammengefasst und als ein einziges Bauteil gespeichert werden, um den Radlader zu vereinfachen.

Konturvereinfachung (1)

- Register: ***Komponenten*** (2)
- Option: Eingeschlossen (3)
- Ausschließen: im Browser die markierten Bauteile anklicken (4)
- Restliche Optionen des Befehlsfensters übernehmen (5)

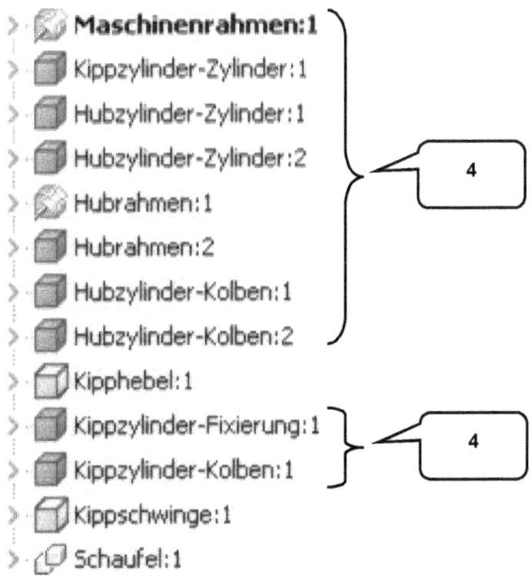

Im Zeichenbereich dargestellt werden sollten jetzt nur noch die Bauteile:

- Kipphebel

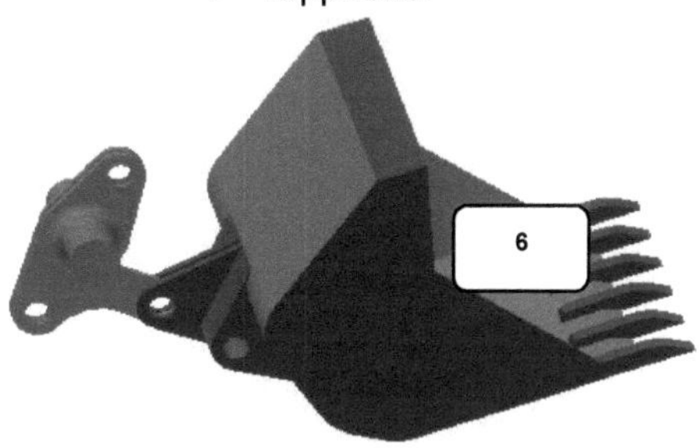

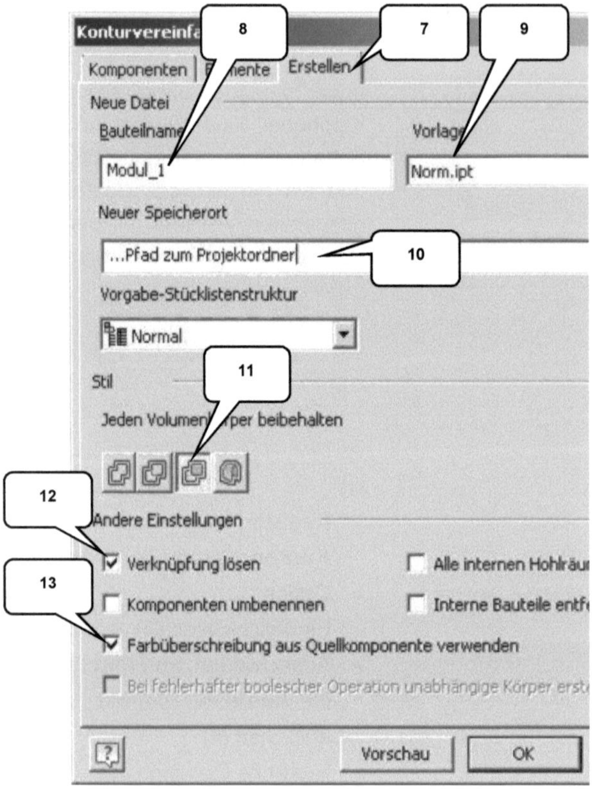

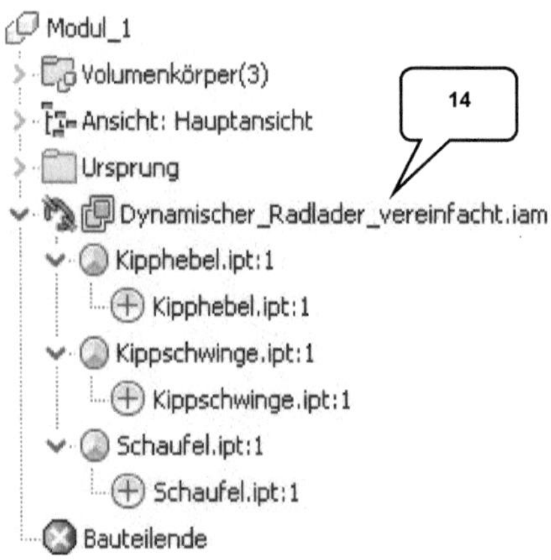

- Register ***Erstellen*** (7)
- Bauteilname: Modul_1 (8)
- Vorlage: Norm.ipt (9)
- Speicherort: Pfad zum Projektspeicherort einstellen (10)
- Stil: Jeden Volumenkörper als Volumenkörper erhalten (11)
- Aktivieren:
  Verknüpfung lösen (12)
- Aktivieren:
  Farbüberschreibung (13)
- OK ***OK***

Das Programm sollte das neue Bauteil automatisch öffnen. Betrachtet man den Browser des Bauteils, so findet man darin die verlinkte Baugruppe ***Dynamischer_Radlader_vereinfacht.iam*** (14). Sie enthält die drei Bauteile Kipphebel, Kippschwinge und Schaufel als einzelne Volumenkörper. Sie können hier bei Bedarf z. B. ausgeblendet werden (***rechte Maustaste*** > ***Sichtbarkeit***).

Das neue Bauteil sollte jetzt gespeichert und danach bereits wieder geschlossen werden.

Speichern

- Bauteil ***schließen***

Bevor das vereinfachte Objekt ***Modul_1*** in die Baugruppe eingefügt werden kann, sollten die nicht benötigten Bauteile wieder daraus entfernt werden.

7.22.6 Vereinfache Komponente platzieren

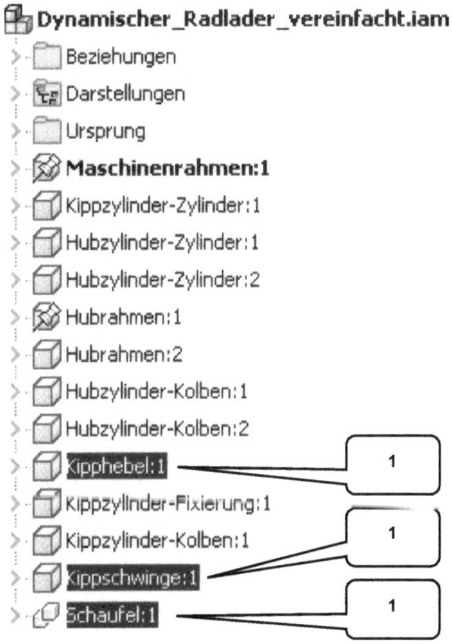

Die drei Bauteile Kipphebel, Kippschwinge und Schaufel sind jetzt aus der Baugruppe zu löschen und anschließend durch das Bauteil ***Modul_1*** zu ersetzen.

- ***Kipphebel***, ***Kippschwinge*** und ***Schaufel*** im Browser markieren (1)
- Taste: ***ENTF***

Komponente platzieren (2)

- Dateiname: Modul_1 (3)
- Dateityp: *.ipt
- Öffnen ***Öffnen***
- Bauteil 1 x frei ablegen
- Taste: ***ESC***

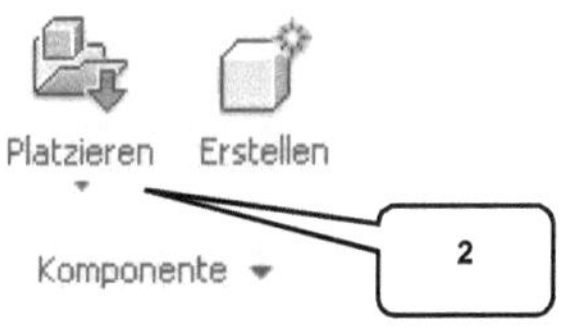

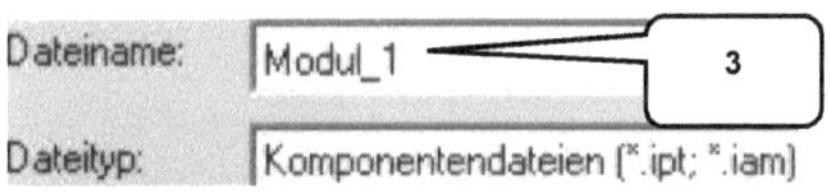

Das neue Bauteil muss jetzt wieder in die vorhandene Baugruppe integriert werden, wofür ein Drehgelenk und verschiedene Abhängigkeiten zu verwenden sind. Die erste Verbindung wird zwischen den Bauteilen Modul_1 und Hubrahmen:1 erzeugt.

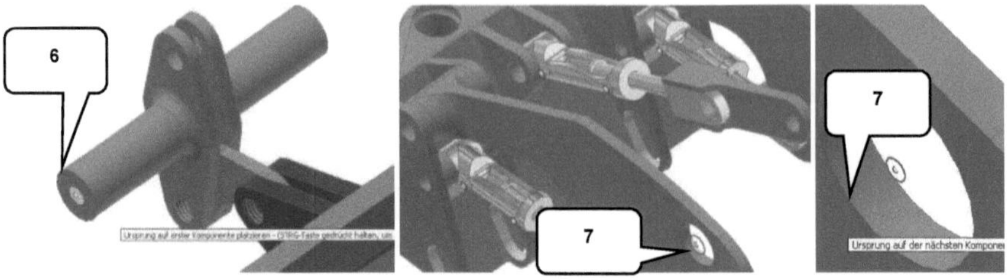

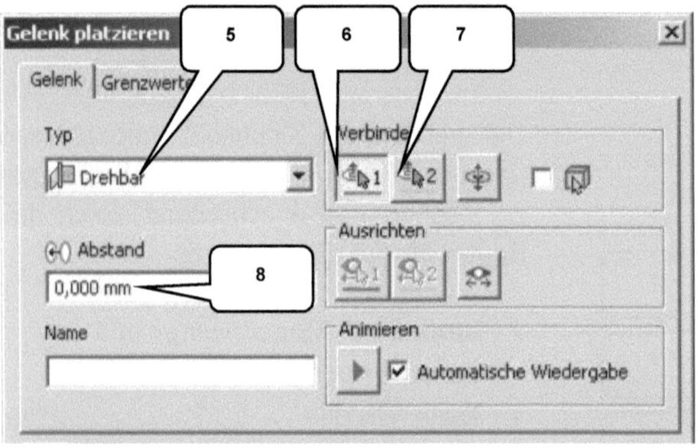

Verbindung (4)

- Typ: Drehbar (5)
- Verbinden 1: Zylinderkante Modul_1 (6)
- Verbinden 2: Bohrungskante Hubrahmen:1 (7)
- Abstand: 0 mm (8)
- OK ***OK***

Modul_1 und Hubrahmen:2 sind durch eine axiale Abhängigkeit zu verbinden.

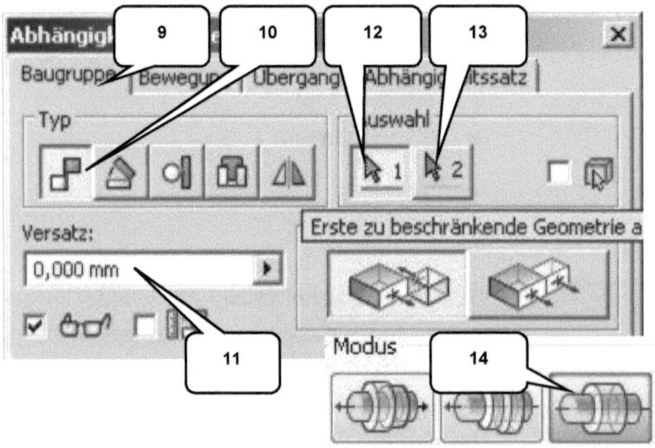

Abhängig machen

- Register ***Baugruppe*** (9)
- Typ: Passend (10)
- Versatz: 0 mm (11)
- Auswahl 1: Zylinderfläche Modul_1 (12)
- Auswahl 2: Bohrung Hubrahmen 2 (13)
- Modus: Nicht ausger. (14)
- Anwenden ***Anwenden***

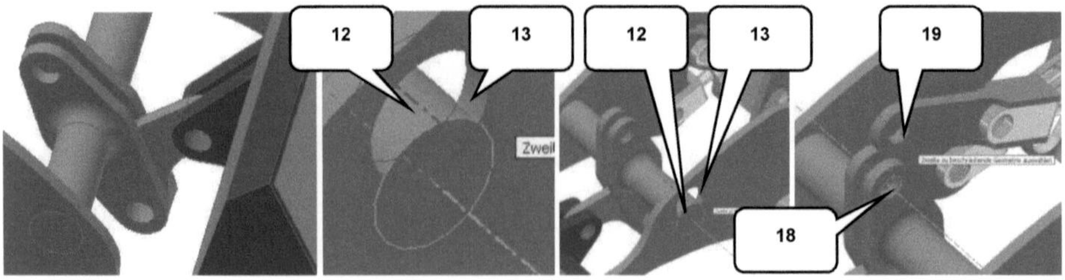

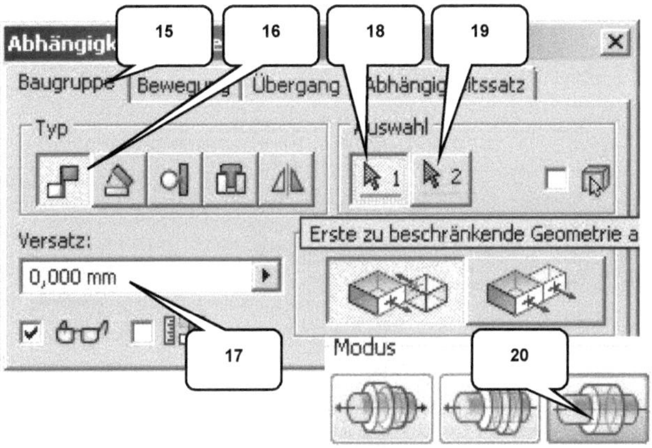

Modul_1:1 ist danach durch zwei axiale Abhängigkeiten mit Kippzylinder-Fixierung:1 und Hubrahmen:1 zu verbinden.

- Register ***Baugruppe*** (15)
- Typ: Passend (16)
- Versatz: 0 mm (17)
- Auswahl 1: Bohrung Modul_1 (18)
- Auswahl 2: Bohrung Kippzylinder-Fixierung (19)
- Modus: Nicht ausger. (20)
- Anwenden ***Anwenden***

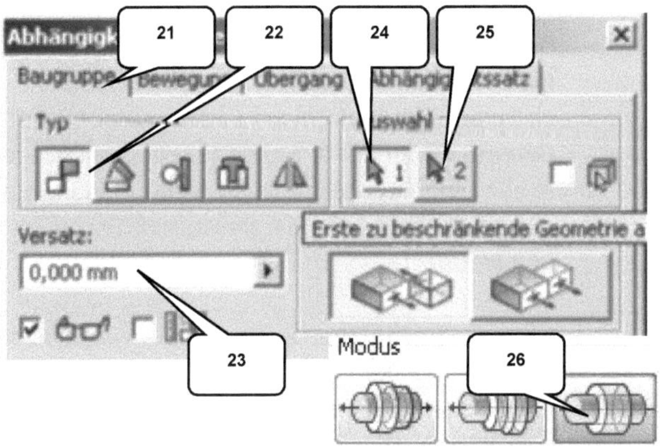

- Register ***Baugruppe*** (21)
- Typ: Passend (22)
- Versatz: 0 mm (23)
- Auswahl 1: Bohrung Modul_1 (24)
- Auswahl 2: Bohrung Hubrahmen:1 (25)
- Modus: Nicht ausger. (26)
- OK ***OK***

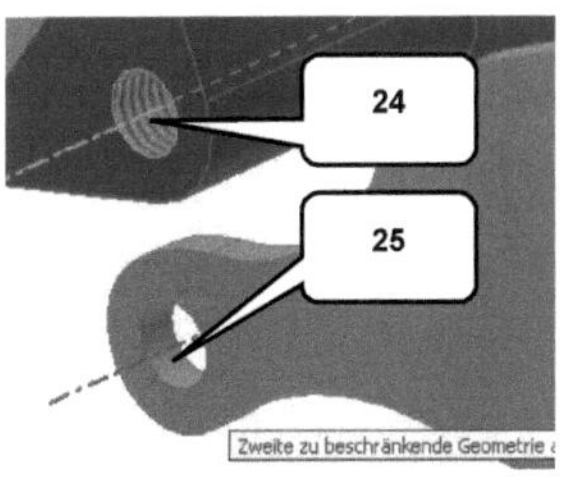

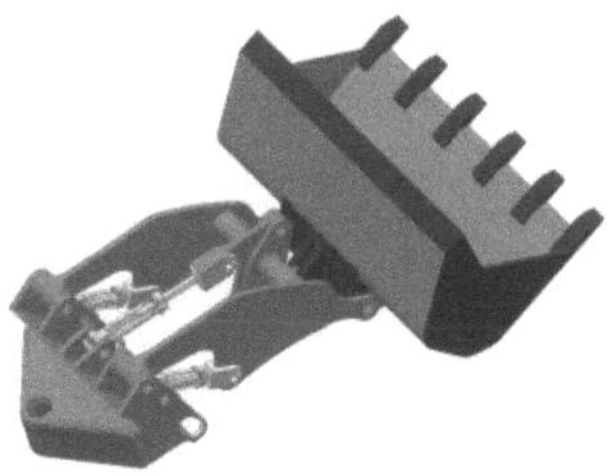

Speichern

Verlief alles nach Plan, dann müsste die Baugruppe jetzt wieder komplett und funktionstüchtig sein[18].

[18] Sollte beim Setzen der letzten Abhängigkeit eine Fehlermeldung erscheinen, hat das Programm möglicherweise einen internen Berechnungsfehler. In diesem Fall ist das Setzen der Abhängigkeit zu unterbrechen um die Bohrungen von Schaufel und Hubrahmen vorab aneinander auszurichten. Hierfür ist es empfehlenswert, den Hubrahmen:1 vorübergehend zu fixieren und ihn anschließend wieder zu lösen.

7.22.7 Geschweißte Gruppen

Arbeitsbereich:
Dynamische Simulation

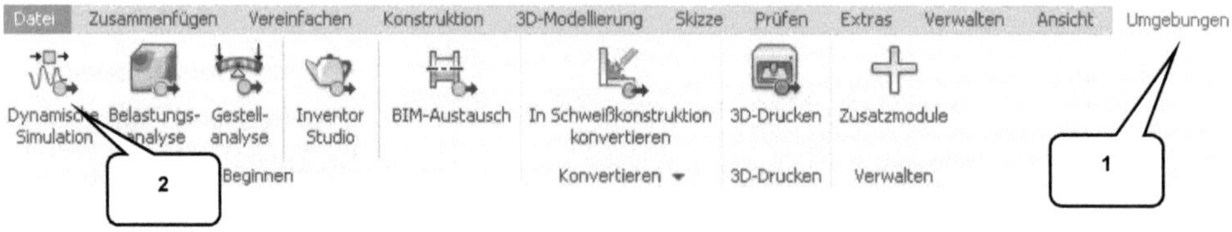

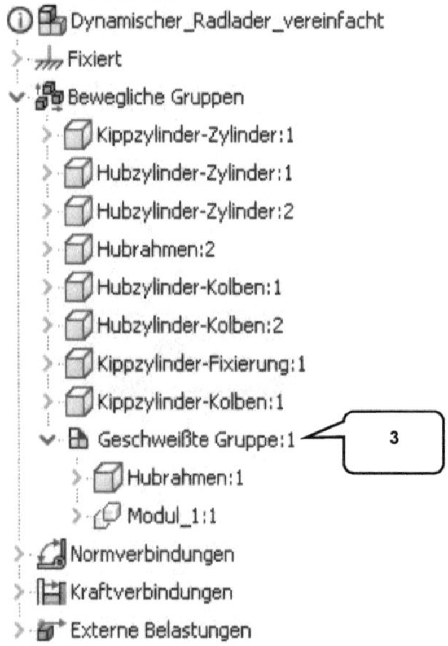

- Register ***Umgebungen*** (1)
- Dynamische Simulation (2)

Betrachtet man im Bereich der Dynamischen Simulation den Browser der aktuellen Baugruppe, so findet man darin einen Ordner ***Geschweißte Gruppe*** (3). In der aktuellen Baugruppe befindet er sich innerhalb des Ordners ***Bewegliche Gruppen*** und er beinhaltet die Bauteile ***Hubrahmen:1*** und ***Modul_1***.

Gibt es in Baugruppen Bauteile (nicht vereinfachte Bauteile, sondern einzelne Bauteile), die miteinander verbunden sind und während der Simulation gemeinsame Bewegung ausführen, so werden sie vom Programm automatisch gruppiert und als sogenannte ***Geschweißte Gruppen*** hinterlegt.

7.22.8 Überprüfung von Mechanismus und Redundanzen

Ob durch das Platzieren der vereinfachten Komponente ***Modul_1*** die Anzahl der Redundanzen verringert wurde, soll über den ***Status des Mechanismus*** geprüft werden.

Grad der Redundanz (r)	6
Grad der Beweglichkeit (dom)	1
Anzahl der Körper	10
Anzahl mobiler Körper	9

Status des Mechanismus

	Vorher	Nachher
Grad der Redundanz	13	6
Grad der Beweglichkeit	2	1
Anzahl der Körper	13	10
Anzahl mobiler Körper	12	9

Die Anzahl der Redundanzen wurde von 13 auf 6 reduziert, was ein sehr gutes Ergebnis ist. Der Grad der Beweglichkeit wurde von 2 auf 1 reduziert, die Anzahl der Körper von 13 auf 10 und die Anzahl der mobilen Körper von 12 auf 9. Die vorangegangene Optimierung war also durchaus erfolgreich und das Befehlsfenster kann somit geschlossen und der Bereich der Dynamischen Simulation vorerst wieder verlassen werden.

- OK ***OK*** (Status des Mechanismus beenden)
- ✔ Fertigstellen

7.22.9 Gelenkverbindungen ersetzen

Weitere Redundanzen sollen eliminiert werden, indem das Drehgelenk zwischen den Bauteilen Hubzylinder-Kolben:1 und Hubrahmen:1 durch ein zylindrisches Gelenk ersetzt wird. Es enthält genau einen Freiheitsgrad weniger als das Drehgelenk und könnte genau deswegen eine weitere Redundanz vermeiden.

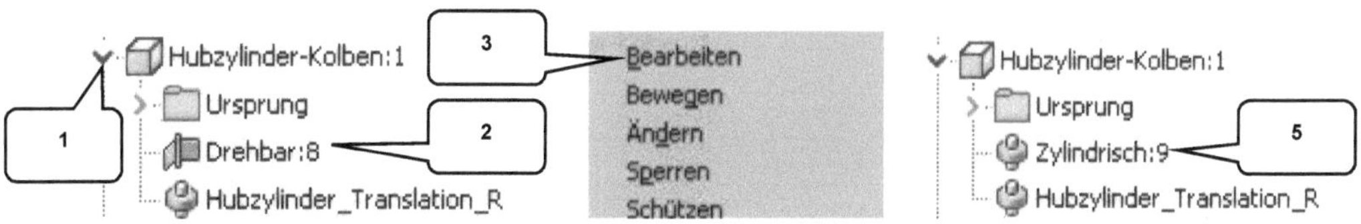

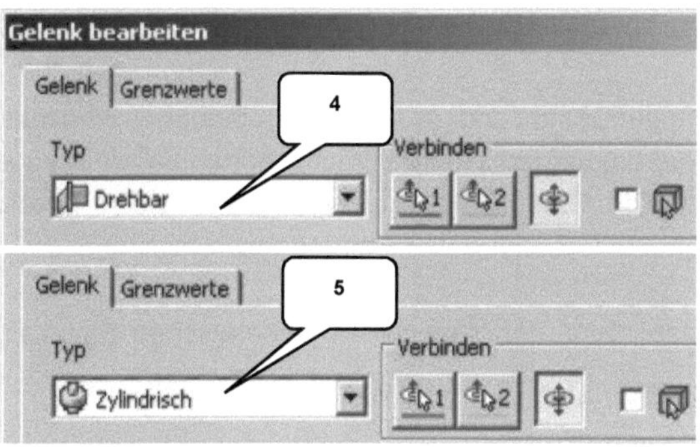

- ***Hubzylinder-Kolben:1*** erweitern (1)
- ***Rechte Maustaste*** Auf Gelenk ***Drehbar*** (2)
- ***Bearbeiten*** (3)

- Typ (alt): ***Drehbar*** (4)
- Typ (neu): ***Zylindrisch*** (5)
- OK ***OK***

7.22.10 Überprüfung von Mechanismus und Redundanzen

Arbeitsbereich:
Dynamische Simulation

Ob das Ersetzen des Drehgelenkes durch ein zylindrisches Gelenk auch tatsächlich zu einer Minimierung der Redundanzen geführt hat, ist erneut zu überprüfen.

Grad der Redundanz (r)	5
Grad der Beweglichkeit (dom)	1
Anzahl der Körper	10
Anzahl mobiler Körper	9

- Register ***Umgebungen*** (1)

Dynamische Simulation (2)

Status des Mechanismus

	Vorher	*Nachher*
Grad der Redundanz	6	5
Grad der Beweglichkeit	1	1
Anzahl der Körper	10	10
Anzahl mobiler Körper	9	9

Die restlichen Parameter sind zwar unverändert, aber die Redundanzen wurden von 6 auf 5 reduziert: das Ziel wurde damit erreicht.

Neben der Möglichkeit, Gelenkverbindungen durch andere Gelenkverbindungen auszutauschen, gibt es auch die Option, Gelenkverbindungen durch einfache Abhängigkeiten zu ersetzen. Das Ergebnis ist allerdings dasselbe: überflüssige Gelenkzuweisungen im Bereich der Dynamischen Simulation werden damit unterbunden und Redundanzen minimiert.

Die Baugruppe sollte gespeichert werden, denn der Bereich der Dynamischen Simulation muss kurzfristig verlassen werden.

- OK ***OK*** (Status des Mechanismus beenden)

Fertigstellen

Speichern

7.22.11 Gelenkverbindungen durch einfache Abhängigkeiten ersetzen

Um eine weitere Redundanz aus der Baugruppe zu entfernen, soll das Drehgelenk zwischen den Bauteilen Hubzylinder-Kolben:2 und Hubrahmen:2 gelöscht und durch eine einfache axiale Abhängigkeit ersetzt werden.

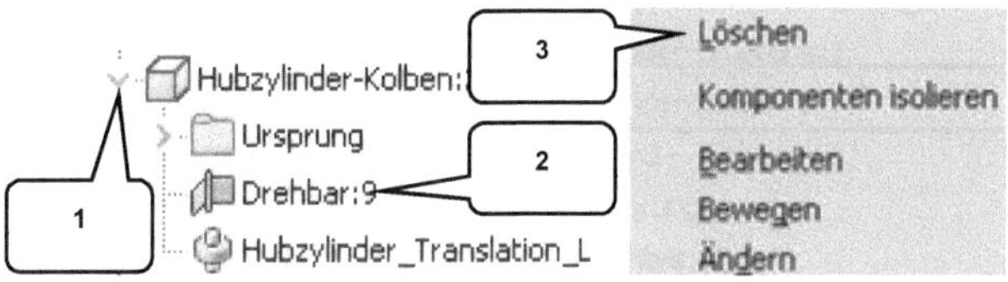

- ***Hubzylinder-Kolben:2*** erweitern (1)
- ***Rechte Maustaste*** auf Gelenk ***Drehbar*** (2)
- ***Löschen*** (3)

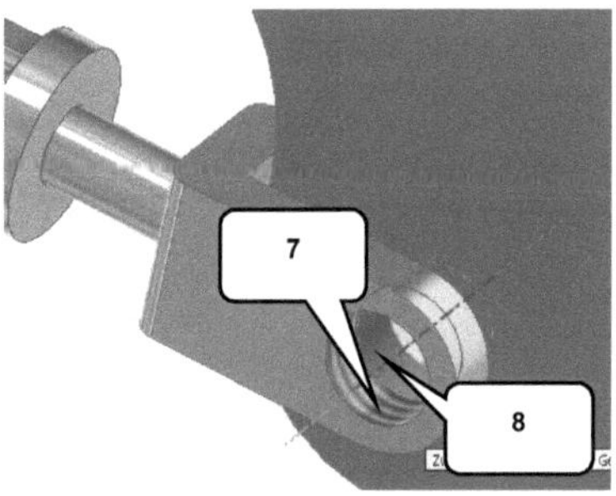

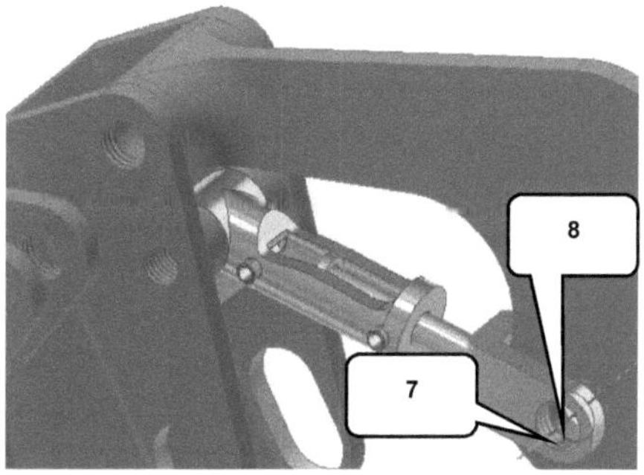

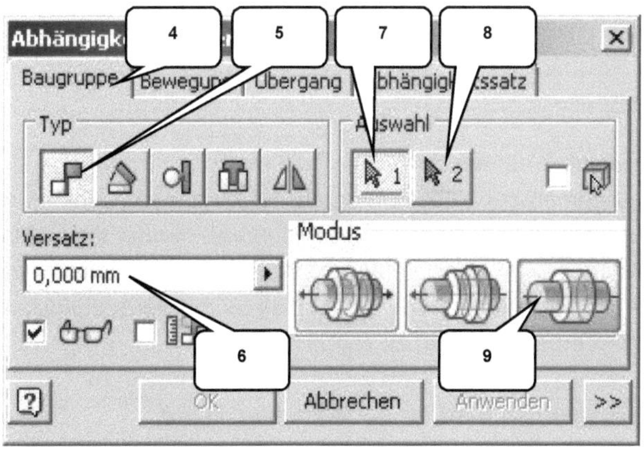

Abhängig machen

- Register ***Baugruppe*** (4)
- Typ: Passend (5)
- Versatz: 0 mm (6)
- Auswahl 1: Bohrung Hubzylinder-Kolben:2 (7)
- Auswahl 2: Bohrung Hubrahmen:2 (8)
- Modus: Passend (9)
- OK ***OK***

Speichern

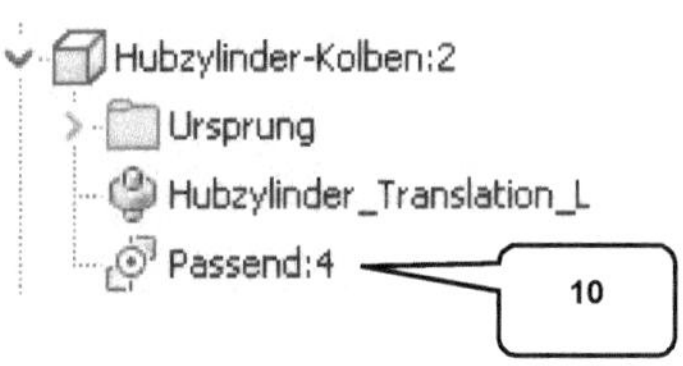

Die neue Abhängigkeit (10) sollte jetzt im Browser zu sehen sein.

7.22.12 Überprüfung von Mechanismus und Redundanzen

Arbeitsbereich:
Dynamische Simulation

Im Bereich der Dynamischen Simulation sollte der Status des Mechanismus abgerufen und damit überprüft werden, ob die letzte Änderung eine Verbesserung brachte.

Grad der Redundanz (r)	4
Grad der Beweglichkeit (dom)	1
Anzahl der Körper	10
Anzahl mobiler Körper	9

- Register ***Umgebungen*** (1)
- **Dynamische Simulation** (2)
- **Status des Mechanismus**

	Vorher	*Nachher*
Grad der Redundanz	5	4
Grad der Beweglichkeit	1	1
Anzahl der Körper	10	10
Anzahl mobiler Körper	9	9

Die Anzahl der Redundanzen wurde von 5 auf 4 reduziert und die restlichen Parameter sind unverändert. Die Optimierungsmaßnahmen zur Reduzierung der Redundanzen könnten mit Sicherheit noch weiter durchgeführt werden, allerdings besteht dann auch immer die Gefahr, dass letztendlich zu sehr in den Mechanismus eingegriffen und dessen Funktionalität beeinträchtigt wird. Vergleicht man den aktuellen Status des Mechanismus mit der anfänglichen Ausgangssituation, so sind deutliche Verbesserungen zu erkennen.

	Ausgangssituation	*Aktueller Stand*	*Delta*
Grad der Redundanz	13	4	**-9**
Grad der Beweglichkeit	4	1	**-3**
Anzahl der Körper	35	10	**-25**
Anzahl mobiler Körper	23	9	**-14**

An dieser Stelle soll noch einmal betont werden, dass Berechnungen im Bereich der Dynamischen Simulation durchaus auch mit Redundanzen möglich sind, allerdings kann es zu Abweichungen in der Berechnung oder erhöhter Rechendauer kommen. In jedem Fall sollte vor der Optimierung einer Baugruppe genau überlegt werden, ob Aufwand und Nutzen des oftmals sehr hohen Bearbeitungsaufwandes zur Reduzierung von Redundanzen in einer gesunden Relation zueinander stehen. Generell sollten derartig einschneidende Bearbeitungen einer Baugruppe zumindest nicht in der Originaldatei, sondern möglichst in einer Kopie der Baugruppe durchgeführt werden.

- OK ***OK*** (Status des Mechanismus beenden)

7.23 Festgelegte Bewegungen

7.23.1 Grundlagen: Festgelegte Bewegung

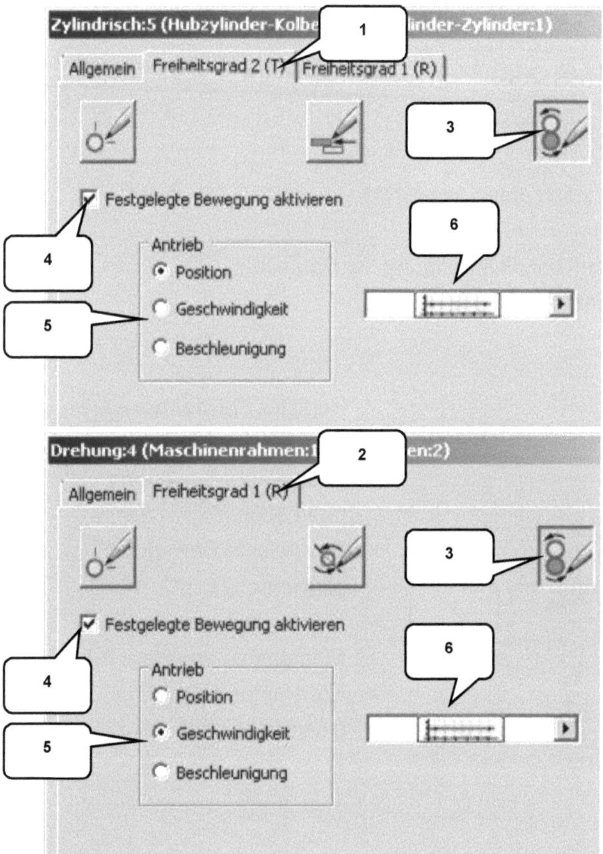

Werden im Bereich der Dynamischen Simulation ***Antriebe*** benötigt, so können diese z. B. über vorhandene Gelenkverbindungen definiert werden. Dabei sollte zuerst entschieden werden, welches Gelenk angetrieben werden soll. Danach ist mit ***rechter Maustaste*** auf das Gelenk zu klicken um im Kontextmenü die ***Eigenschaften*** auszuwählen. Besteht ein Gelenk aus verschiedenen Freiheitsgraden, so ist zu entscheiden, ob der Antrieb ***translatorisch*** (1) oder ***rotatorisch*** (2) erfolgen soll. Wurde der entsprechende Freiheitsgrad ausgewählt, so ist der Bereich der ***festgelegten Bewegung*** zu öffnen (3) und zu ***aktivieren*** (4). Im Anschluss daran kann aus den Antriebsoptionen ***Position***, ***Geschwindigkeit*** und ***Beschleunigung*** (5) ausgewählt und der ***Wert*** definiert werden (6).

7.24 Gleichförmige Translation

7.24.1 Hubzylinder mit konstanter Geschwindigkeit beaufschlagen

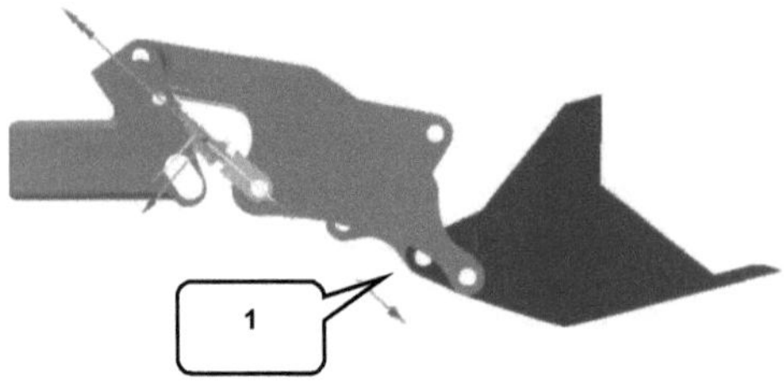

Die einfachste Form der Bewegung ist die gleichförmige Bewegung. Als Beispiel soll das Hubsystem in der folgenden Übung konstant nach oben bewegt werden, wofür der erste Hubzylinder mit einer gleichförmigen Geschwindigkeit zu beaufschlagen ist.

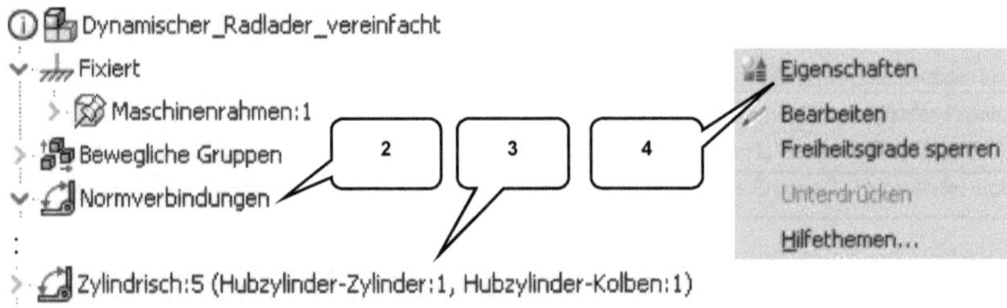

- Hubsystem ggf. noch einmal ganz nach unten ziehen (1)
- ***Normverbindungen*** erweitern (2)
- ***Rechte Maustaste*** auf zylindrische Gelenkverbindung der Bauteile ***Hubzylinder-Zylinder:1, Hubzylinder-Kolben:1*** (3)
- ***Eigenschaften*** (4)

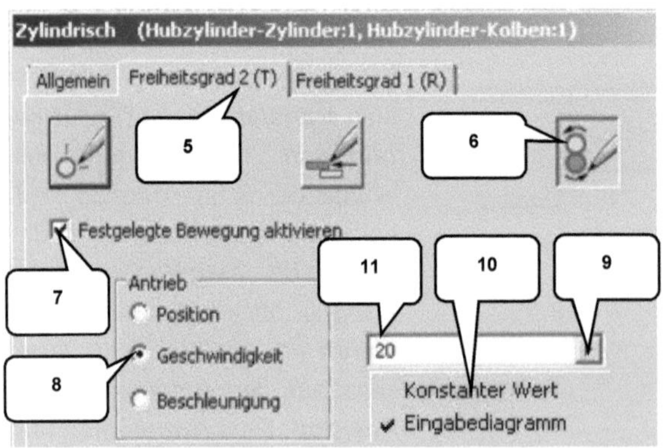

- Register ***Freiheitsgrad (T)*** (5)
- Festgelegte Bewegung bearbeiten (6)
- Festgelegte Bewegung aktivieren (7)
- Geschwindigkeit (8)
- Eingabefeld erweitern (9)
- Konstanter Wert (10)
- Geschwindigkeit: 20 mm/s (11)
- OK ***OK***

Speichern

7.24.2 Ausführen und Aufzeichnen der Simulation

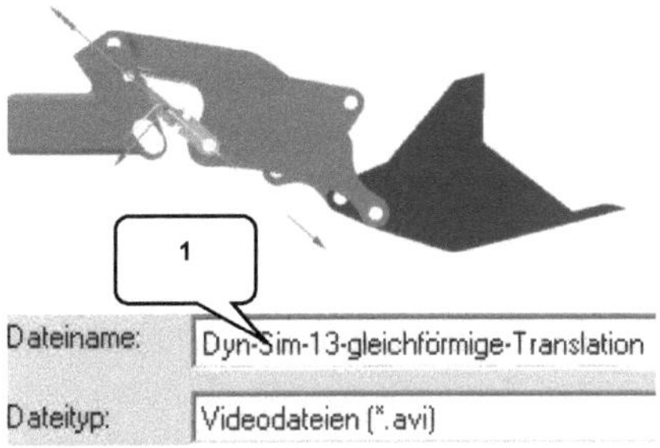

Erstellen Sie eine neue Simulation und überprüfen Sie den Bewegungsablauf.

Film publizieren

- Dateiname: Dyn-Sim-13-gleichförmige-Translation (1)
- Dateityp: *.avi
- Speichern **_Speichern_**

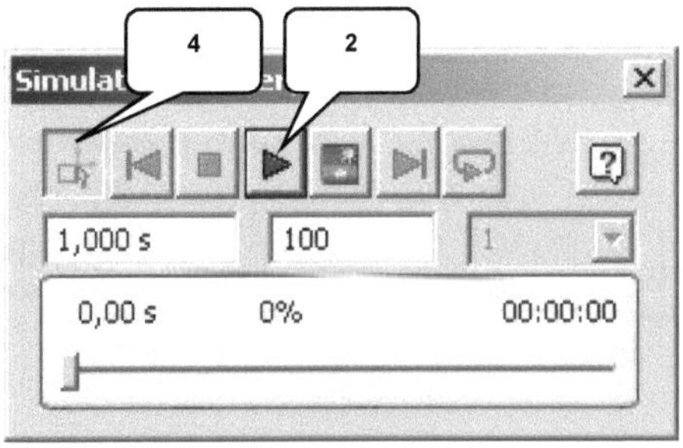

- Komprimierung: Microsoft Video 1
- Qualität: 100 %
- OK **_OK_**

- **_Wiedergabe_** (2)
- Ja **_Ja_** (3) (Hinweisfenster)[19]
- Simulation ablaufen lassen
- **_Konstruktionsmodus_** (4)

Film publizieren

Speichern

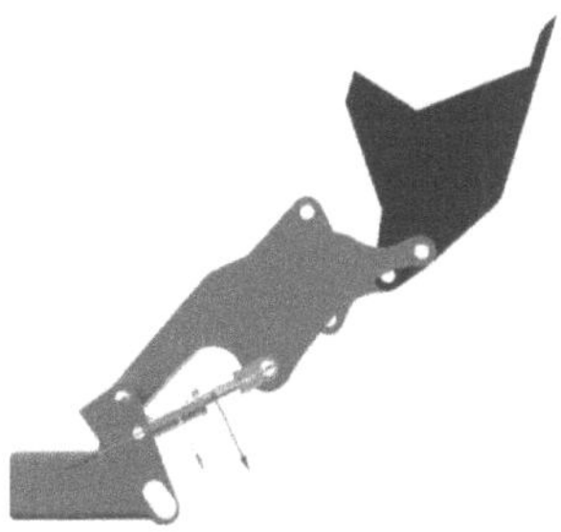

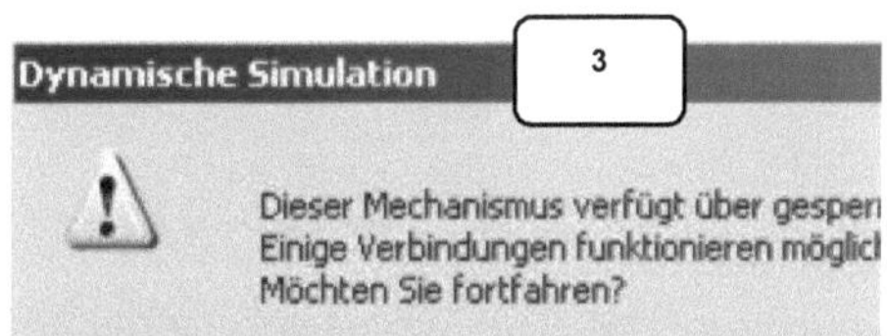

Der Hubapparat sollte sich während der Simulation gleichmäßig aufwärts bewegen und am Ende die oben dargestellte Position erreichen[20]. Der Antrieb des Hubapparates anhand einer festgelegten Bewegung war also erfolgreich. Ähnliche Resultate können erzielt werden, wenn Gelenke z. B. mit Kräften oder Drehmomenten beaufschlagt werden.

---

[19] Die Meldung des Programms auf vorhandene **_Konflikte zwischen Freiheitsgraden/ Grenzen und festgelegten Bewegungen_** kann mit Ja bestätigt werden, weil der Zeitpunkt dieses Konfliktes (gleichförmige Geschwindigkeit <> Begrenzung eines Drehgelenkes) nicht vor Ablauf der Simulationsdauer von einer Sekunde eintreten wird.

[20] Sollte sich der Hubapparat in der Simulation nicht nach oben bewegen, müsste der Wert der Geschwindigkeit auf (-)**_20 mm/s_** korrigiert (negiert) werden.

7.25 Gleichmäßig beschleunigte Translation

7.25.1 Grundlagen: Gelenkkraft

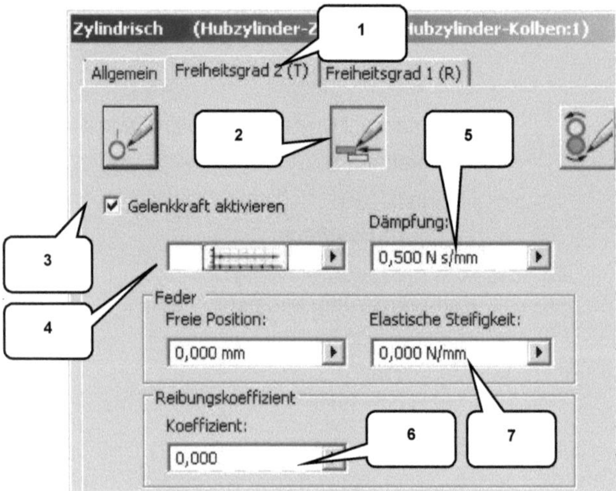

Sollen ***Kräfte*** oder ***Drehmomente*** in den Bewegungsablauf eines Mechanismus eingreifen, so können diese ebenfalls über die ***Eigenschaften*** eines Gelenkes definiert werden. In der Registerkarte des entsprechenden ***Freiheitsgrades*** (1) muss dann der Bereich der ***Gelenkkraft*** (bzw. des ***Gelenkmoments***) geöffnet (2) und aktiviert werden (3). Neben der Werteeingabe (4) können außerdem Parameter wie Dämpfung (5), Reibung (6) und Steifigkeit (7) hinterlegt werden.

7.25.2 Hubzylinder gleichmäßig beschleunigen

Der gleichförmige Antrieb des Hubzylinders über eine konstante Geschwindigkeit soll jetzt wieder deaktiviert und durch eine gleichmäßig beschleunigte Bewegung ersetzt werden. Hierfür ist in derselben zylindrischen Gelenkverbindung anstelle der gleichförmigen Geschwindigkeit eine gleichmäßig beschleunigte Kraft zu platzieren.

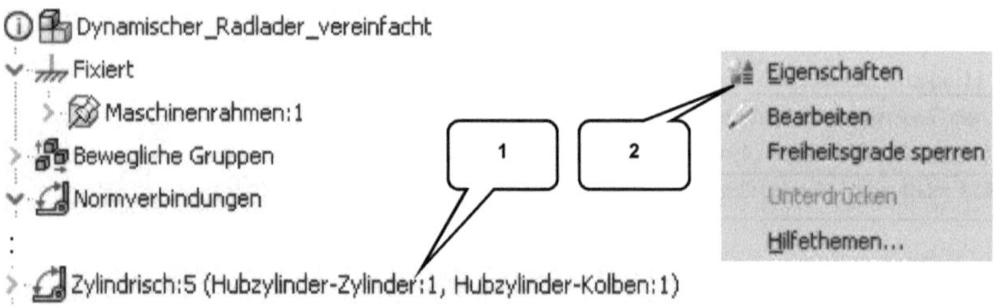

- ***Rechte Maustaste*** auf zylindrische Gelenkverbindung der Bauteile ***Hubzylinder-Zylinder:1, Hubzylinder-Kolben:1*** (1)
- ***Eigenschaften*** (2)

Deaktivieren Sie zuerst die noch aktive Bewegung, denn die konstante Beschleunigung soll über eine Antriebskraft definiert werden.

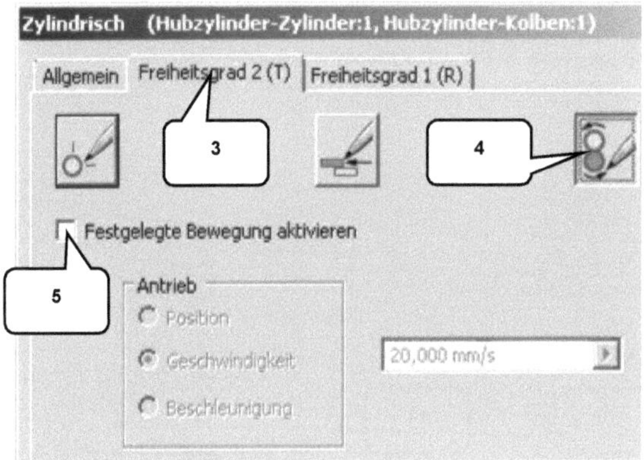

- Register ***Freiheitsgrad (T)*** (3)
- Festgelegte Bewegung bearbeiten (4)
- Festgelegte Bewegung deaktivieren (5)

Im Bereich der ***Gelenkkraft*** soll die gleichmäßig beschleunigte translato-rische Kraft im Anschluss daran über das ***Eingabediagramm*** definiert werden.

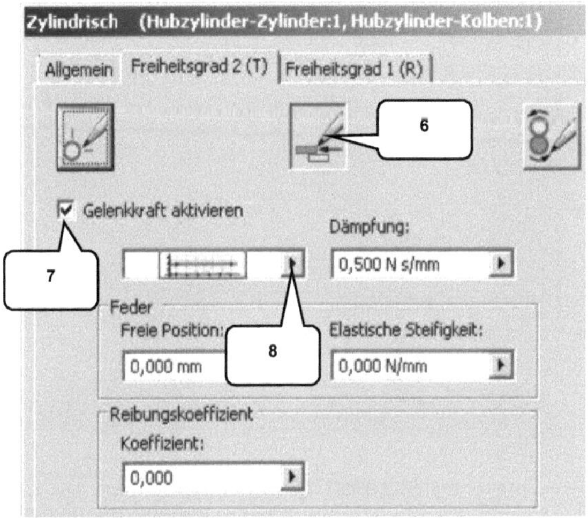

- Gelenkkraft bearbeiten (6)
- Gelenkkraft aktivieren (7)
- Eingabefeld erweitern (8)
- Eingabediagramm (9)

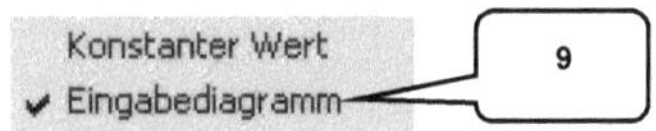

Mit dem ***Eingabediagramm*** steht im Bereich der Dynamischen Simulation ein weiteres Tool zur Verfügung, mit dem ungleichförmige Bewegungsabläufe definiert werden können.

Das Eingabediagramm besitzt einen grafischen Bereich, welcher den Kräfte- bzw. Drehmomentenverlauf über die Simulationsdauer wiederspiegelt und einen Eingabebereich, worin Art, Größe und Dauer von Kräften-/ oder Drehmomenten definiert werden können. Die Eingabewerte können gespeichert bzw. tabellarisch exportiert werden und ebenso können Eingabewerte in das Diagramm importiert werden.

Die Kraft im Hubzylinder soll jetzt über die Simulationsdauer von einer Sekunde konstant von 0 N auf 300 N erhöht werden, wofür diesmal das ***Eingabediagramm*** zu verwenden ist. Die Kurvendefinition soll außerdem gespeichert werden.

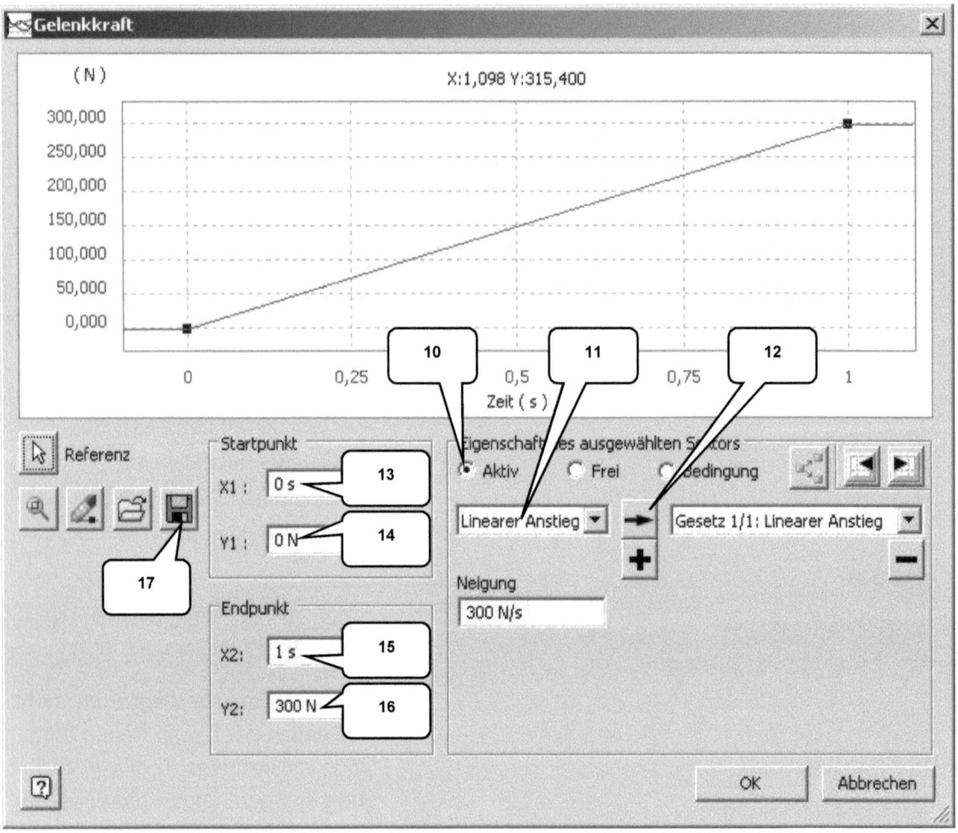

- Sektor: Aktiv (10)
- Gesetz: Linearer Anstieg (11)
- Aktuelles Gesetz ersetzen (12)
- Startzeit X1: 0 s (13)
- Startwert Y1: 0 N (14)
- Endzeit X2: 1 s (15)
- Endwert Y2: 300 N (16)
- Kurve speichern (17)

- Dateiname: Kurve-01-gleichmäßig-beschleunigte-Translation (18)
- Dateityp: *.cgd
- Speichern ***Speichern***
- OK ***OK*** (Gelenkkraft)

Werden Kräfte oder Drehmomente über das Eingabediagramm definiert, so wird das Eingabefenster (19) in den Gelenkeigenschaften grün dargestellt. So kann man in den Gelenkeigenschaften auf einen Blick erkennen, ob das Eingabediagramm bearbeitet wurde oder nicht.

Die Gelenkeigenschaften können jetzt wieder geschlossen und die Baugruppe gespeichert werden, um den neuen Antrieb in einer weiteren Simulation zu überprüfen.

- OK ***OK*** (Gelenkeigenschaften)

Speichern

7.25.3 Ausführen und Aufzeichnen der Simulation

Film publizieren

- Dateiname: Dyn-Sim-14-gleichmäßig-beschleunigte-Translation (1)
- Dateityp: *.avi
- Speichern ***Speichern***

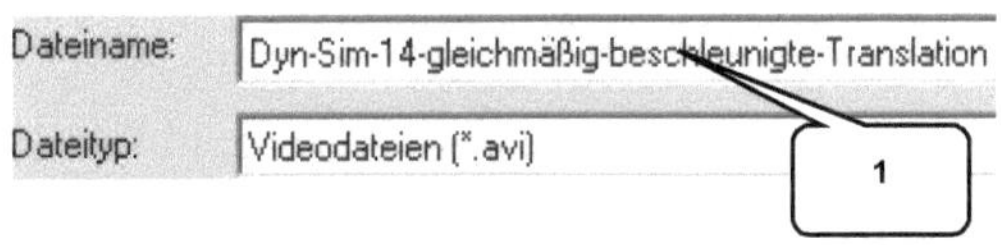

- Komprimierung: Microsoft Video 1
- Qualität: 100 %
- OK ***OK***

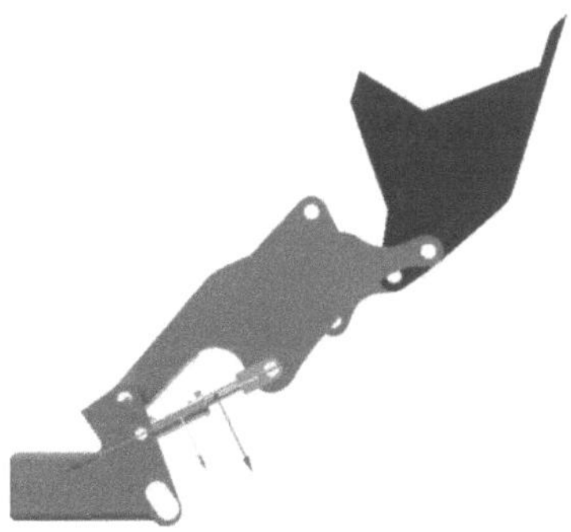

- ***Wiedergabe*** (2)
- Simulation ablaufen lassen
- ***Konstruktionsmodus*** (3)

Film publizieren

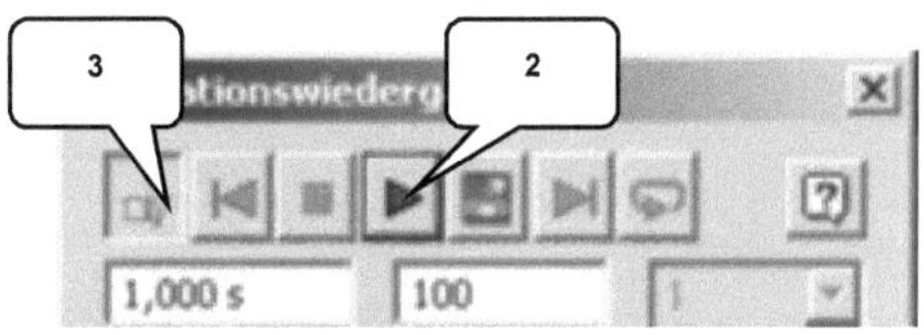

Der Hubapparat sollte sich nach einiger Zeit langsam nach oben bewegen[21] und dann immer schneller werden, um letztendlich kräftig an der oberen Begrenzung des Drehgelenkes anzuschlagen. Der gleichmäßig beschleunigte Bewegungsablauf ist deutlich zu erkennen.

---

[21] Sollte sich der Hubapparat in der Simulation nicht nach oben bewegen, müssten die Gelenkeigenschaften erneut bearbeitet und der Endpunkt der Kraft (Y2) im Eingabediagramm auf (-)***300 N*** (16) korrigiert (negiert) werden.

7.26 Ungleichmäßig beschleunigte Translation

7.26.1 Hubzylinder ungleichmäßig beschleunigen

Auch ungleichmäßig beschleunigte Antriebe können über das Eingabediagramm definiert werden, was in der folgenden Übung umzusetzen ist. Die vorhandene Kurvendefinition mit der aktuell gleichmäßig beschleunigten Bewegung soll gelöscht werden und ist durch eine ungleichmäßig beschleunigte Bewegung in Form einer harmonischen Sinuskurve zu ersetzen.

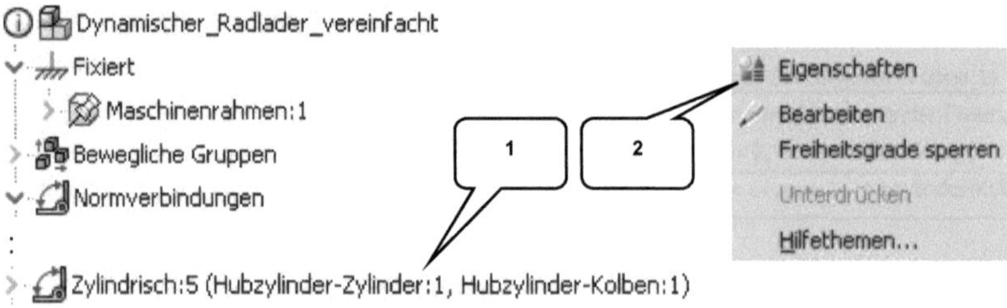

- ➢ ***Rechte Maustaste*** auf zylindrische Gelenkverbindung der Bauteile ***Hubzylinder-Zylinder:1, Hubzylinder-Kolben:1*** (1)
- ➢ ***Eigenschaften*** (2)

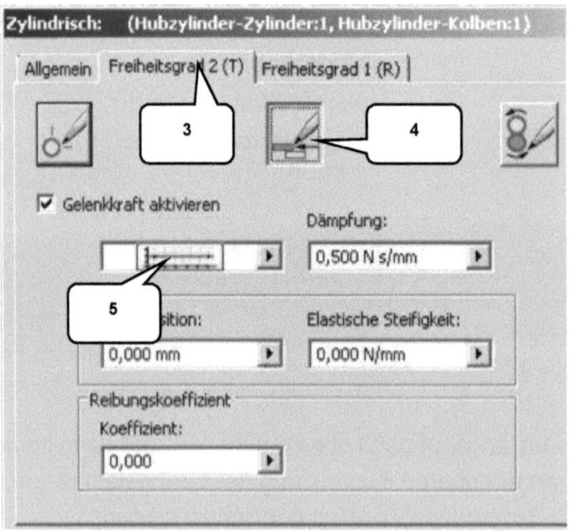

- ➢ Register ***Freiheitsgrad (T)*** (3)
- ➢ Gelenkkraft bearbeiten (4)
- ➢ Eingabediagramm (5)

Sobald das Eingabediagramm geöffnet wurde, sollten die aktuellen Einstellungen vorab gelöscht werden.

Hierfür bietet das Programm eine einfache Lösung: die Option ***Kurvendefinition löschen***.

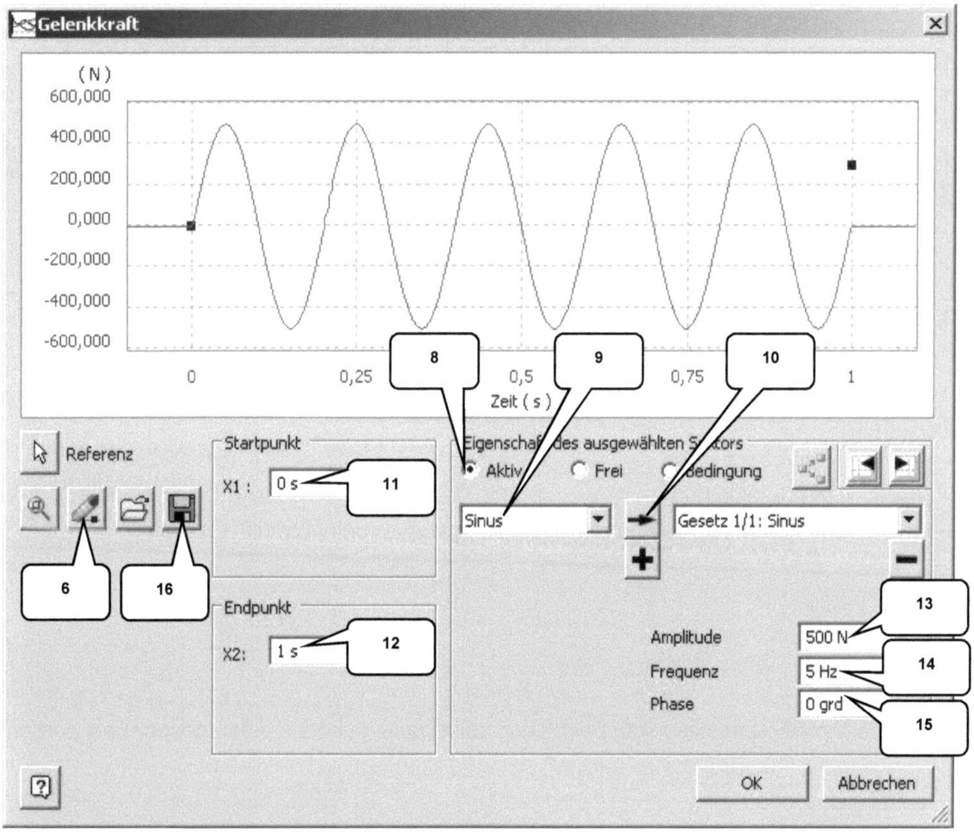

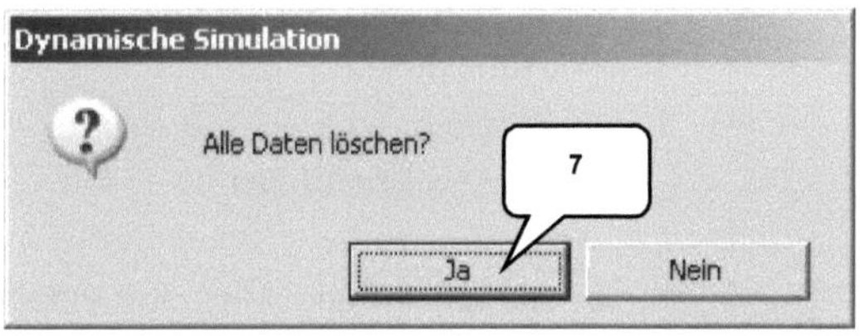

- ***Kurvendefinition löschen*** (6)

Das Programm fordert zur Sicherheit eine Bestätigung.

- ***Ja*** (7)

Das Diagramm wird jetzt in den Ausgangszustand zurückgesetzt und die neuen Einstellungen können vorgenommen werden.

- Sektor: Aktiv (8)
- Gesetz: Sinus (9)
- Aktuelles Gesetz ersetzen (10)
- Startzeit X1: 0 s (11)
- Endzeit X2: 1 s (12)
- Amplitude: 500 N (13)
- Frequenz: 5 Hz (14)
- Phase: 0 ° (15)
- Kurve speichern (16)

- Dateiname: Kurve-02-ungleichmäßig-beschleunigte-Translation (17)
- Dateityp: *.cgd
- Speichern ***Speichern***
- OK ***OK*** (Gelenkkraft)
- OK ***OK*** (Gelenkeigenschaften)

Speichern

7.26.2 Ausführen und Aufzeichnen der Simulation

Die ungleichmäßig beschleunigte Bewegung soll simuliert und als Video gespeichert werden.

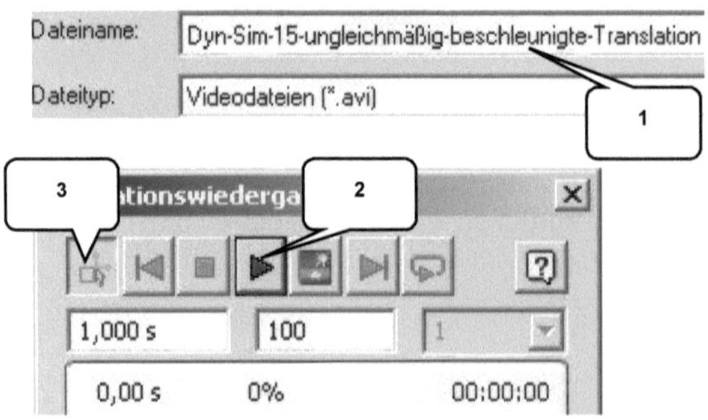

Film publizieren

- Dateiname: Dyn-Sim-15-ungleichmäßig-beschleunigte-Translation (1)
- Dateityp: *.avi
- Speichern ***Speichern***

- Komprimierung: Microsoft Video 1
- Qualität: 100 %
- OK ***OK***

- ***Wiedergabe*** (2)
- Simulation ablaufen lassen
- ***Konstruktionsmodus*** (3)

Film publizieren

7.26.3 Öffnen der Einstellungen der gleichmäßig beschleunigten Translation

Der ungleichmäßig beschleunigte Antrieb des ersten Hubzylinders muss zuerst wieder durch einen gleichmäßig beschleunigten Antrieb ersetzt werden, wofür die Eigenschaften der zylindrischen Gelenkverbindung zu bearbeiten sind.

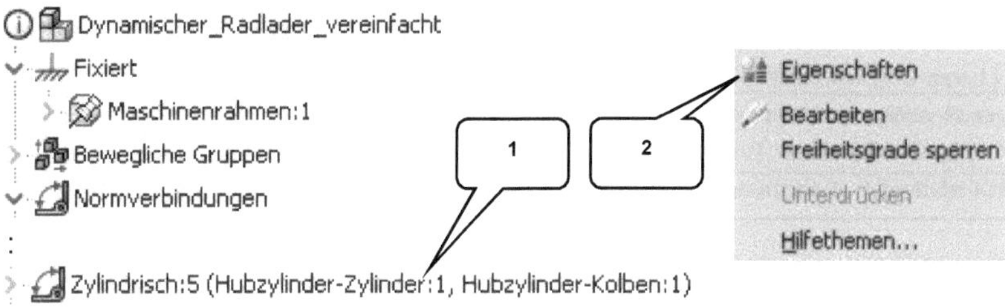

- **_Rechte Maustaste_** auf zylindrische Gelenkverbindung der Bauteile **_Hubzylinder-Zylinder:1, Hubzylinder-Kolben:1_** (1)
- **_Eigenschaften_** (2)

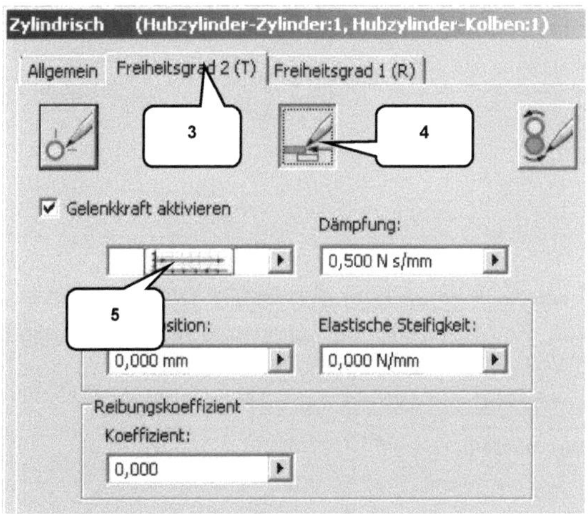

Wechseln Sie in das Register des translatorischen Freiheitsgrades und aktivieren Sie das Eingabediagramm der Gelenkkraft.

- Register **_Freiheitsgrad (T)_** (3)
- Gelenkkraft bearbeiten (4)
- Eingabediagramm (5)

Die aktuellen Eingabewerte sind wieder zu löschen.

- **_Kurvendefinition löschen_** (6)

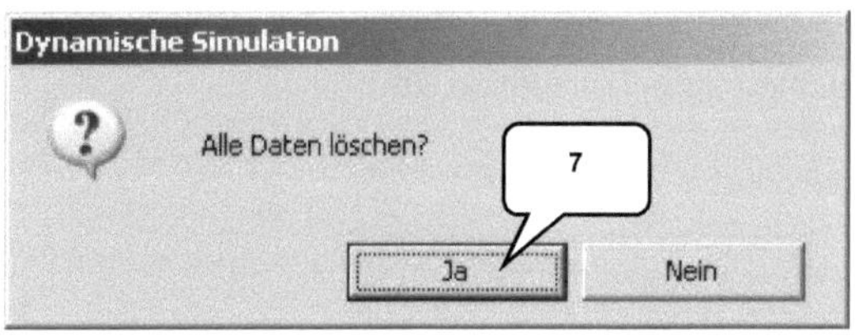

Das Programm fordert zur Sicherheit eine Bestätigung.

- **_Ja_** (7)

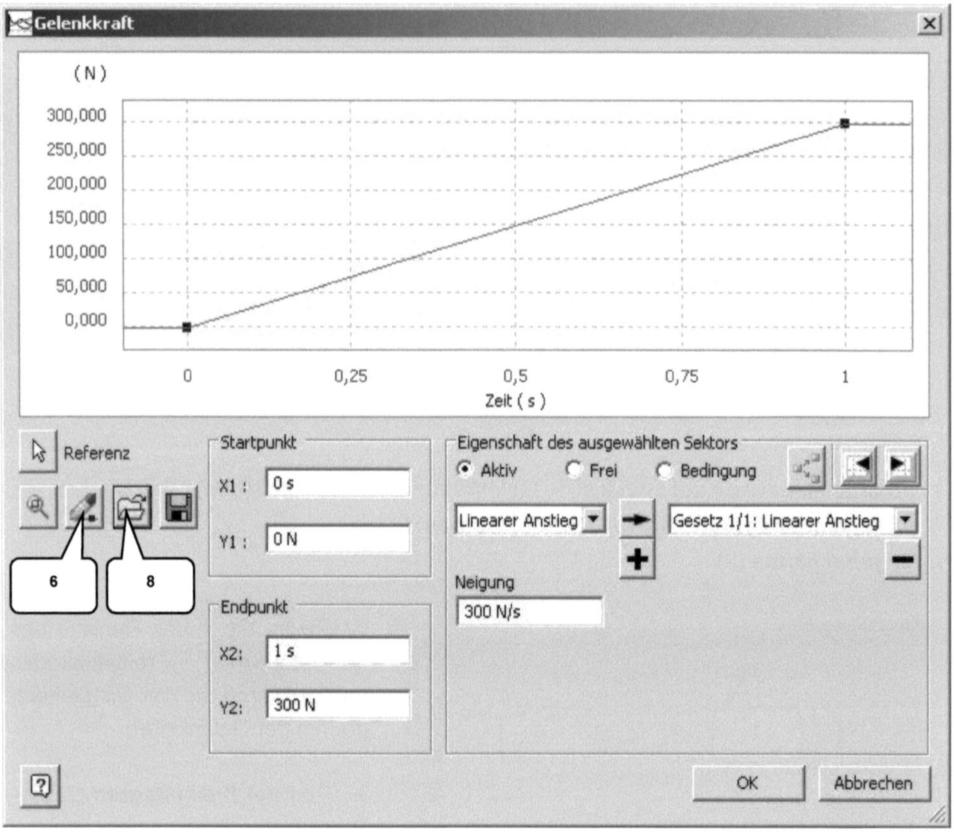

Sobald das Eingabediagramm bereinigt wurde, können über den Befehl ***Öffnen*** die in einer vorherigen Übung bereits gespeicherten Eingabewerte der gleichmäßig beschleunigten Translation importiert werden.

- ***Öffnen*** (8)
- Pfad zum Projektordner wählen
- Dateiname: Kurve-01-gleichmäßig-beschleunigte-Translation (9)
- Dateityp: *.cgd
- ***Öffnen***
- ***OK*** (Gelenkkraft)
- ***OK*** (Gelenkeigenschaften)

7.27 Ausgabediagramm

7.27.1 Grundlagen: Ausgabediagramm

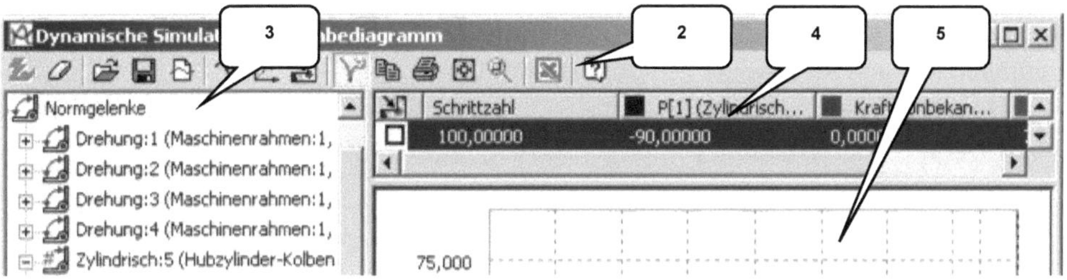

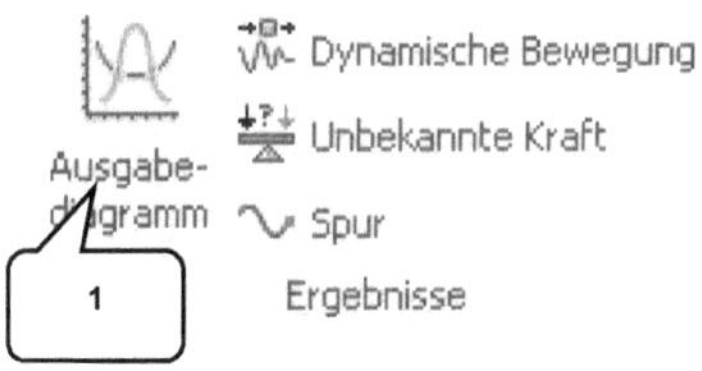

- Befehlsgruppe ***Ergebnisse***

Ausgabediagramm (1)

Das ***Ausgabediagramm*** enthält alle Berechnungsergebnisse einer Simulation und stellt diese tabellarisch sowie grafisch dar. Es beinhaltet eine ***Werkzeugleiste*** (2), den ***Browser*** (3), die ***Zeitschritte*** (4) und das ***Diagrammfenster*** (5) und die folgenden ***Befehle***:

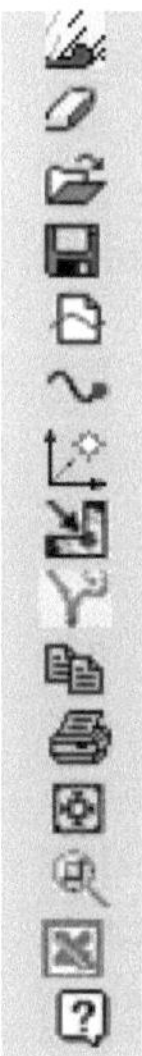

Simulationsergebnisse aus dem Ausgabediagramm löschen
Deaktivieren aller Variablen
Öffnen einer Simulationsdatei
Speichern der aktuellen Simulationsdatei
Hinzufügen einer neuen Kurve
Hinzufügen einer neuen Spur
Erstellen einer neuen Koordinatensystemreferenz
Bauteile in den Bereich der Belastungsanalyse exportieren
Aktiviert die exakten Berechnungsergebnisse eines Zeitpunkts
Kopieren des Diagrammfensters in den Zwischenspeicher des Computers
Drucken des Diagrammfensters
Skalieren einer ausgewählten Kurve
Zoomen eines ausgewählten Bereiches
Exportieren aller Berechnungsergebnisse nach Microsoft Excel
Öffnet die Programmhilfe

Im ***Browser*** des Ausgabediagramms findet man die bereits bekannten Ordner ***Norm-*** und ***Kraftgelenke***, den Ordner ***Benutzervariablen***, den Ordner ***Referenzrahmen*** (wenn eigene Koordinaten definiert wurden) und die Ordner ***Spuren*** sowie ***Exportieren nach FEM***.

Der Ordner ***Exportieren nach FEM*** listet alle Bauteile und Zeitschritte auf, welche für einen Export in den Bereich der Belastungsanalyse bereits vorbereitet wurden. Im Bereich auf der rechten Seite werden alle dargestellten Variablen tabellarisch aufgelistet (derzeit sollte lediglich die Spalte ***Zeit*** darin zu finden sein). Durch einen Klick auf den Button ***Gesamte Auswahl aufheben*** (6) kann alles wieder zurückgesetzt werden.

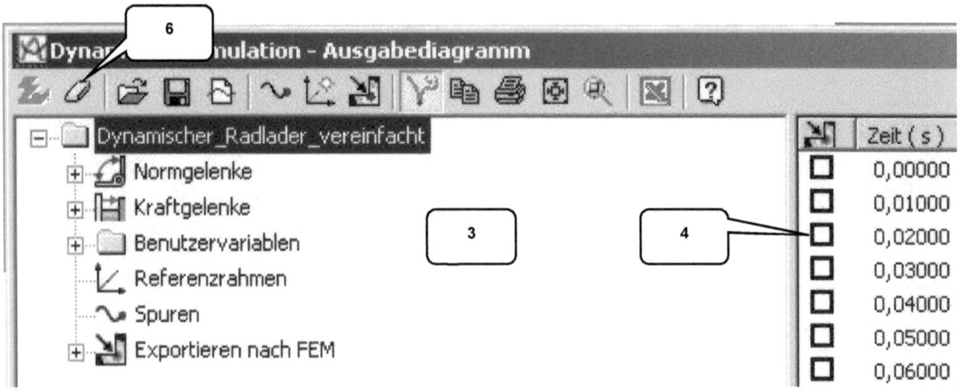

7.27.2 Kraft im zweiten Hubrahmen ermitteln

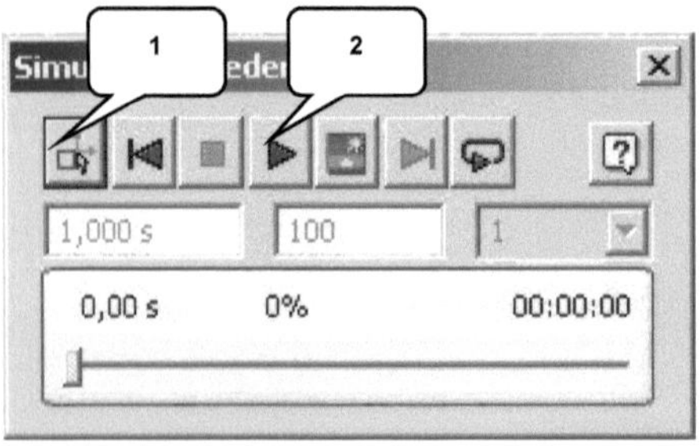

Die Simulation sollte jetzt noch einmal wiederholt werden, wobei das Ausgabediagramm geöffnet bleiben muss. Nach der Simulation darf diesmal nicht wieder in den ***Konstruktionsmodus*** zurückgekehrt werden!

- ***Konstruktionsmodus*** (1)
- ***Wiedergabe*** (2)

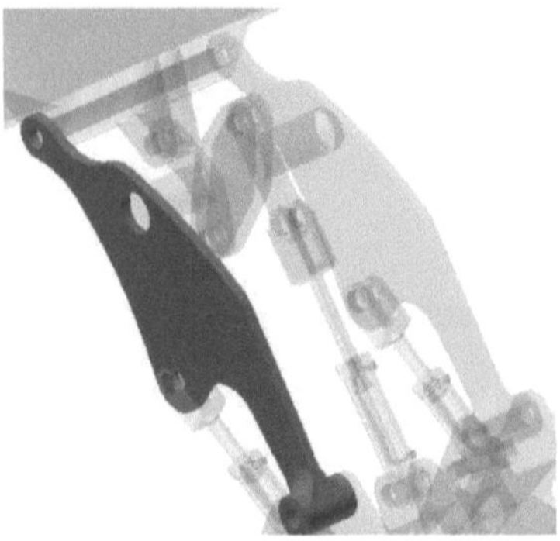

Weil der zweite Hubrahmen des Radladers später in den Bereich der Belastungsanalyse überführt werden soll, müssen vorab einige Randbedingungen geklärt werden. Z. B. muss ein Simulationszeitpunkt ermittelt werden, an dem besonders hohe Belastungen zu erwarten sind. Zur Bestimmung dieses Zeitpunkts wäre es sinnvoll, die Belastungen in den Gelenken des zweiten Hubrahmens zu betrachten.

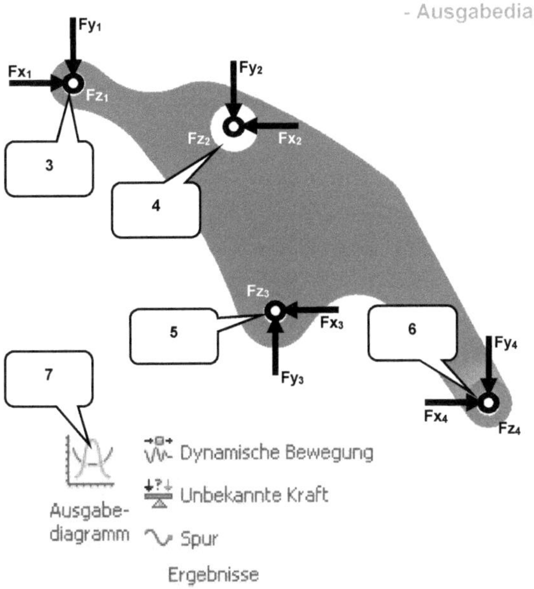

Zur Bestimmung des richtigen Zeitpunkts für die Belastungsanalyse kommen grundsätzlich vier Gelenkverbindungen infrage: das Drehgelenk zwischen Schaufel und Hubrahmen (3), das Drehgelenk zwischen Kipphebel und Hubrahmen (4), das Drehgelenk zwischen Hubzylinder-Kolben und Hubrahmen (5) und das Drehgelenk zwischen Hubrahmen und Maschinengehäuse (6).

Öffnen Sie das ***Ausgabediagramm***, um die folgenden Änderungen durchzuführen.

➢ Befehlsgruppe ***Ergebnisse***

Ausgabediagramm (7)

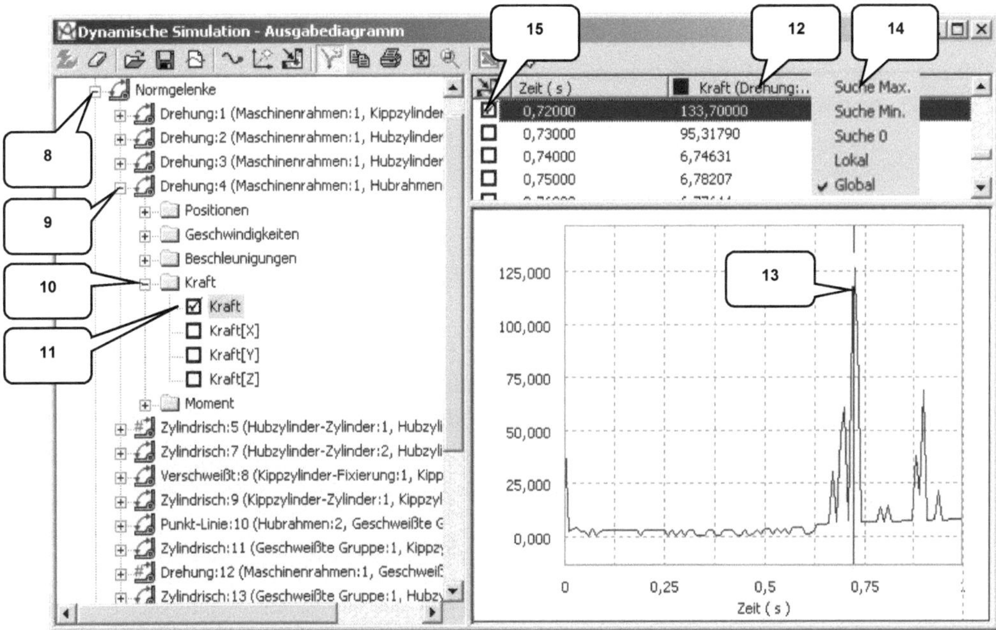

Erweitert man den Ordner ***Normgelenke*** im Befehlsfenster, müsste im Drehgelenk ***Maschinenrahmen:1, Hubrahmen:2*** im Ordner ***Kraft*** die kombinierte ***Kraft*** bereits aktiviert worden sein.

- Ordner ***Normgelenke*** erweitern (8)
- ***Drehgelenk*** der Bauteile ***Maschinenrahmen*** und ***Hubrahmen:2*** erweitern (9)
- Ordner ***Kraft*** erweitern (10)
- Aktivieren: ***Kraft*** (11)

In der tabellarischen Darstellung des Diagramms wird jetzt eine weitere Spalte ***Kraft*** (12) angezeigt. Sie spiegelt den Kraftverlauf des Drehgelenkes über den gesamten Simulationszeitraum wider. Betrachtet man das Diagramm etwas genauer, so ist darin zu sehen, dass diese Kraft auf Position (13) ihren Maximalwert zu erreichen scheint. Klickt man jetzt mit der linken Maustaste per Doppelklick darauf, so erscheint eine vertikale schwarze Linie. Außerdem wird die entsprechende Zeile in der darüberliegenden Tabelle markiert. Ob man mit dieser Vorgehensweise tatsächlich den maximalen Wert der Kraft dieses Gelenkes ermitteln kann, ist allerdings fraglich. Eine präzise Auskunft darüber kann lediglich mit der Suchfunktion erfolgen.

- ***Rechte Maustaste*** auf die Überschrift der Spalte ***Kraft*** (12)
- Suche Max. (14)

Das Programm ermittelt das Maximum dieser Spalte und aktiviert die entsprechende Zeile. Der ***maximale Kraftaufwand***[22] dieses Gelenkes könnte in etwa bei ***133 N*** liegen und zum Zeitpunkt von etwa ***0,72 s*** stattfinden (Kraft und Zeitpunkt können abweichen!).

7.27.3 Ergebnisse speichern und exportieren

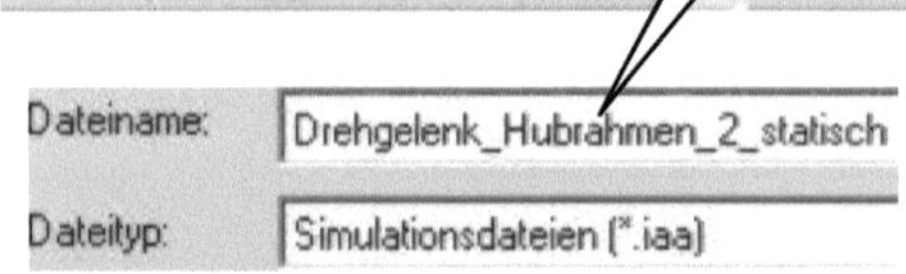

Die Ergebnisse sollen jetzt gespeichert und anschließend in eine Tabelle konvertiert werden[23].

- ***Simulation speichern*** (1)

---

[22] In der Praxis sollten Sie stets verschiedene Maximalwerte von Kräften und Drehmomenten in unterschiedlichen Gelenkverbindungen ermitteln, um Vergleichswerte zu schaffen. Die Untersuchung eines einzelnen Wertes ist selten aussagekräftig genug, um auch realistische Werte für auftretende Spannungen in einem Bauteil ermitteln zu können.

[23] Einige der Befehle im Programm erfordern eine vollständig installierte Version von Microsoft® Excel. So z. B. die Gewindefunktion im Programm oder auch die hier angesprochene Möglichkeit, Berechnungsergebnisse aus dem Bereich der Dynamischen Simulation in eine Tabelle zu exportieren. Sollte kein Microsoft® Excel vorhanden sein, muss dieser Schritt übersprungen werden.

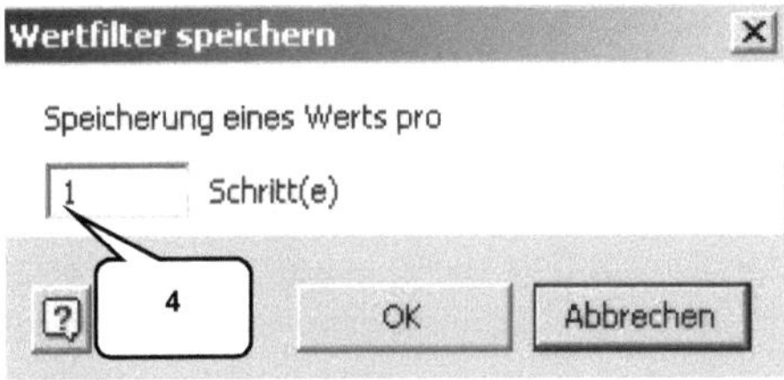

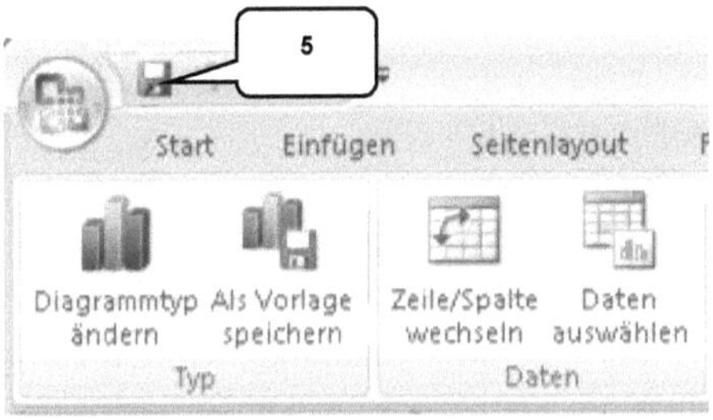

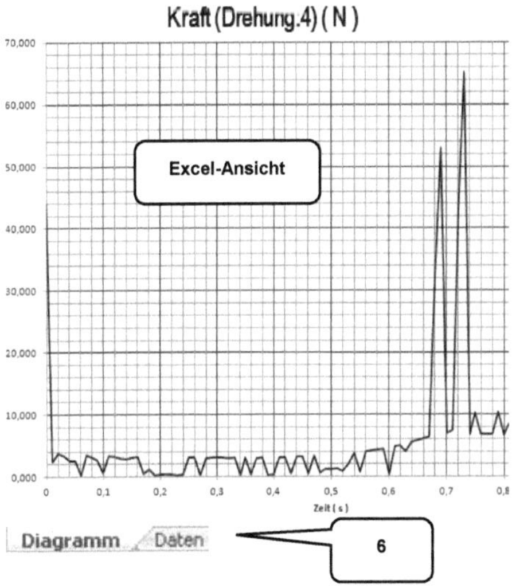

- Dateiname: Drehgelenk_Hubrahmen_2_statisch (2)
- Dateityp: *.iaa
- Speichern ***Speichern***

- ***Daten nach Excel exportieren*** (3)
- Möchten Sie die ausgewählte Kurve in Excel exportieren?: Ja ***Ja***
- Speicherung ... pro Schritt: ***1*** Schritt (4)
- OK ***OK***

In Excel findet man einen Reiter ***Diagramm*** mit dem Kurvenverlauf und einen Reiter ***Daten*** (6) mit den Berechnungser-gebnissen. Speichern und schließen Sie Excel und auch das Ausgabediagramm.

Speichern (Excel) (5)
- Dateiname: Drehgelenk_Hubrahmen_2_statisch (6)
- Dateityp: Excel-Arbeitsmappe
- Speichern ***Speichern***

Schließen (Microsoft® Excel)
- ***Ausgabediagramm schließen***
- ***Konstruktionsmodus***

Speichern (Inventor)

7.28 Externe Kräfte

7.28.1 Grundlagen: Kraft und Drehmoment

Um das Verhalten eines Mechanismus unter Einwirkung einer zusätzlichen Last zu untersuchen, können externe ***Kräfte*** beaufschlagt werden, deren Wirkrichtung entlang vorhandener Kanten, lotrecht zu Flächen oder Ebenen oder durch Richtungsvektoren definiert werden kann.

7.28.2 Externe Kräfte definieren

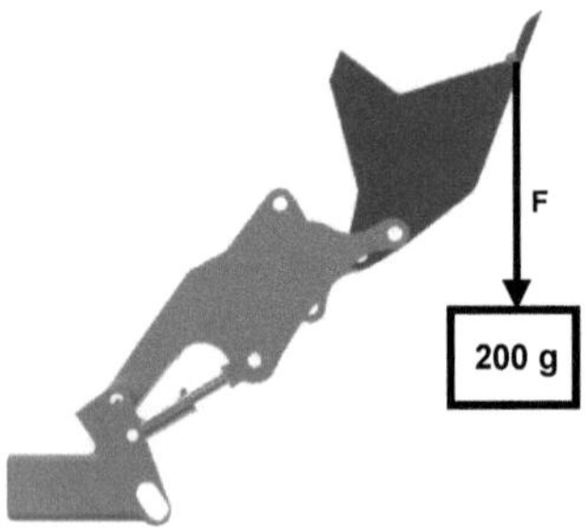

In der folgenden Übung soll eine in Richtung der Schwerkraft wirkende Kraft simuliert werden, die an der Schaufel angreift. Sie könnte z. B. durch ein Gewicht hervorgerufen werden, das mit der Schaufel durch ein Stahlseil verbunden wurde.

- Befehlsgruppe ***Laden***

Kraft (1)

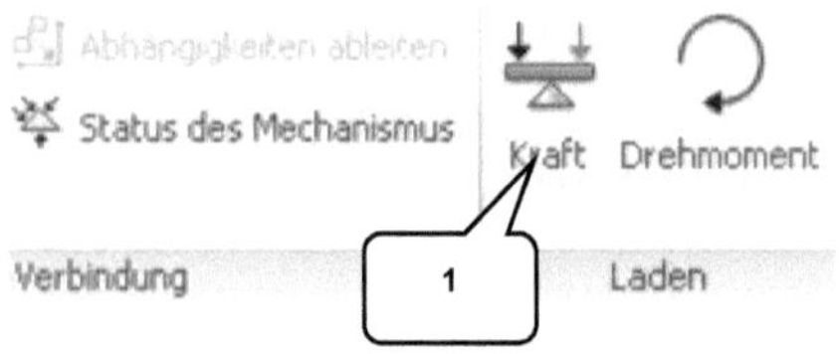

Zuerst ist die Position zu bestimmen an der die Kraft angreifen soll, wofür die markierte Ecke an der Schaufel auszuwählen ist. Anschließend sind Größe und Wirkrichtung der Kraft und zu definieren. Es soll ein Gewicht von 0,2 Kg simuliert werden was frei an einem Seil hängt. Die Kraft (ca. 2 N) wirkt in Richtung der Schwerkraft, also in negativer Y-Richtung des Koordinatensystems.

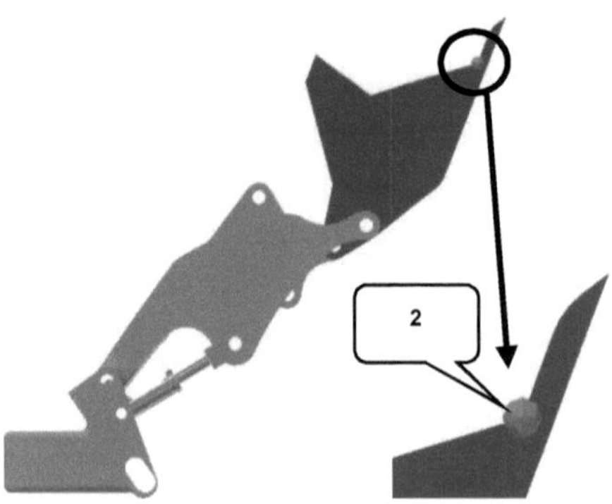

- Position: Ecke der Schaufel wählen (2)
- Feste Belastungsrichtung (3)
- Befehlsfenster >> erweitern (4)
- Vektorkomponenten verwenden (5)

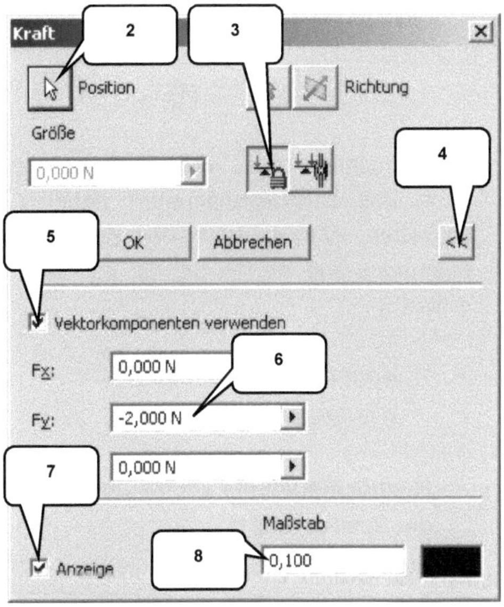

- FY: -2 N (6)
- Aktivieren: Anzeige (7)
- Maßstab: 0,1 (8)
- **_OK_**

Die zusätzliche Kraft, wird im Browser anschließend im Ordner ***externe Belastungen*** dargestellt (9). Speichern Sie die Baugruppe und führen Sie eine weitere Simulation durch.

Speichern

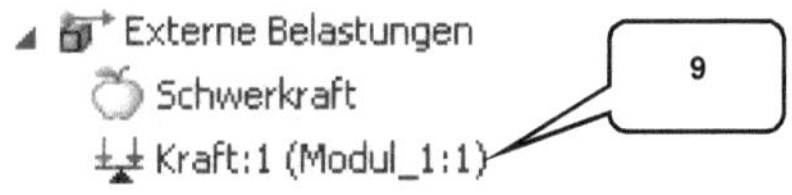

7.28.3 Ausführen und Aufzeichnen der Simulation

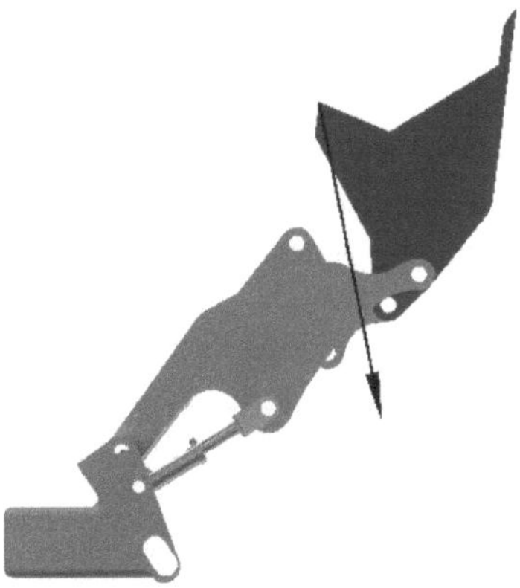

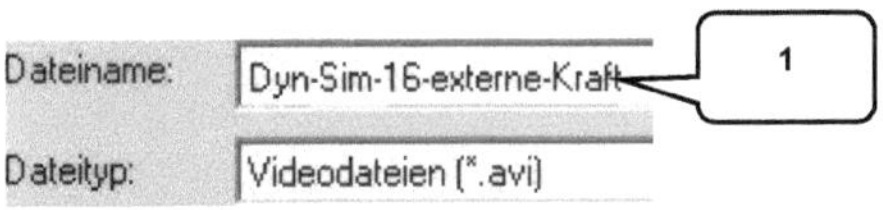

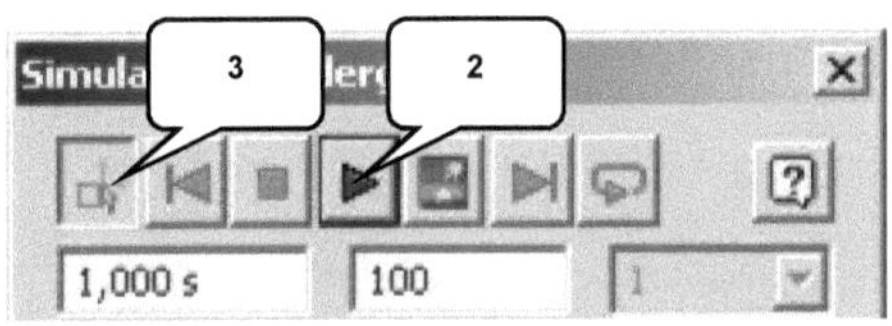

Film publizieren

- Dateiname: Dyn-Sim-16-externe-Kraft (1)
- Dateityp: *.avi
- ***Speichern***

- Komprimierung: Microsoft Video 1
- Qualität: 100 %
- ***OK***

- ***Wiedergabe*** (2)
- Simulation ablaufen lassen
- ***Konstruktionsmodus*** (3)

Film publizieren

Dem Hubapparat sollte es jetzt wesentlich schwerer fallen nach oben zu fahren: die zusätzliche Kraft zeigt also ihre Wirkung. Weitere Betrachtungen sind im Ausgabediagramm durchzuführen.

7.28.4 Kraft im Hubrahmen unter zusätzlicher Last ermitteln

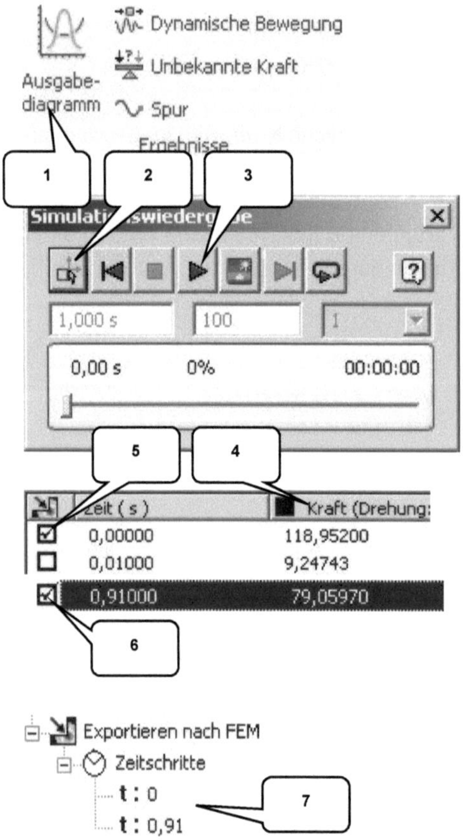

Ausgabediagramm (1)

Die Simulation muss wiederholt werden, ohne das Ausgabediagramm dabei zu schließen. Aktivieren Sie den Konstruktionsmodus und starten Sie die Simulation erneut.

- ***Konstruktionsmodus*** (2)
- ***Wiedergabe*** (3)

- ***Rechte Maustaste*** auf die Überschrift der Spalte ***Kraft*** (4)
- Suche Max.

Der Maximalwert der Kraft in diesem Gelenk liegt zum Zeitpunkt ***t = 0 s*** bei ca. ***119 N***. Einen ebenfalls hohen Wert von in etwa ***79 N*** findet man bei ***t = 0,91 s***. Beide Zeitschritte sollten zusätzlich im Zeitschrittfenster markiert werden (5, 6). Das Ausgabediagramm kann jetzt geschlossen und die Baugruppe gespeichert werden.

- ***Ausgabediagramm schließen***
- ***Konstruktionsmodus***

Speichern

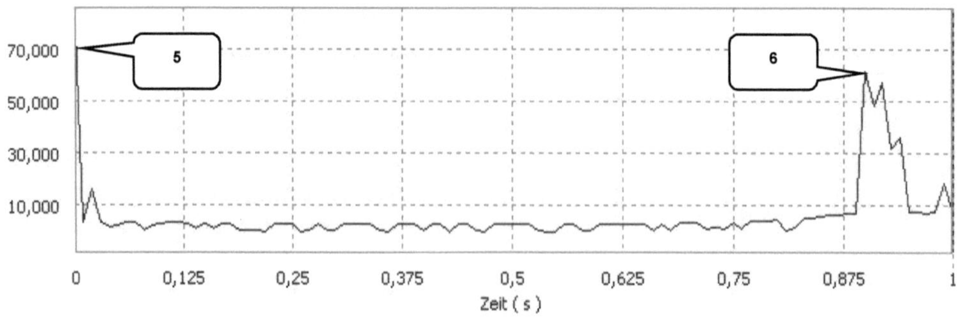

7.29 Spuren
7.29.1 Grundlagen: Spur

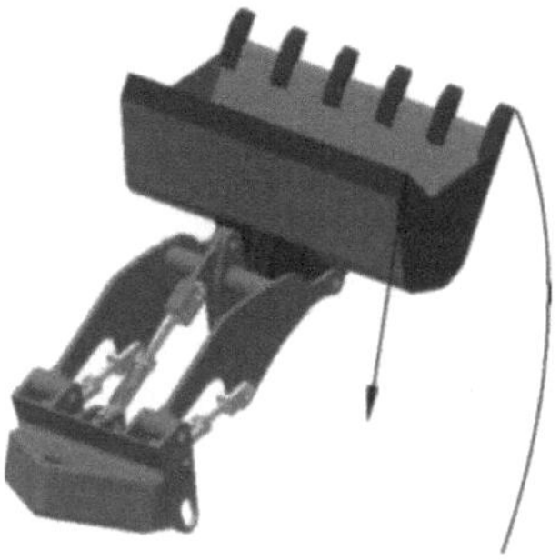

Spuren spiegeln Bewegungsbahnen von Bauteilen wider und können diese auch in 2D-Skizzen exportieren. Die Darstellung der kinematischen Werte kann dabei entweder vektoriell oder als Kurvenverlauf erfolgen. Der abgeleitete Bewegungspfad (Spur) entspricht der Anordnung vieler Positionspunkte des Referenzbauteils während des Simulationsverlaufes. Die als 2D-Skizze abgeleitete Spur kann anschließend einem beliebigen Bauteil der Baugruppe zugeordnet und darin integriert werden.

7.29.2 Spur einfügen

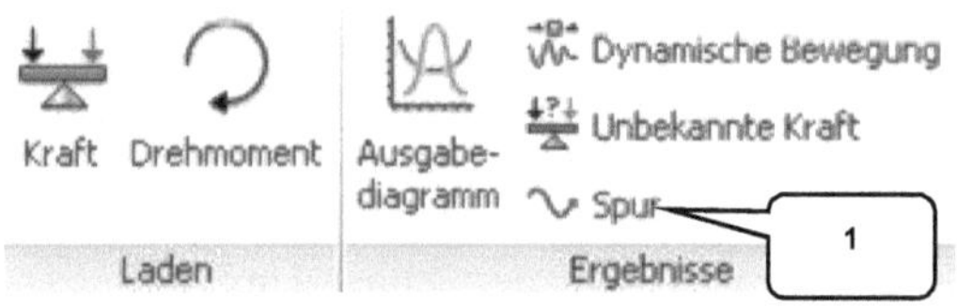

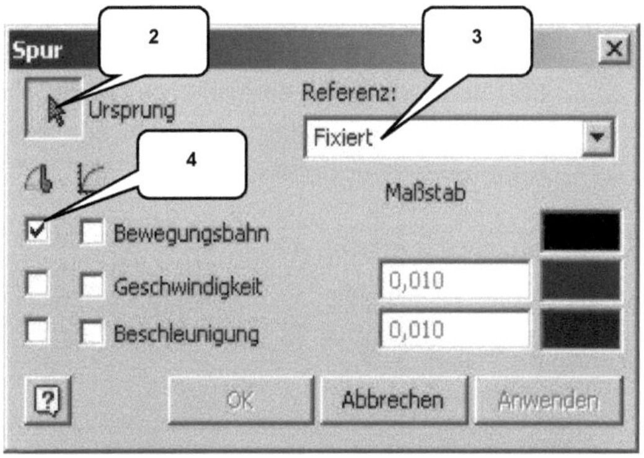

- Befehlsgruppe ***Ergebnisse***

  Spur (1)

Die Bewegungsbahn eines Punktes an der Schaufel soll während der Simulation abgeleitet werden, wofür ein Eckpunkt der Schaufel zu wählen ist.

- Ursprung: Ecke Schaufel (2)
- Referenz: Fixiert (3)
- Aktivieren: Bewegungsbahn (4)
- ***OK***

Um die Bewegungsbahn aufzeichnen zu können muss erneut simuliert werden.

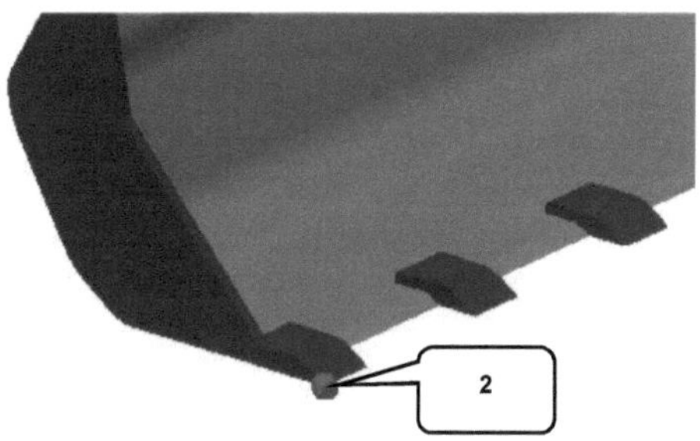

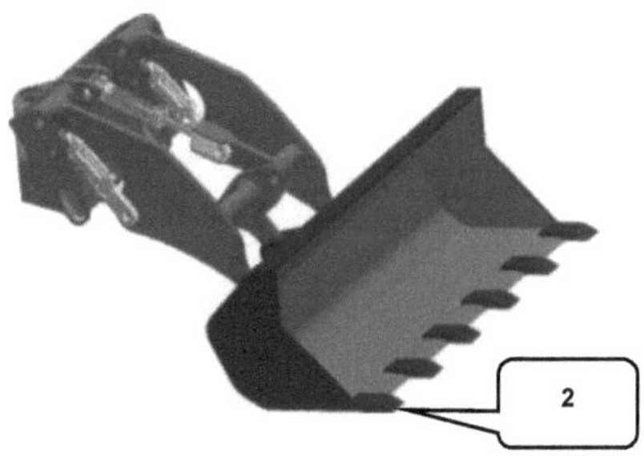

7.29.3 Ausführen und Aufzeichnen der Simulation

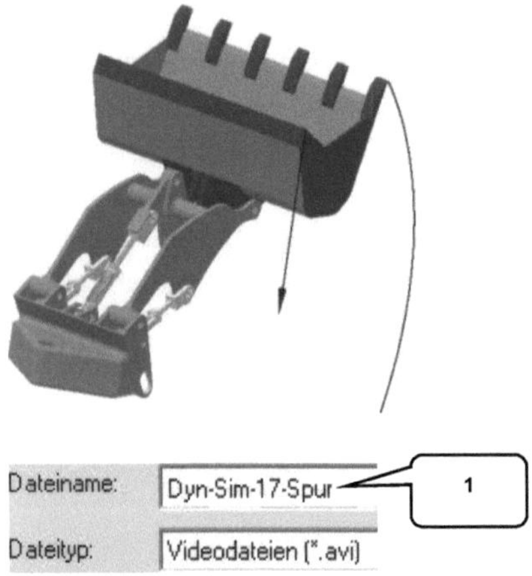

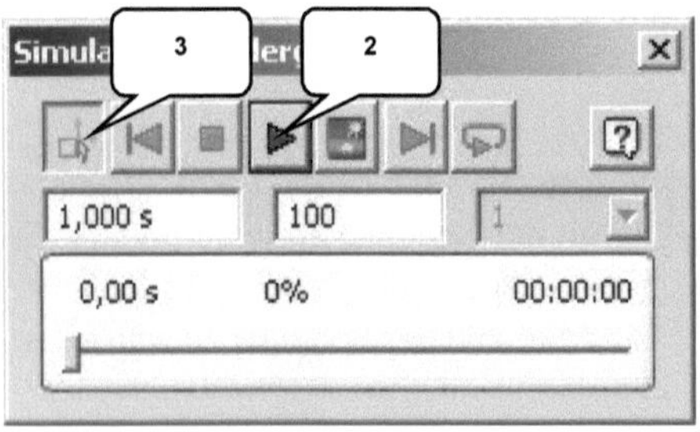

Film publizieren

- Dateiname: Dyn-Sim-17-Spur (1)
- Dateityp: *.avi
- ***Speichern***

- Komprimierung: Microsoft Video 1
- Qualität: 100 %
- ***OK***

- ***Wiedergabe*** (2)
- Simulation ablaufen lassen
- ***Konstruktionsmodus*** (3)

Film publizieren

Der Hubapparat führt den bereits bekannten Bewegungsablauf durch und das Programm zeichnet dabei den Pfad des Referenzpunkts an der Schaufel auf (4).

Dieser Pfad soll jetzt in eine Skizze exportiert werden, die in ein weiteres Bauteil zu integrieren ist. Hierfür soll das Ausgabediagramm wieder geöffnet werden.

Speichern Sie die Baugruppe zuvor.

Speichern

7.29.4 Spuren als Skizze in andere Bauteile exportieren

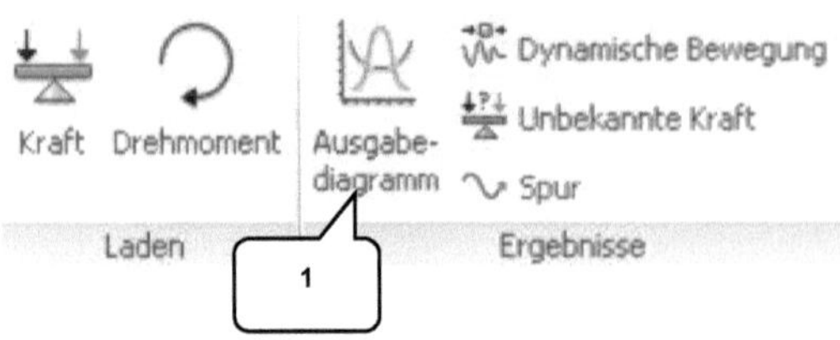

Ausgabediagramm (1)

- ***Wiedergabe***

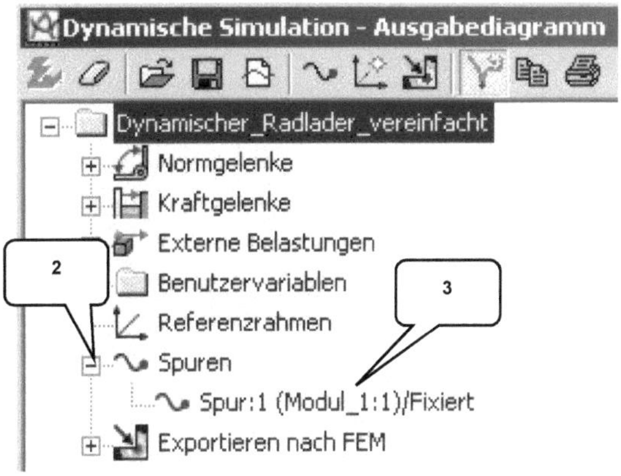

Erweitert man im Browser den Ordner ***Spuren*** (2) so findet man darin die zuletzt erstellte ***Spur:1*** (3). Der Klick mit der rechten Maustaste darauf öffnet das Kontextmenu, worin die Option ***In Skizze exportieren*** zu aktivieren ist.

- ***Rechte Maustaste*** auf ***Spur:1*** (3)
- ***In Skizze exportieren*** (4)

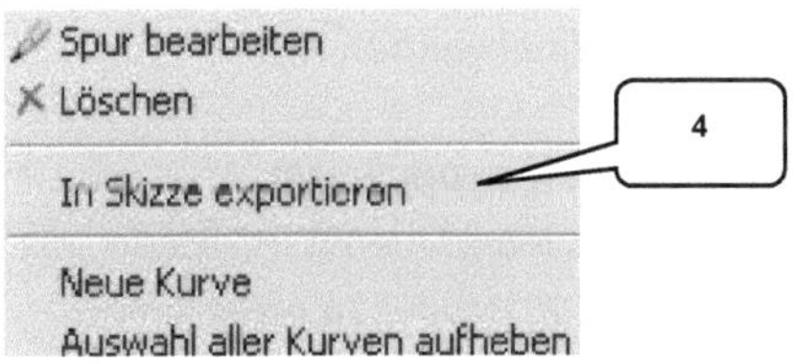

Das Programm erwartet nun die Auswahl eines in der Baugruppe enthaltenen Bauteils, in welches die Skizze mit der Bewegungsbahn (spur) integriert werden soll. Verwenden Sie dafür das Bauteil ***Maschinenrahmen***.

- ***Maschinenrahmen*** anklicken (5)

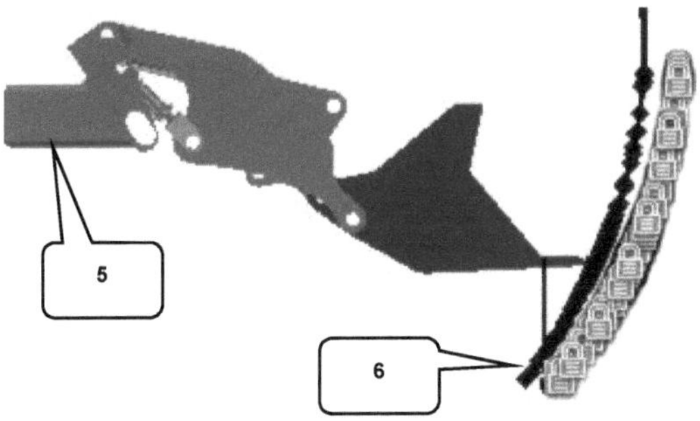

Nach einer kurzen Berechnungszeit erstellt das Programm die neue Skizze im Maschinenrahmen. Öffnet man das Bauteil, so kann die neue Skizze darin bearbeitet werden.

Betrachtet man die Bewegungsbahn etwas genauer, so ist zu erkennen, dass sie aus einzelnen fixierten Punkten besteht. Sie entsprechen der jeweiligen Position des Spur-Punktes zum zugehörigen Zeitschritt. Die einzelnen Punkte werden durch Splines miteinander verbunden.

Das Bauteil ***Maschinenrahmen.ipt*** kann jetzt wieder ***geschlossen*** werden aber die Baugruppe ***Dynamischer _Radlader_vereinfacht.iam*** muss weiterhin geöffnet bleiben.

7.30 Bauteile für eine Belastungsanalyse vorbereiten

7.30.1 Bauteil und lasttragende Flächen auswählen

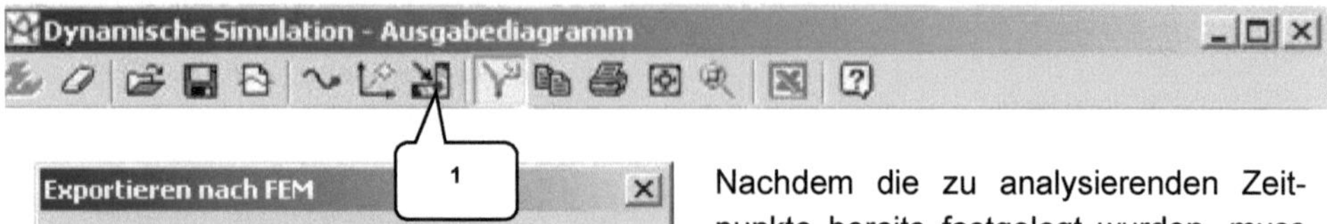

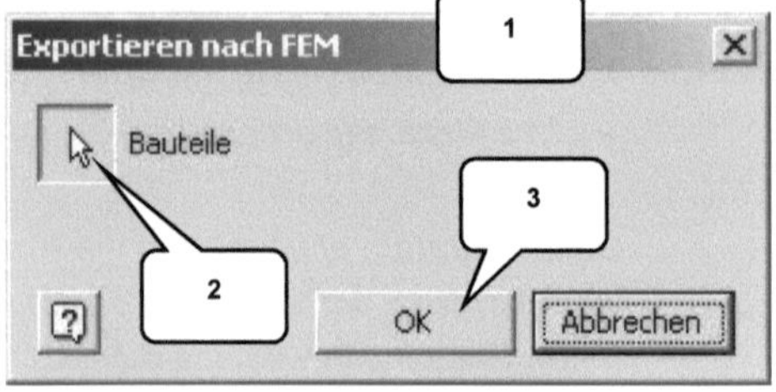

Nachdem die zu analysierenden Zeitpunkte bereits festgelegt wurden, muss das Bauteil noch definiert werden, das später im Bereich der Belastungsanalyse analysiert werden soll. Der dafür benötigte Befehl ***Exportieren nach FEM*** kann direkt aus dem Ausgabediagramm heraus geöffnet werden.

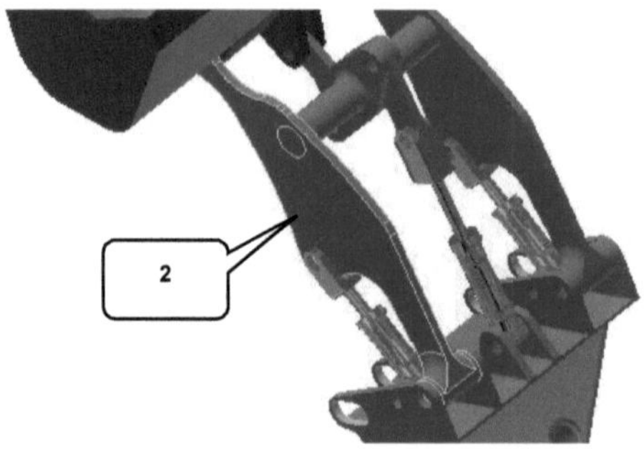

- ***In FEM exportieren*** (1)
- Bauteil: Hubrahmen:2 anklicken (2)
- ***OK*** (Modell überbestimmt)
- ***OK*** (3)

Das Programm erwartet jetzt die Auswahl der lasttragenden Flächen, womit die Flächen der bestehenden Gelenkverbindungen gemeint sind mit denen der Hubrahmen an den angrenzenden Bauteilen befestigt wurde.

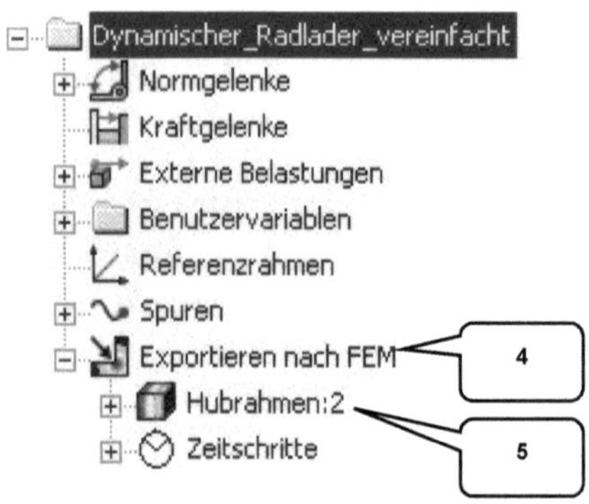

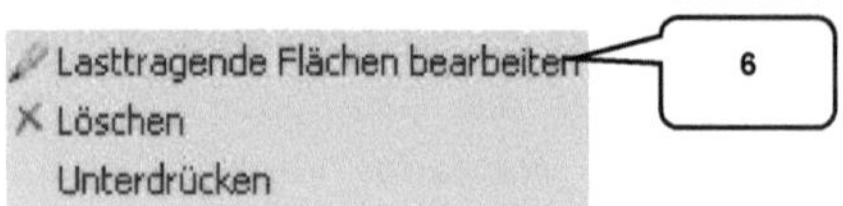

HINWEIS: Sollte das Fenster ***Auswahl lasttragender Flächen für FEM*** nicht automatisch geöffnet werden, so kann es alternativ auch manuell gestartet werden. Hierfür ist im Browser des ***Ausgabediagramms*** der Ordner ***Exportieren nach FEM*** (4) zu erweitern, dann mit ***rechter Maustaste*** auf das darin enthaltene Bauteil ***Hubrahmen:2*** (5) zu klicken und im Kontextmenü die Option ***Lasttragende Flächen bearbeiten*** (6) zu starten.

Die einzelnen Gelenkverbindungen des Hubrahmens zu den angrenzenden Bauteilen sollten jetzt nacheinander überprüft und gegebenenfalls korrigiert werden. Hierfür sind die jeweiligen Gelenke im Befehlsfenster auszuwählen und den geometrischen Elementen zuzuweisen.

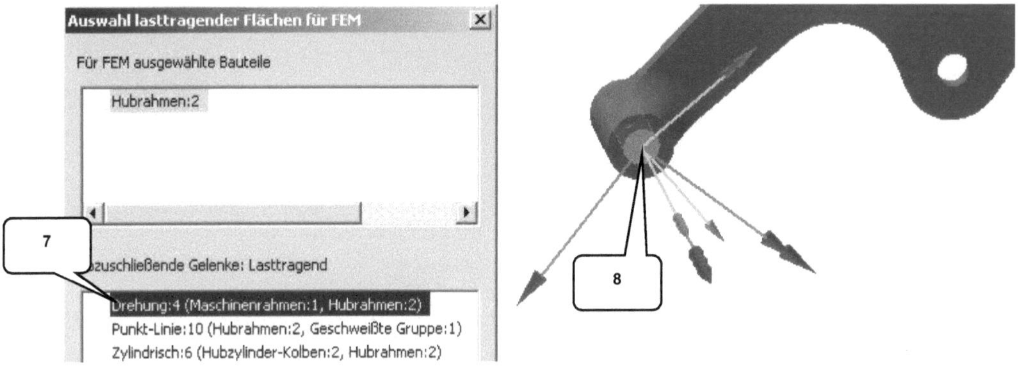

- Aktivieren: Drehgelenk ***Maschinenrahmen:1, Hubrahmen:2*** (7)
- Auswahl: Markierte Bohrungsfläche am Hubrahmen (8)

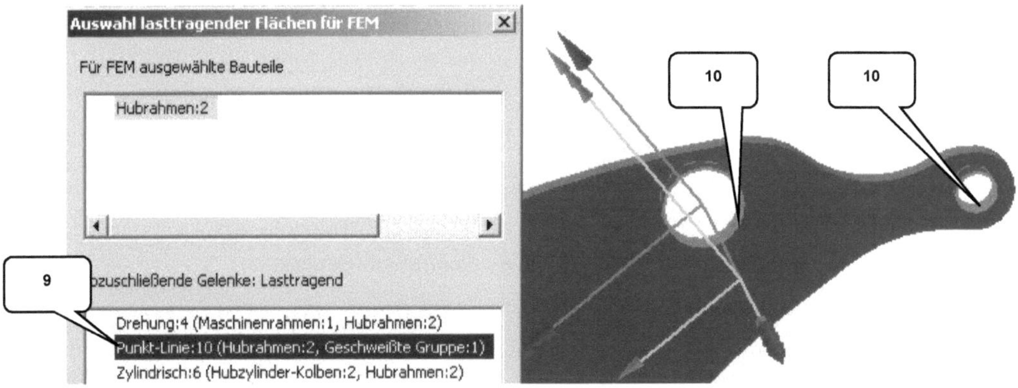

- Aktivieren: Punkt-Linien-Gelenk ***Hubrahmen:2, Geschweißte Gruppe:1*** (9)
- Auswahl: Markierte Bohrungsflächen am Hubrahmen (10)
- OK ***OK***

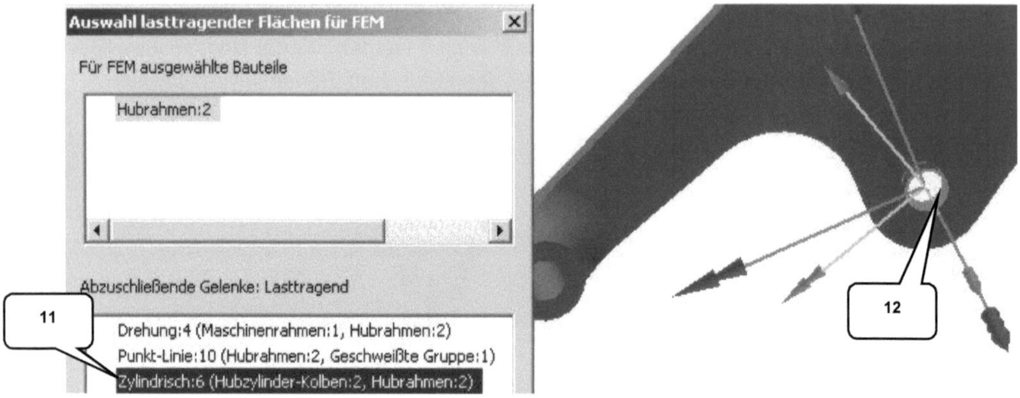

- Aktivieren: Zylindrisches Gelenk ***Hubzylinder-Kolben:2, Hubrahmen:2*** (11)
- Auswahl: Markierte Bohrungsfläche am Hubrahmen (12)
- OK ***OK***

Auch das Ausgabediagramm kann jetzt wieder geschlossen werden. Aktivieren Sie den Konstruktionsmodus und speichern Sie die Baugruppe. Verlassen Sie den Bereich der Dynamischen Simulation und schließen Sie die Baugruppe abschließend

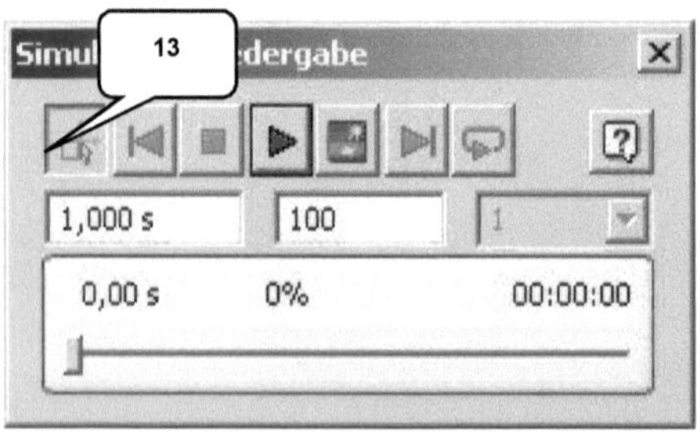

- ***Ausgabediagramm schließen***
- ***Konstruktionsmodus*** (13)

Fertigstellen
Speichern (Baugruppe)
- ***Schließen*** (Baugruppe)

Wie genau die zuletzt für den Export vorbereiteten Simulationsergebnisse im Bereich der ***Belastungsanalyse (FEM)*** weiterverarbeitet werden können, wird im Buch:

- ***Autodesk® Inventor® - Belastungsanalyse (FEM)***

genauer erläutert. Einen Auszug daraus finden Sie auf den folgenden Seiten dieses Buches.

8 Schlusswort

Der Autor des Buches hofft, dass Sie bei der Arbeit mit dem Programm und dem Übungsprojekt viel Spaß hatten. Der Inhalt des Buches wurde sorgfältig geprüft. Leider können Fehler nicht ausgeschlossen werden.

Wenn Ihnen während der Arbeit mit dem Buch Fehler auffallen sollten oder wenn Sie Ideen zur Verbesserung des Inhaltes haben, ist Ihnen der Autor für jeden Hinweis per E-Mail dankbar. Konstruktive Anmerkungen können jederzeit an:

- ***schlieder@cad-trainings.de***

gesendet werden.

Vielen Dank.

Auszug aus dem Buch BELASTUNGSANALYSE (FEM)

Die folgenden Seiten zeigen Auszüge aus dem Buch:

- ***Autodesk® Inventor® - BELASTUNGSANALYSE (FEM)***

Bauteile und Baugruppen können in Autodesk® Inventor® einer ***FEM-Analyse*** unterzogen werden. Dort wird ihr strukturmechanisches Verhalten unter Last simuliert, um daraus Rückschlüsse auf kritische Bereiche ziehen zu können, deren Optimierung dann bereits während der Konstruktionsphase möglich ist. Die Studien können zu einem bestimmten Zeitpunkt und mit fest definierten Lasten und Auflagern stattfinden, oder parametrisch unter Verwendung beliebiger Variablen. Auch Analysen der Eigenfrequenzen eines Bauteils sind möglich. Weiterhin können Bauteile einer Topologieoptimierung unterzogen werden.

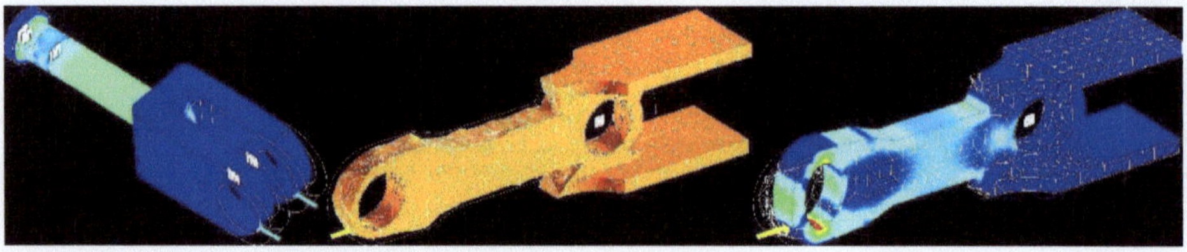

Im Buch werden die folgenden Bereiche behandelt:

- Erstellen von Einzelpunkt-Studien, parametrischen Studien und Modalanalysen
- Parameter aus der Dynamischen Simulation in den FEM-Bereich übernehmen
- Platzieren und Bearbeiten von Abhängigkeiten, Kräften, Drehmomenten oder Drücken
- Generieren und Verfeinern von FEM-Netzen
- Präzisieren von Bauteiloberflächen
- Besonderheiten der Kontakteigenschaften zwischen Bauteiloberflächen
- Der Umgang mit dünnwandigen Bauteilen
- Erstellen, Animieren und Aufzeichnen von Bauteilverformungen
- Topologische Optimierung von Bauteilen mit dem Formengenerator
- Exportieren der Simulationsergebnisse

Weitere Informationen zu diesem und anderen Büchern erhalten Sie auf der Website:

- https://www.cad-trainings.de

Christian Schlieder

Autodesk® Inventor® 2021

BELASTUNGSANALYSE (FEM)

4. Auflage

Viele praktische Übungen am Konstruktionsobjekt RADLADER

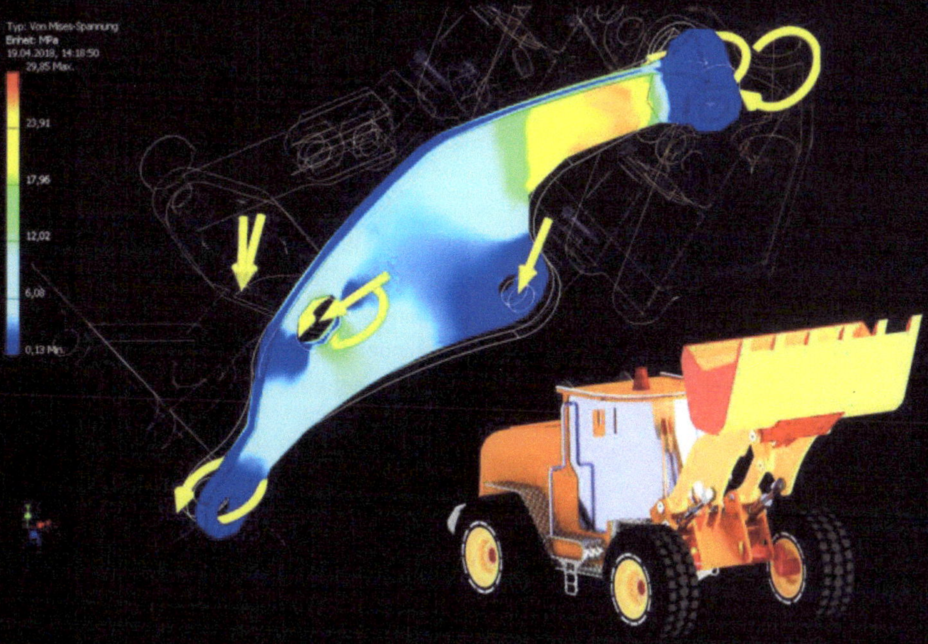

Modalanalysen, Einzelpunkt-Studien, parametrische Studien, Datenmigration aus der dynamischen Simulation, Platzieren von Lasten und Auflagern, Erstellen und Bearbeiten von FEM-Netzen, Präzisieren von Kontaktflächen, Vorbereiten dünnwandiger Teile, Topologieoptimierung mit dem Formengenerator, Ergebnisexport

5.4 Die Baugruppe im Überblick

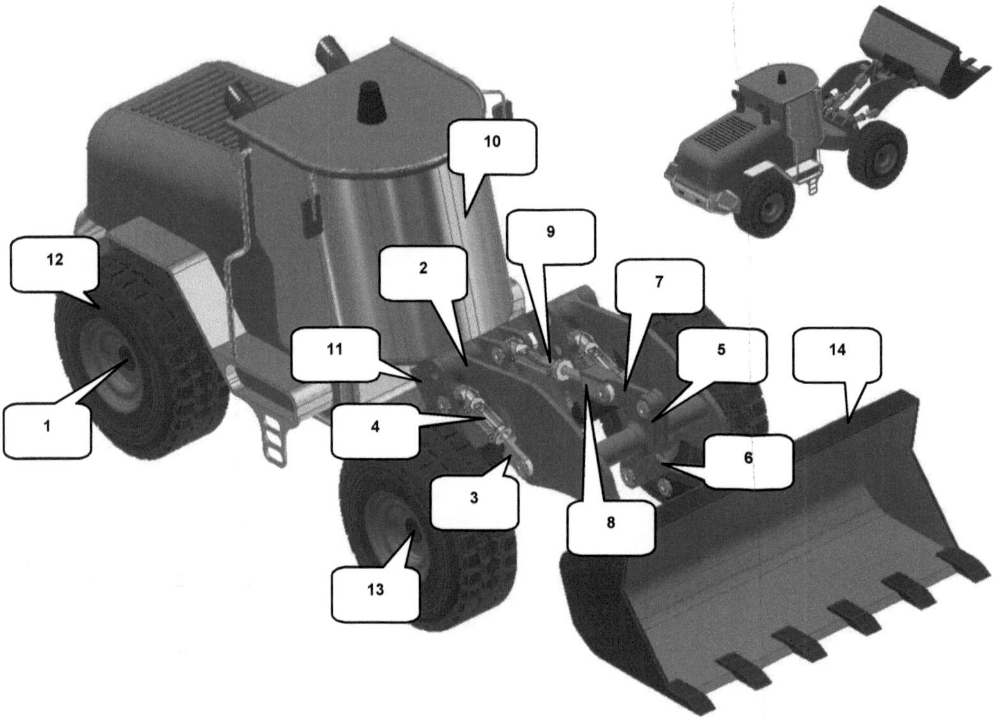

1) Hinterradachse
2) Hubrahmen
3) Hubzylinder-Kolben
4) Hubzylinder-Zylinder
5) Kipphebel
6) Kippschwinge
7) Kippzylinder-Fixierung
8) Kippzylinder-Kolben
9) Kippzylinder-Zylinder
10) Maschinengehäuse
11) Maschinenrahmen
12) Rad
13) Radbolzen
14) Schaufel

6 Die Umgebung der Belastungsanalyse

6.1 Arten der Inventor®-Belastungsanalyse

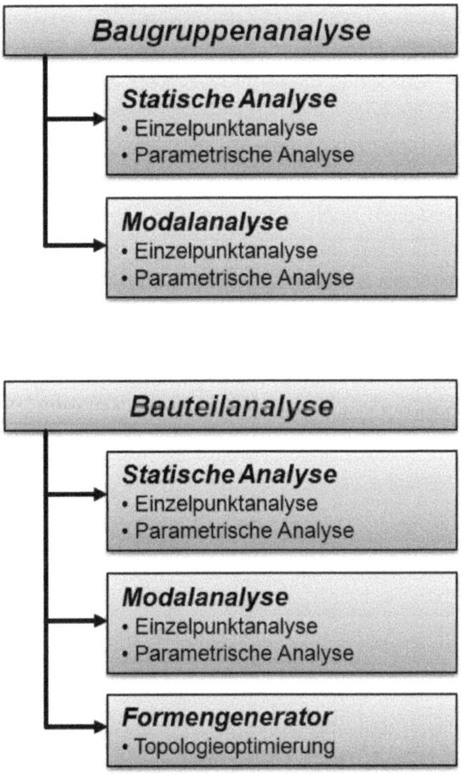

Die Belastungsanalyse ermöglicht grundsätzlich die Studie an Bauteilen und Baugruppen, wobei eine Baugruppenanalyse letztendlich auf eine Optimierung ausgewählter Bauteile ausgerichtet ist.

Baugruppen und Bauteile können in den folgenden Formen analysiert werden:

- ***Statische Einzelpunktstudie***[1]
- ***Parametrische Einzelpunktstudie***[2]
- ***Modalanalyse (Einzelpunkt)***[3]
- ***Modalanalyse (parametrisch)***[4]

Wurden alle konstruktiven Schwachstellen eines Bauteils ermittelt und korrigiert, so kann es weiterhin anhand einer:

- ***Topologieoptimierung***[5]

mit dem Inventor®-Formen Generator optimiert werden. Darin wird geprüft, inwieweit eine Gewichts- und Massenreduktion möglich ist, ohne die Stabilität des Bauteils kritisch zu beeinflussen.

6.2 Grundlegender Aufbau des Analysebereiches

6.2.1 Baugruppe DYNAMISCHER_RADLADER_VEREINFACHT öffnen

In der ersten Übung soll das Bauteil ***Hubrahmen.ipt*** analysiert werden. Es wurde zu diesem Zweck bereits im Bereich der Dynamischen Simulation innerhalb der zugehörigen

---

[1] Objektstudie mit fest definierten Randbedingungen.

[2] Objektstudie mit variablen Randbedingungen.

[3] Objektstudie zu den Eigenschwingungen mit fest definierten Randbedingungen.

[4] Objektstudie zu den Eigenschwingungen mit variablen Randbedingungen.

[5] Berechnungsverfahren zur Gewichts- und Massenreduktion von Bauteilen unter Beachtung der Randbedingungen.

7 Studien statisch bestimmter Bauteile

7.1 Randbedingungen definieren

Von ***statisch bestimmten Bauteilen*** soll in diesem Zusammenhang gesprochen werden, wenn ein Bauteil bereits im Bereich der Dynamischen Simulation innerhalb einer Baugruppe analysiert wurde. Alle Abhängigkeiten und Lasten wurden in diesem Fall bereits definiert.

Einmal davon abgesehen, dass die Aufbereitung einer Baugruppe im Bereich der Dynamischen Simulation sehr aufwändig ist, können Bauteile in diesem Fall in der Belastungsanalyse sehr schnell analysiert werden, weil ihnen lediglich noch ein passendes Material zugewiesen werden muss (es müssen weder Abhängigkeiten noch Lasten gesetzt werden, weil das Bauteil bereits aus dem Bereich der Dynamischen Simulation heraus durch verschiedene Kräfte und Momente vollständig statisch bestimmt präsentiert wird). Außerdem sind die bereits platzierten Lasten und Auflager[8] äußerst präzise, was bei einer manuellen Platzierung der Randbedingungen nahezu ausgeschlossen werden könnte. Die Berechnungsergebnisse werden bei derartigen Analysen also stets genauer sein.

7.1.1 Grundlagen: Neue Studie erstellen

Studie erstellen (1)

Mit dem Erstellen einer ***neuen Studie*** wird die grundlegende Richtung der Analyse festgelegt. D.h. auf welche Eigenschaften ein Bauteil bzw. einer Baugruppe letztendlich untersucht werden soll.

Studienbezeichnung und ***Konstruktionsziel*** sollten zuerst definiert werden, anschließend der ***Studientyp***, bei Baugruppen sind zusätzlich die ***Kontakteigenschaften*** und gegebenenfalls weitere Einstellungen im ***Modellzustand*** festzulegen.

Die Eigenschaften einer Studie können jederzeit wieder geändert und bearbeitet werden, indem im Browser mit der ***rechten Maustaste*** auf die Studie geklickt und im Kontextmenü die Option ***Studieneigenschaften bearbeiten*** ausgewählt wird.

[8] Werden Daten aus dem Bereich der Dynamischen Simulation in den Bereich der Belastungsanalyse übertragen, so werden Auflager nicht als Abhängigkeiten übernommen, sondern als Lasten: Das Programm bestimmt das System somit ausschließlich anhand von Kräften und Momenten! ($\sum F_{x,y,z}=0$; $\sum M_{x,y,z}=0$)

7.1.2 Einzelpunkt-Studie erstellen

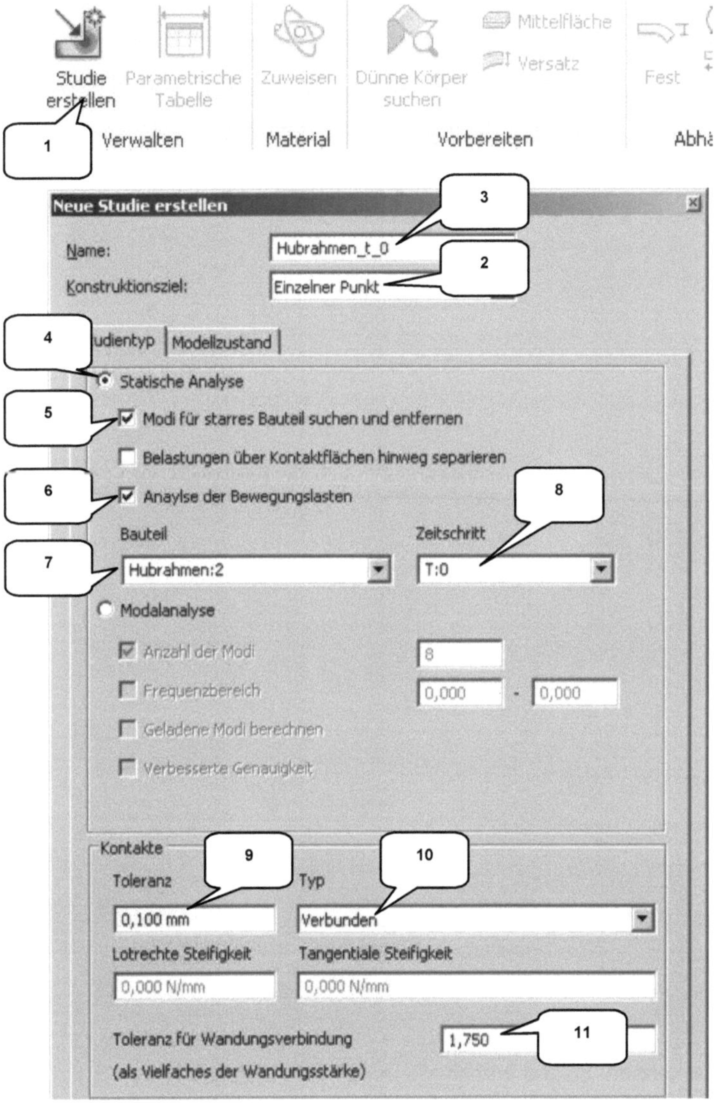

Im Bereich der Belastungsanalyse muss zuerst eine neue ***Studie*** erstellt werden. Als ***Konstruktionsziel*** kann die Option ***Einzelner Punkt*** übernommen und als Name kann die Bezeichnung ***Hubrahmen_t_0*** eingetragen werden. Weiterhin soll eine ***statische Analyse*** des Bauteils erfolgen, wobei zusätzlich die Option ***Modi für starres Bauteil suchen und entfernen***[9] zu aktivieren ist. Um die Lasten und Auflager aus dem Bereich der Dynamischen Simulation übernehmen zu können, sind die Optionen ***Analyse der Bewegungslasten*** zu aktivieren, das Bauteil ***Hubrahmen:2*** auszuwählen und der ***Zeitschritt T:0*** festzulegen. Die Einstellungen im Bereich ***Kontakte*** sollten ebenfalls überprüft und übernommen werden.

[9] Die Option „Modi für starres Bauteil suchen und entfernen“ hilft dem Programm, statisch nicht einwandfrei definierte Randbedingungen um fehlende Abhängigkeiten zu ergänzen und somit überflüssige Freiheitsgrade zu eliminieren. Das verhindert unnötige Fehlermeldungen und minimiert die benötigte Rechenkapazität.

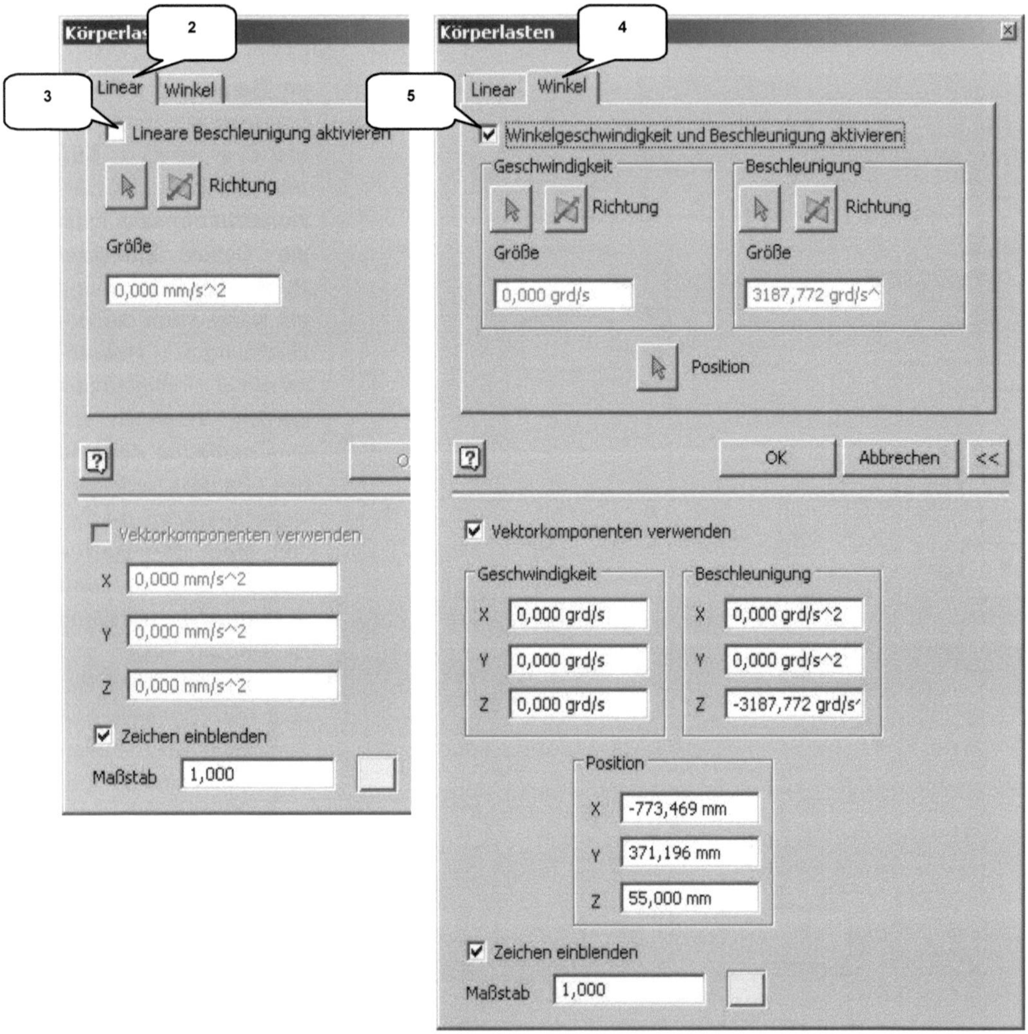

8.2.6 Einspann- und Belastungssituation des Bauteils KOLBEN

Um den Kolben simulieren zu können, sollten vorher alle zur Berechnung relevanten Randbedingungen über die Analyse der Einspann- und Belastungssituation des Kolbens bestimmt werden.

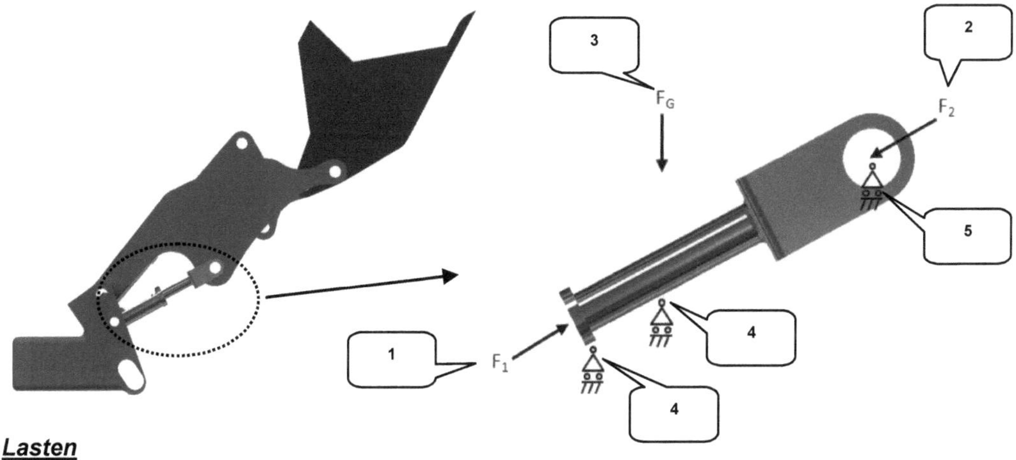

Lasten

1) Der Kolben wird mit einer Kraft ***F_1*** (1) belastet, welche in Richtung des Hubrahmens wirkt. Sie soll mit ***500 N*** angenommen werden.
2) Der Kolben wird weiterhin durch den Hubrahmen in Form einer Lagerkraft ***F_2*** belastet (2). Sie wirkt mit ***500 N*** der Kraft ***F_1*** direkt entgegen.
3) Die Gewichtskraft ***F_G*** (3) kann in dieser Übung vernachlässigt werden.

Auflager

1) Der Kolben wird gleitend an zwei Positionen im ***Zylinder*** geführt (4).
2) Der Kolben ist über ein ***Drehgelenk*** mit dem Hubrahmen verbunden (5).

8.2.7 Kraft zwischen KOLBEN und ZYLINDER platzieren

Zuerst wird die Kraft ***F_1*** platziert. Sie wirkt zwischen den Bauteilen Zylinder und Kolben und soll den Kolben axial in Richtung des Hubrahmens bewegen. Lediglich Fläche und Größe der Kraft sind zu definieren weil ihre Wirkrichtung[18] vom Programm automatisch lotrecht zur Kraftangriffsfläche angenommen wird.

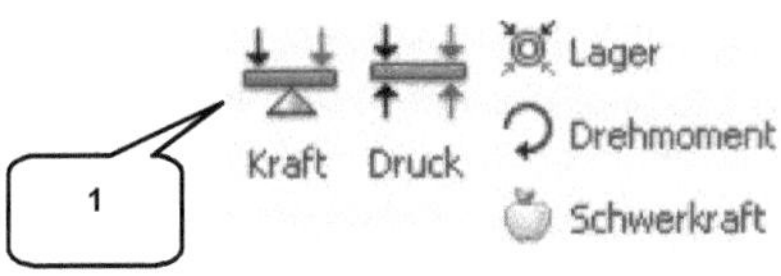

Kraft (1)
- Flächen: Markierte Fläche wählen (2)
- Größe: 500 N (3)
- ***OK***

[18] Sollte die Wirkrichtung der Kraft unerwartet vom Bauteil weg zeigen, so kann die Richtung mit der ***Umschalttaste*** (4) korrigiert werden.

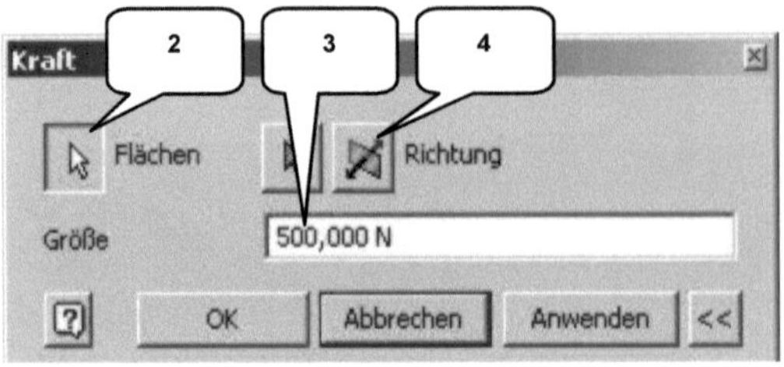

8.2.8 Simulation ausführen und aufzeichnen

Auch wenn das Bauteil zum aktuellen Zeitpunkt statisch noch nicht bestimmt ist, soll eine erste ***Simulation*** durchgeführt und die Reaktion des Programms betrachtet werden.

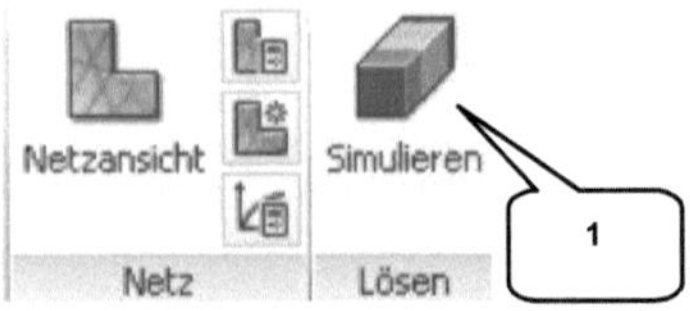

- Simulieren (1)
- Ausführen ***Ausführen***

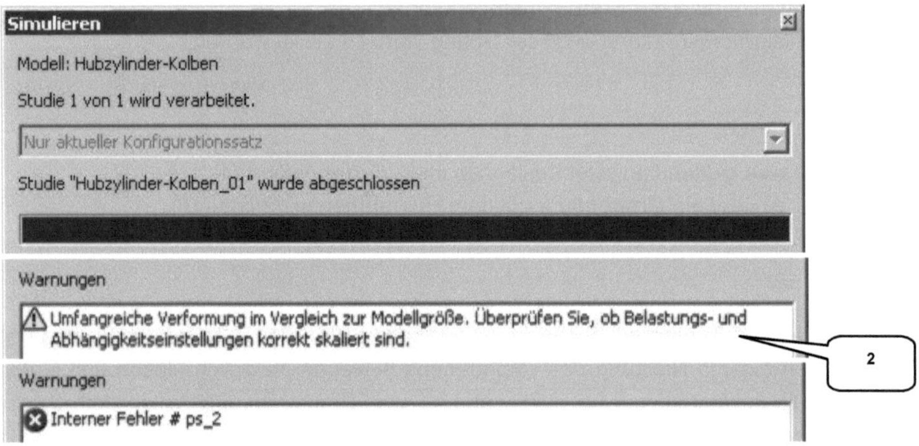

Mit der oberen Fehlermeldungen (2) weist das Programm darauf hin, dass aufgrund der noch nicht definierten Lasten und Abhängigkeiten eine fehlerhafte Interpretation der Analyseergebnisse sehr wahrscheinlich ist.

Das Fenster der Fehlermeldung kann geschlossen werden und das Programm sollte die Simulation trotzdem ausführen.

13 Topologieoptimierung mit dem Formengenerator

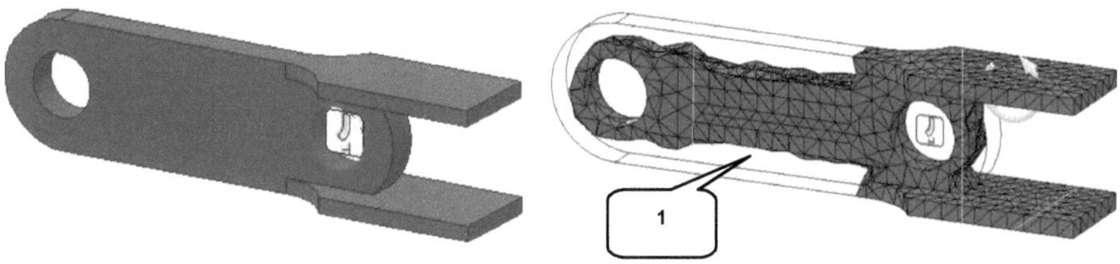

Bei einer ***Topologieoptimierung*** berechnet das Computerprogramm anhand aller vorliegenden Lasten und Auflager eine vereinfachte Bauteilgeometrie (1). Dabei wird versucht Material am Bauteil zu entfernen um das Volumen zu minimieren, ohne die Stabilität des Bauteils zu gefährden und seine Funktion dadurch einzuschränken. Es entsteht ein Bauteil geringerer Masse und mit einer optimierter Materialverteilung.

13.1 Formen-Generator-Studie erstellen

13.1.1 Bauteil KIPPZYLINDER_FIXIERUNG öffnen

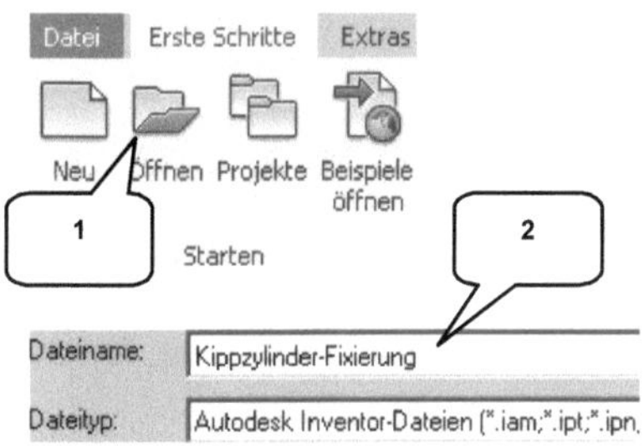

Als Übungsobjekt soll das <u>Bauteil</u> ***Kippzylinder-Fixierung*** geöffnet werden.

Öffnen (1)

- Order: Projektordner wählen
- Dateiname: Kippzylinder_Fixierung (2)
- Dateityp: *.ipt
- Öffnen ***Öffnen***

13.1.2 Formen-Generator-Studie erstellen

Arbeitsbereich:
Belastungsanalyse

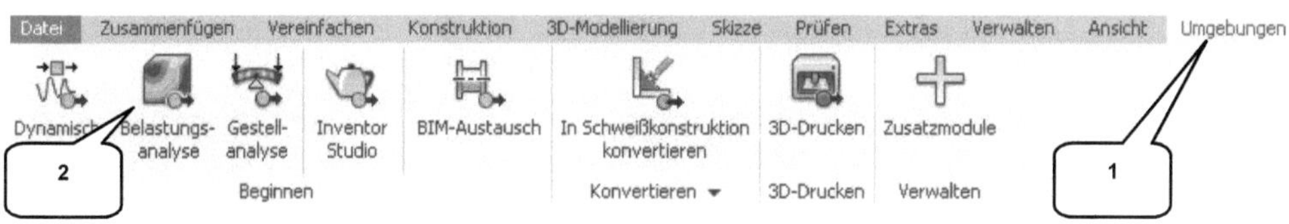

- Register ***Umgebungen*** (1)

Belastungsanalyse (2)

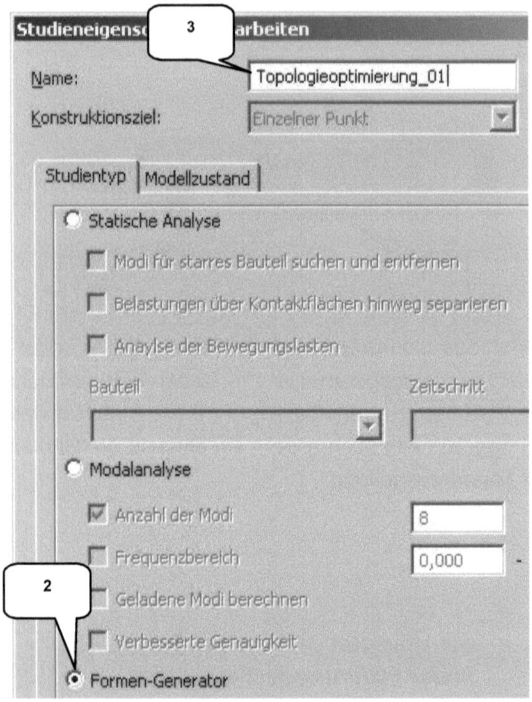

Im Bereich der Belastungsanalyse ist eine neue ***Studie*** mit dem Studientyp ***Formen-Generator*** zu erstellen[27].

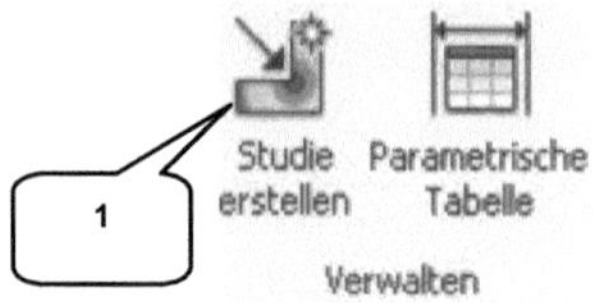

Neue Studie erstellen (1)
- Typ: Formen-Generator (2)
- Name: Topologieoptimierung_01 (3)
- ***OK***
- ***OK*** (Befehlsfenster ***Formen-Generator*** für Konzeptstudien)

13.2 Randbedingungen definieren
13.2.1 Material zuweisen

Als ***Material*** soll dem Bauteil ***Stahl*** zugewiesen werden.

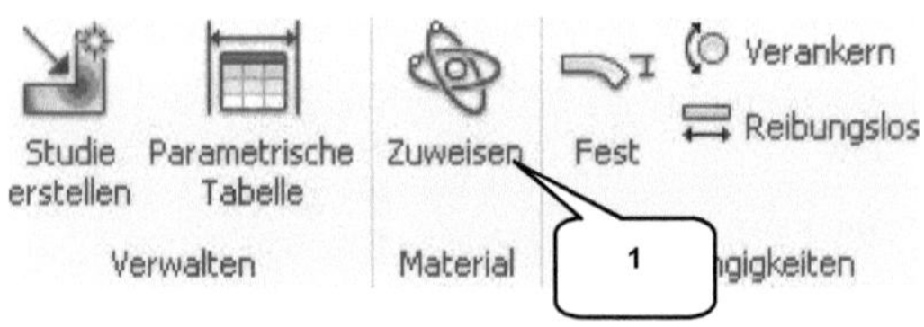

Materialien zuweisen (1)
- Material aus der Tabelle übernehmen (2)
- ***OK***

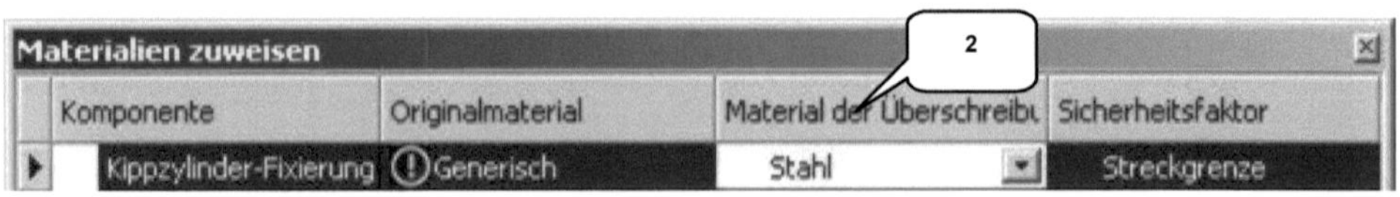

[27] Wurde bereits eine Studie (z. B. eine statische Analyse) an einem Bauteil vorgenommenen, so können die Randbedingungen durch das Kopieren dieser Studie in den Formen-Generator übertragen werden, um sich die Arbeit etwas zu erleichtern. Im aktuellen Übungsbeispiel sind leider noch keine Studien vorhanden.

13.2.2 Festgelegte Abhängigkeit platzieren

Zur Befestigung des Bauteils soll diesmal eine einfache ***feste Abhängigkeit*** platziert werden.

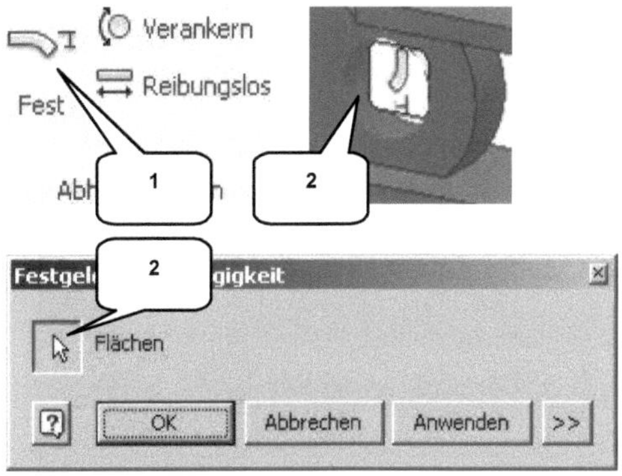

Festgelegte Abhängigkeit (1)

- Markierte Bohrung wählen (2)
- ***OK***

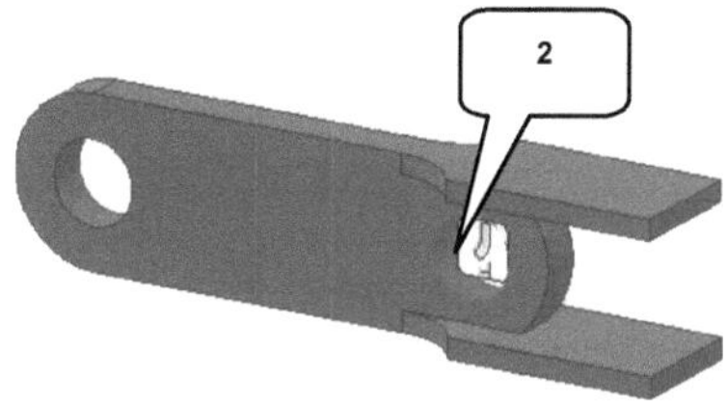

13.2.3 Kraft platzieren

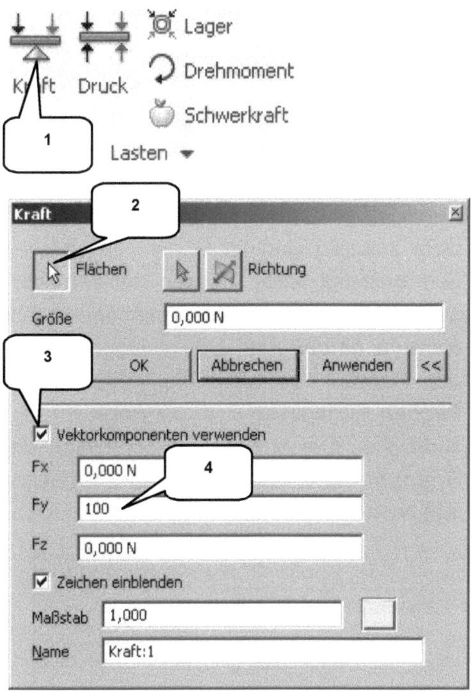

Die zweite Bohrung wird mit einer ***Kraft*** von ***100 N*** beaufschlagt werden, die in Richtung der ersten Bohrung wirkt.

Kraft (1)

- Fläche: Markierte Zylinderfläche (2)
- Befehlsfenster erweitern
- Aktivieren: Vektorkomponenten (3)
- F_y: 100 N (4)
- ***OK***

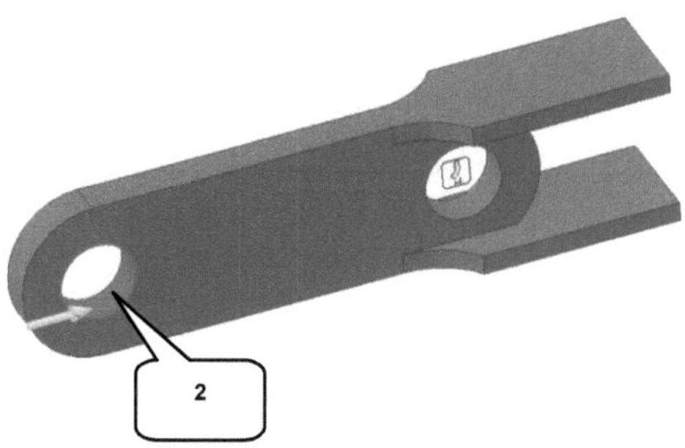

13.3 Optimierungskriterien auswählen

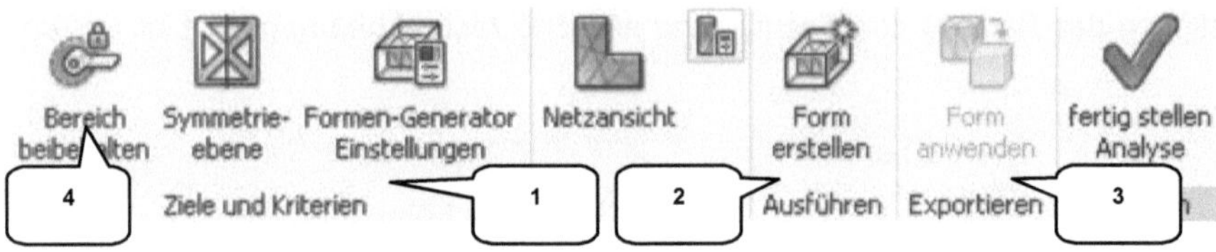

Werden Studien mit dem Formen-Generator durchgeführt, so stehen die neuen Befehlsgruppen ***Ziele und Kriterien*** (1), ***Ausführen*** (2) und ***Exportieren*** (3) zur Verfügung. Die folgenden Befehle findet man darin:

13.3.1 Grundlagen: Bereich beibehalten

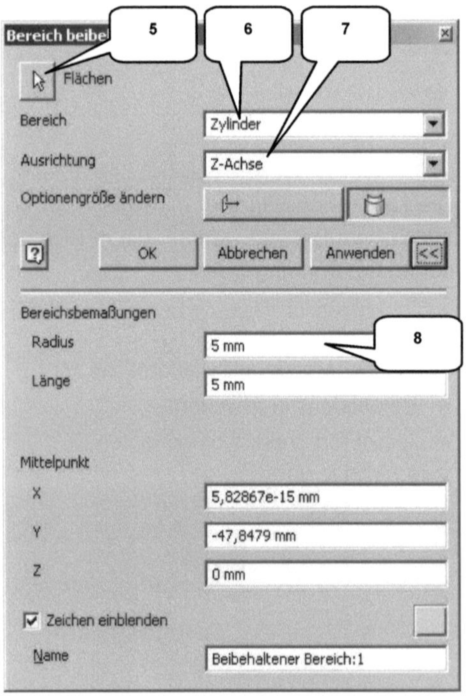

Bereich beibehalten (4)

Topologische Optimierungen haben das Ziel, Bereiche eines Bauteils zu minimieren ohne die Stabilität des Bauteils unter Beachtung der äußeren Randbedingungen (wie Kräfte, Drehmomente und Auflager) wesentlich zu beeinträchtigen. Das Programm soll also nach Möglichkeiten suchen, die Masse eines Bauteils zu minimieren.

Bereiche am Bauteil an denen Änderungen nicht zulässig sind (z. B. weil das Bauteil dort befestigt wird) müssen definiert werden. Hierfür stellt das Programm den Befehl ***Bereich beibehalten*** zur Verfügung. Nach der Auswahl der beizubehaltenden ***Oberflächen*** (5) müssen u. a. die ***Form*** (6) (zylindrisches Objekt oder Quaderobjekt), die ***Ausrichtung*** (7) und die ***Größe*** (8) festgelegt werden.

13.3.2 Grundlagen: Symmetrieebene

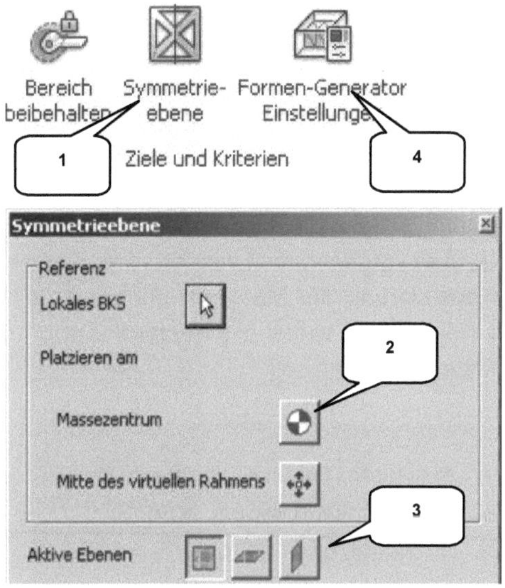

Symmetrieebene (1)

Symmetrie an Bauteilen ist aus fertigungstechnischer Sicht ein wichtiges Konstruktionsprinzip. Auch bei topologischen Optimierungen sollte daher darauf geachtet werden, die Resultate aus dem Formengenerator möglichst symmetrisch zu erzeugen. Derartige Vorgaben sind durch den Befehl ***Symmetrieebene*** möglich. Das Programm platziert standardmäßig ein Koordinatensystem am ***Massezentrum*** (2) des Bauteils, dessen Ausrichtung sich am globalen Koordinatensystem orientiert. Hierdurch werden die 3 Hauptebenen aufgespannt, welche entweder einzeln oder kombiniert als ***Symmetrieebenen*** (3) definiert werden können.

13.3.3 Grundlagen: Formengenerator-Einstellungen

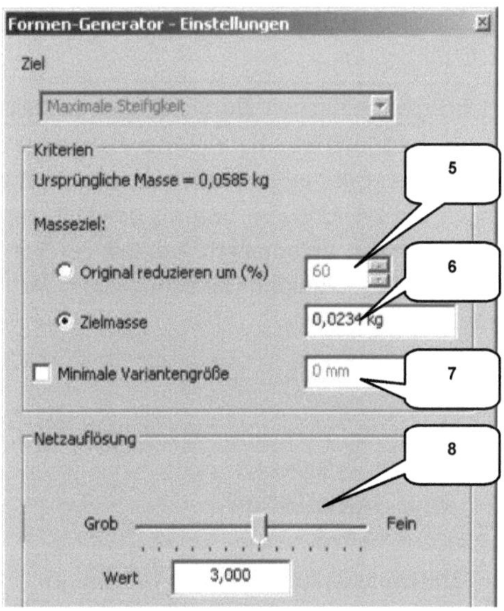

Formen-Generator-Einstellungen (4)

In den ***Formen-Generator-Einstellungen*** werden die grundsätzlichen Berechnungskriterien einer topologischen Optimierung vorgegeben. Entweder es wird ein ***prozentuales*** Ziel der Verringerung der Masse vorgegeben (5), oder eine ***Zielmasse*** definiert (6). Außerdem kann eine untere Grenze der Berechnung (***Minimale Variantengröße***) definiert werden (7). Im Bereich der Netzauflösung kann mittels Schieberegler oder durch eine Werteeingabe die ***Feinheit des Netzes*** festgelegt werden (8). Je feiner das Netz, desto genauer die Berechnungsergebnisse (desto größer allerdings auch der Rechenaufwand).

13.3.4 Überarbeiten der Grundeinstellungen

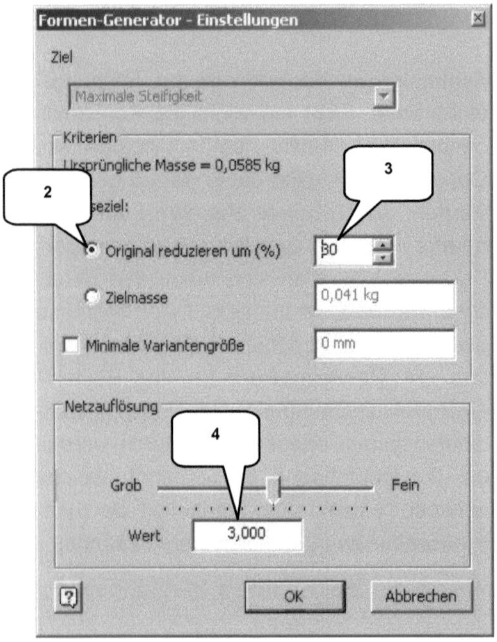

Zuerst sollten die grundlegenden ***Einstellungen*** vorgenommen werden. Das Ziel der ***Reduzierung*** der Masse ist dabei mit ***30%*** zu definieren, wobei die ***Netzauflösung*** im Mittelwert liegen soll.

Formen-Generator-Einstellungen (1)

- Aktivieren: Original reduzieren um (2)
- Wert der Reduzierung: 30% (3)
- Netzauflösung: 3,0 (4)
- OK ***OK***

13.3.5 Unveränderbare Bereiche festlegen

Im nächsten Schritt muss definiert werden, welche geometrischen ***Bereiche*** des Bauteils ***nicht verändert*** werden dürfen, weil sie z. B. zur Befestigung des Bauteils an den angrenzenden Bauteilen benötigt werden, wozu u. a. die beiden Bohrungen zählen. Entsprechend ihrer geometrischen Form muss hier natürlich auch ein zylindrischer Bereich gewählt werden. Die Ausrichtung des Zylinders ermittelt das Programm automatisch anhand der Bohrungsachse (Z-Achse) und eine Vergrößerung des beizubehaltenden Bereiches ist im aktuellen Beispiel nicht erforderlich.

Bereich beibehalten (1)

- Markierte Zylinderbohrung wählen (2)
- Bereich: Zylinder (3)
- Anwenden ***ANWENDEN***

- Markierte Zylinderbohrung wählen (4)
- Bereich: Zylinder (3)
- Anwenden ***ANWENDEN***

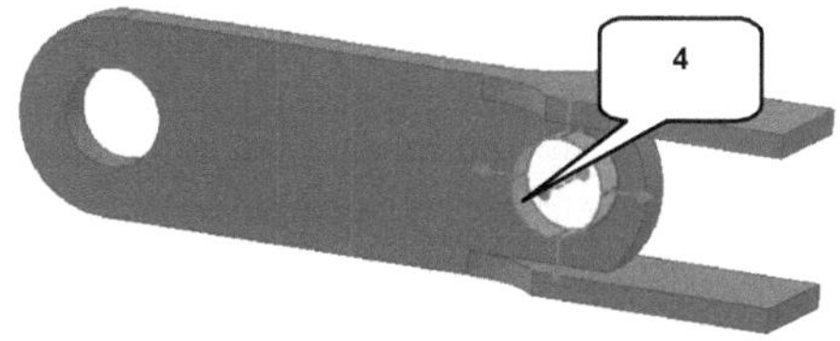

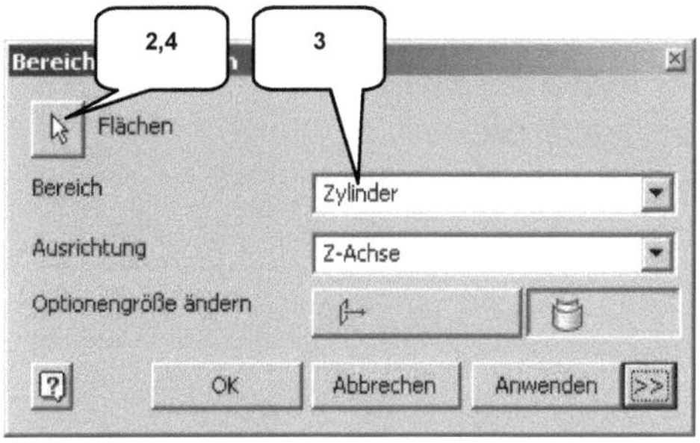

Auch die beiden ***Laschen*** dürfen nicht verändert werden, weil sie ebenfalls zur Befestigung des Bauteils beitragen. Bei der Auswahl der Referenzflächen ist darauf zu achten, dass die jeweilige innere Seite ausgewählt wird. Aufgrund der Form der Oberfläche sollte das Programm die Grundform ***Quader*** automatisch auswählen.

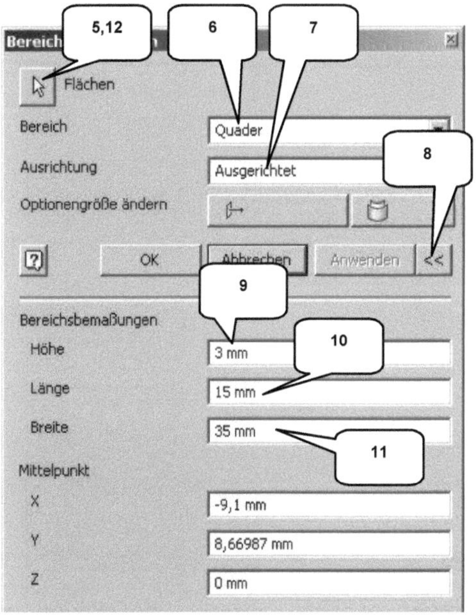

- Markierte Fläche wählen (5)
- Bereich: Quader (6)
- Ausrichtung: Ausgerichtet (7)
- Befehlsfenster erweitern (8)
- Höhe: 3 mm (9)
- Länge: 15 mm (10)
- Breite: 35 mm (11)
- Anwenden ***ANWENDEN***

- Markierte Fläche wählen (12)
- Bereich: Quader (6)
- Ausrichtung: Ausgerichtet (7)
- Höhe: 3 mm (9)
- Länge: 15 mm (10)
- Breite: 35 mm (11)
- OK ***OK***

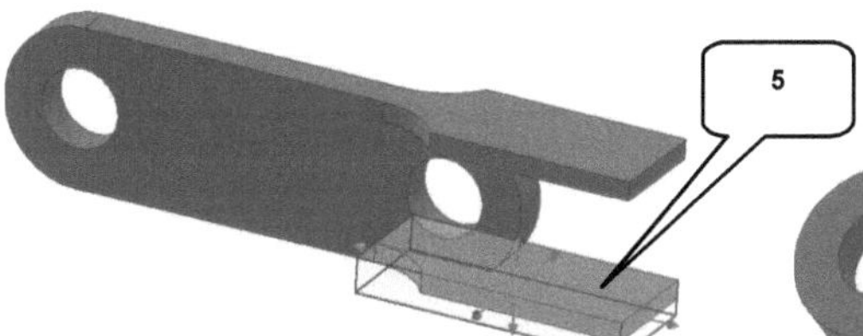

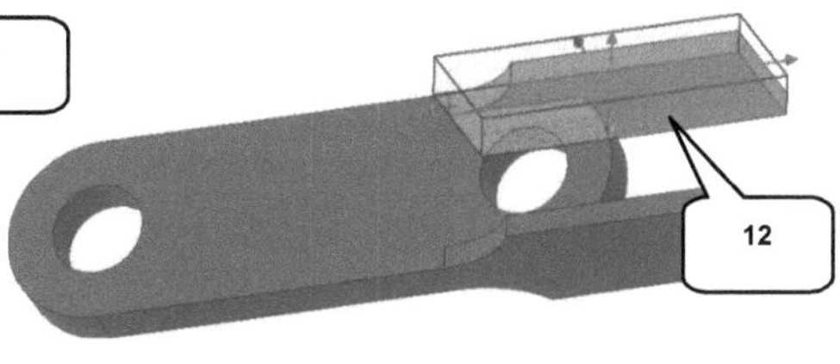

13.3.6 Symmetrieebene festlegen

Auch ***Symmetrieebenen*** sind zu definieren: das Bauteil soll symmetrisch zur ***XY-Ebene*** sowie symmetrisch zur ***XZ-Ebene*** optimiert werden.

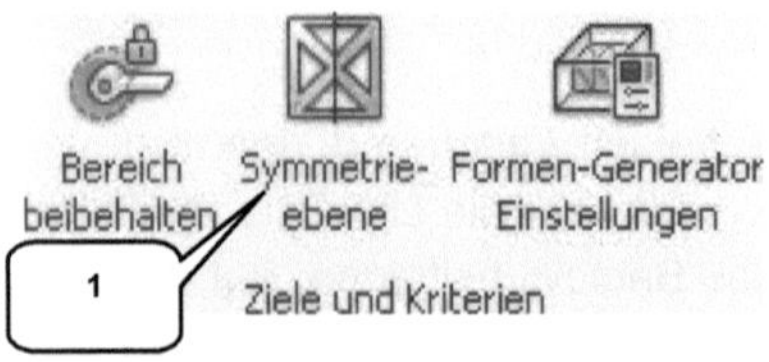

Symmetrieebene (1)

- Aktivieren: XY-Ebene (2)
- Aktivieren: YZ-Ebene (3)
- OK ***OK***

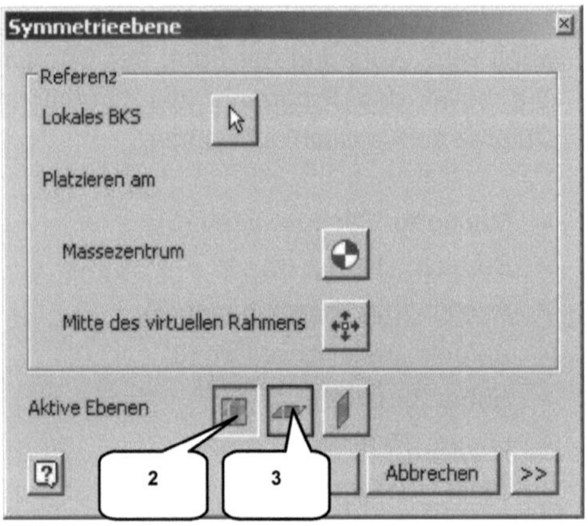

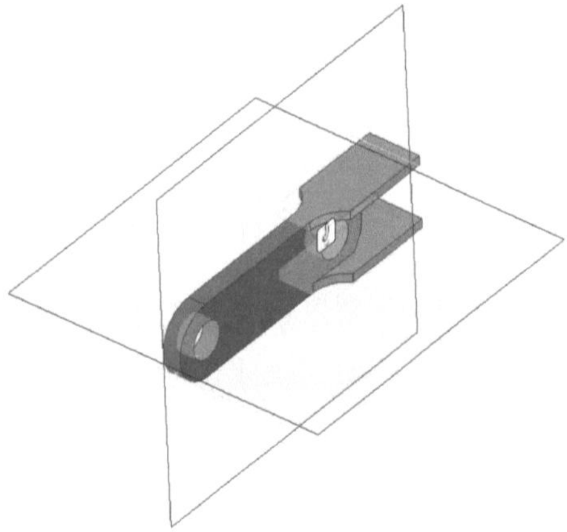

13.4 Bauteil KIPPZYLINDER_FIXIERUNG optimieren

13.4.1 Grundlagen: Form erstellen

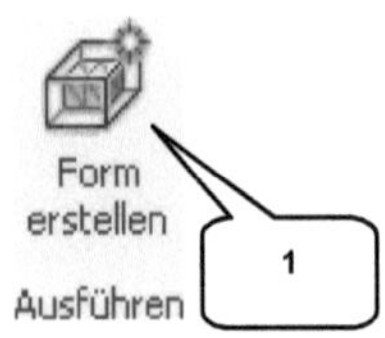

Form erstellen (1)

Wurden alle Randbedingungen (wie Material, Lasten und Abhängigkeiten) definiert, kann mit der Optimierung begonnen werden, wofür der Befehl ***Form erstellen*** zu starten ist. Das Programm versucht jetzt so viel Material zu entfernen, wie in den Zielkriterien der Einstellungen vorgegeben wurde. Es wird bei diesem Arbeitsschritt natürlich nicht wirklich entfernt sondern lediglich eine „fiktive“ optimierte Kontur berechnet.

13.4.2 Optimierte Kontur berechnen

Die Berechnungen können jetzt gestartet werden, indem der Befehl ***Form erstellen*** geöffnet wird.

Form erstellen (1)
Ausführen ***Ausführen***[28]

13.4.3 Ergebnisinterpretation

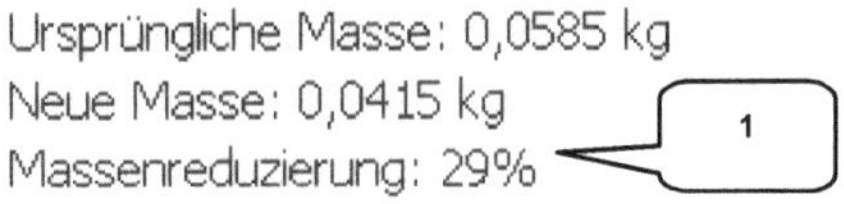

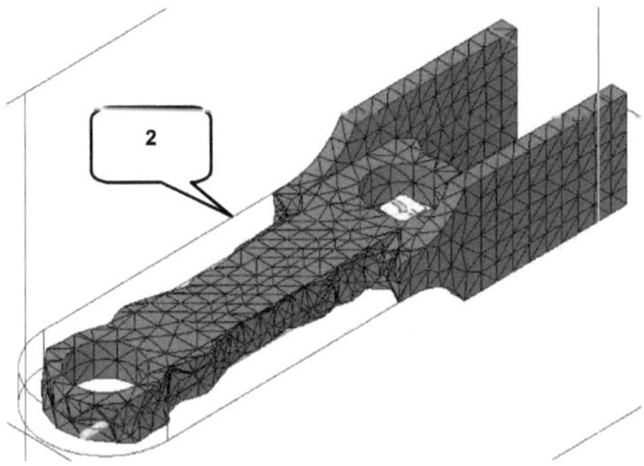

Berechnungsergebnisse der Version 2020

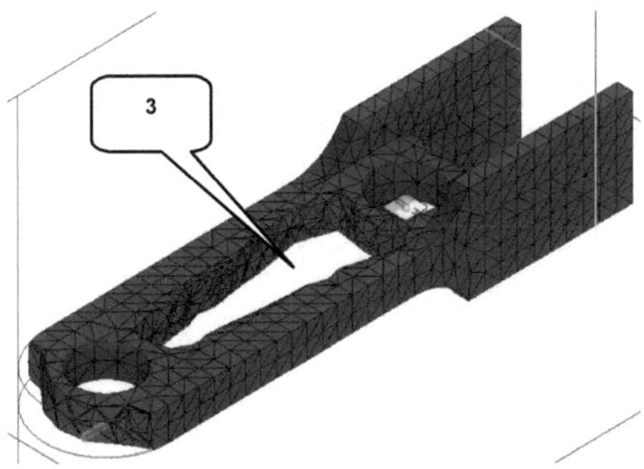

Berechnungsergebnisse der Version 2018

Durch die Optimierung des Bauteils wurde eine ***Minimierung der Masse*** von ca. ***29 %*** (1) erreicht. Interessanterweise sind die Ergebnisse der Programmversionen 2020 und 2019 (2) und der Version von 2018 (3) dabei absolut unterschiedlich.

Während die Optimierungen mit den Programmversionen 2020 und 2019 eine Entfernung des Materials an den Außenseiten des Bauteils ergeben (2), wurde bei der Optimierung mit der Programmversion 2018 eine Entfernung des Materials im inneren Bereich des Bauteils vorgeschlagen (3).

Das Bauteil sollte vor dem nächsten Arbeitsschritt dringend noch einmal gespeichert werden.

Speichern (Bauteil)

[28] In der Programmversion 2018 tauchte bei diesem Befehl noch die Fehlermeldung ***WARNING T2004: UNRECOCNIZED BULK DATA ENTRY*** auf, welche offensichtlich bereits behoben wurde. Sollte es beim späteren Versuch des Exportierens der optimierten Bauteilvariante vom Formen-Generator in den Bereich der Bauteilbearbeitung zu Problemen kommen, dann liegt das mit hoher Wahrscheinlichkeit noch daran.

Auszug aus dem Aufbaukurs KONSTRUKTION

Die folgenden Seiten zeigen Auszüge aus dem Buch:

- ***Autodesk® Inventor® - Aufbaukurs KONSTRUKTION***

Inventor® verfügt im Baugruppenbereich über einen Reiter ***Konstruktion*** welcher im Grundlagenbuch nicht enthalten ist.

Die Befehle hier wurden an die speziellen Bedürfnisse der Konstruktion im Maschinenbau angepasst. Sie sind teilweise sehr komplex und erfordern ein gewisses Grundwissen zum Programm.

Der ***Aufbaukurs KONSTRUKTION*** erweitert das Übungsbeispiel 4-Takt-Motor um viele neue Komponenten. Die folgenden Befehle werden in diesem Buch behandelt:

- ***Druckfeder-Generator***
- ***Gehrungen erzeugen***
- ***Gestell-Generator***
- ***Kegelräder-Generator***
- ***Keilwellen-Generator***
- ***Lager-Generator***
- ***Rollenketten-Generator***
- ***Schraubenverbindungs-Generator***
- ***Stirnräder-Generator***
- ***Wellen-Generator***
- ***Zahnriemen-Generator***
- ***Zugfeder-Generator***

Weitere Informationen zu diesem und anderen Büchern erhalten Sie auf der Webseite:

- ***http://www.cad-trainings.de/***

Christian Schlieder

Autodesk® Inventor® 2021

Aufbaukurs KONSTRUKTION

10. Auflage

Viele praktische Übungen am Konstruktionsobjekt GETRIEBE

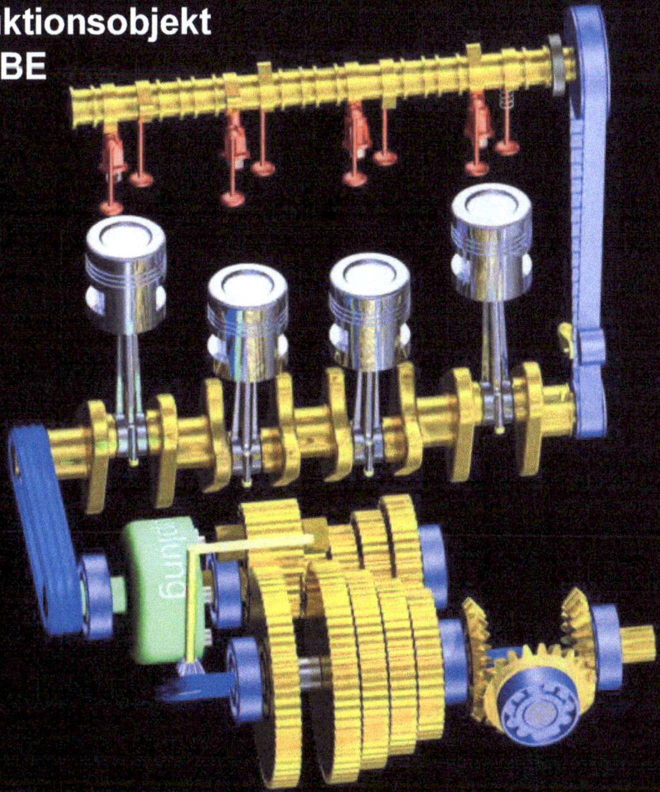

Konstruieren von Druckfedern, Gehrungen, Gestellen, Kegelrädern, Keilwellen, Lagern, Rollenketten, Stirnrädern, Schraubenverbindungen, Wellen, Zahnriemen und Zugfedern mit den Inventor® -Generatoren.

6 Komplettierung des Kurbeltriebs

6.1 Theoretische Grundlagen zum Zahnriemenantrieb

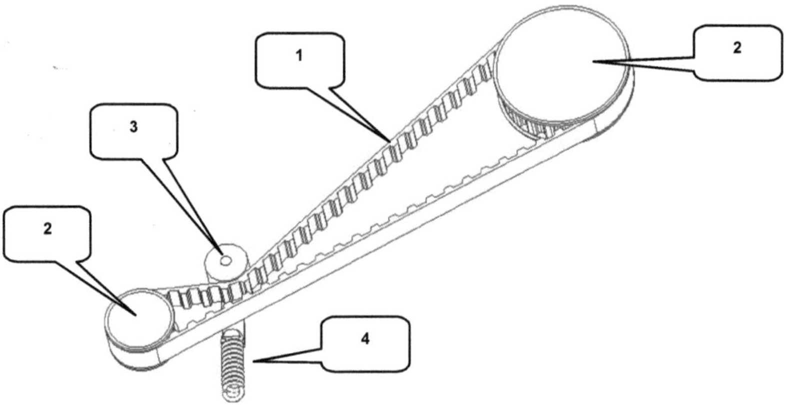

Um die Nockenwelle des 4-Takt-Motors antreiben zu können, sollen Nocken- und Kurbelwelle über einen ***Zahnriemenantrieb*** miteinander verbunden werden. Zahnriemenantriebe kommen sehr häufig zum Einsatz, weil sie bedingt durch ihren Aufbau besonders geräuscharm während des Betriebs sind. Der Riemen (1) verbindet die Zahnräder (2) der Wellen miteinander und wird zusätzlich durch eine Spannrolle (3) und eine Feder (4) gespannt.

6.2 Konstruktion eines Zahnriemenantriebes

6.2.1 Befehlsgrundlagen ZAHNRIEMEN-GENERATOR

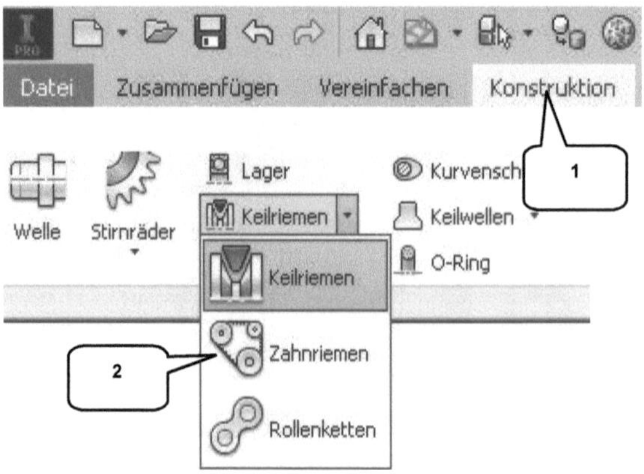

Zahnriemenantriebe können im Register ***Konstruktion*** (1) mit dem Befehl **Zahnriemen-Generator** (2) erstellt und berechnet werden.

Hier ist zuerst der gewünschte Zahnriementyp auszuwählen und es müssen dann die Referenzen zur Positionierung ausgewählt werden. Weiterhin können zusätzliche Riemenscheiben platziert werden.

6.2.1.1 Register KONSTRUKTION

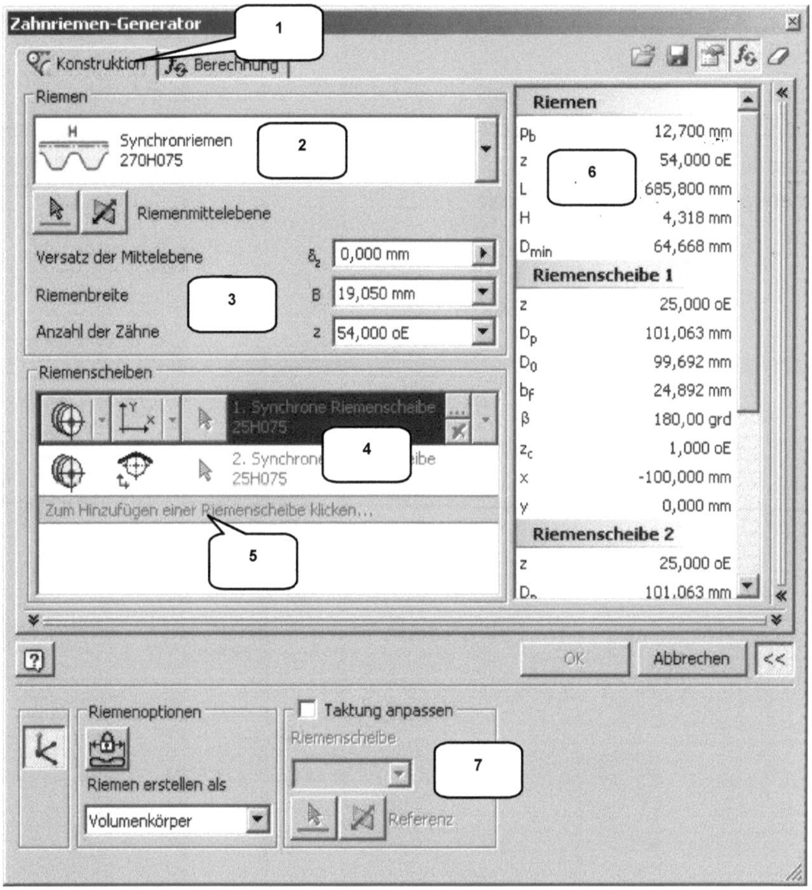

INHALT

Im Register ***Konstruktion*** kann ein Zahnriementyp aus dem Inhaltscenter ausgewählt und anschließend bearbeitet werden. Riemenscheiben und Spannrollen können ergänzt und bearbeitet werden. Die Konstellation kann als Vorlage exportiert werden und vorhandene Vorlagen können importiert werden.

OPTIONEN

1) Register: Konstruktion/ Berechnung
2) Riementyp auswählen
3) Riemenmittelebene, Versatz der Mittelebene, Riemenbreite und Anzahl der Zähne
4) Riemenscheiben/ Spannrollen bearbeiten
5) Riemenscheiben/ Spannrollen hinzufügen
6) Berechnungsergebnisse
7) Riementrieb als Skizze, Volumenkörper oder detailliert darstellen

6.2.1.2 Register BERECHNUNG

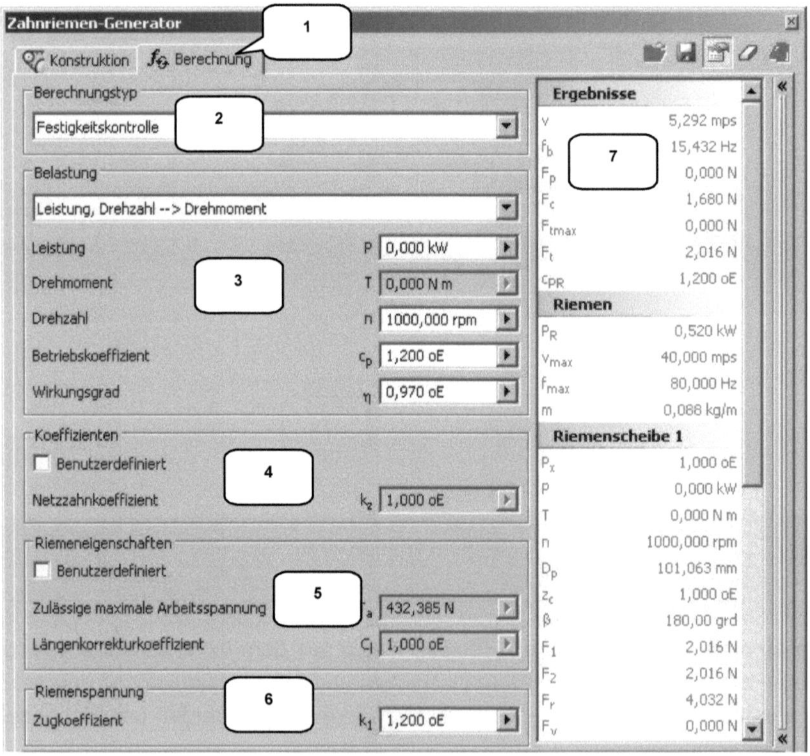

INHALT

Im Register ***Berechnung*** kann der Riemenantrieb zur Dimensionierung oder zu Kontrollzwecken berechnet werden.

1) Register: Konstruktion/ Berechnung
2) Berechnungstyp
3) Belastung
4) Koeffizienten
5) Riemeneigenschaften
6) Riemenspannung
7) Berechnungsergebnisse

6.2.2 Zahnriemenantrieb zwischen Nocken-und Kurbelwelle erzeugen

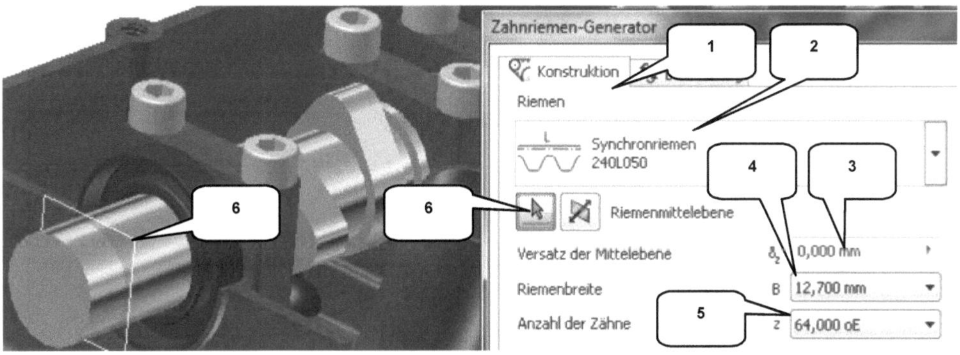

Wählen Sie im Register ***Konstruktion*** (1) per Klick auf das ***Riemensymbol*** (2) den Riementyp ***Synchronriemen L***, wählen Sie einen Versatz von ***0 mm*** (3) eine Riemenbreite von ***12,7 mm*** (4) und definieren Sie die Anzahl der Zähne mit dem Wert ***64*** (5).

Die axiale Platzierung des Riemens muss natürlich direkt an Nocken- und Kurbelwelle erfolgen, wobei die jeweiligen zylindrischen Flächen als Referenzen zu wählen sind. Als radiale ***Referenzebene*** ist die markierte Ebene (6) zu verwenden: sie befindet sich auf der Nockenwelle.

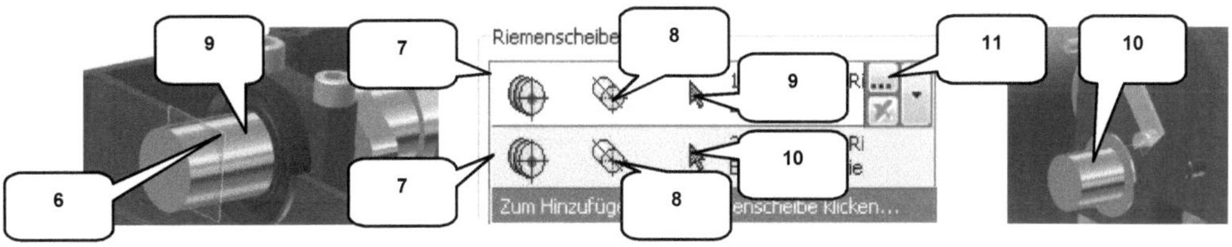

Im Auswahlfeld der ***Riemenscheiben*** müssten bereits zwei Riemenscheiben vordefiniert sein. Achten Sie darauf, dass in beiden Zeilen jeweils die Optionen Komponente ***Komponente*** (7) und Feste Position ***Feste Position über ausgewählte Geometrie*** (8) aktiviert ist[2].

[2] Sollten andere als die geforderten Optionen aktiviert sein, müssen diese korrigiert werden.

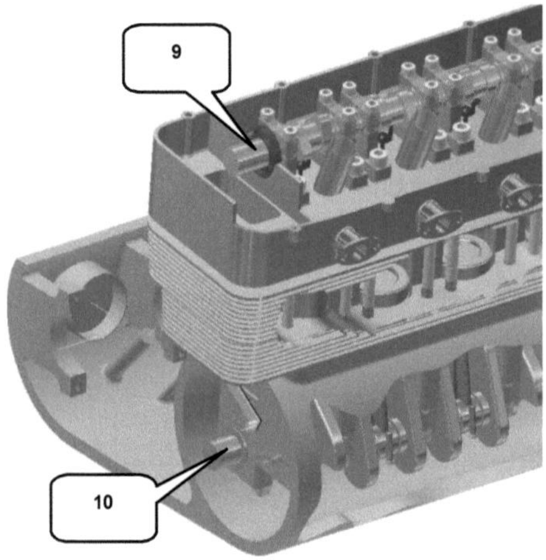

Weisen Sie der ersten Riemenscheibe die Zylinderfläche der Nockenwelle (9) zu und der zweiten Riemenscheibe die Zylinderfläche der Kurbelwelle (10)[3].

Klicken Sie auf die Zeile des ersten Riemenrades und öffnen Sie dort die ***Eigenschaften*** (11). Aktivieren Sie dort die ***Benutzerdefinierte Größe*** (12) und übernehmen Sie alle Einstellungen und Werte der folgenden Abbildung.

Beenden Sie den Befehl abschließend mit ***OK***.

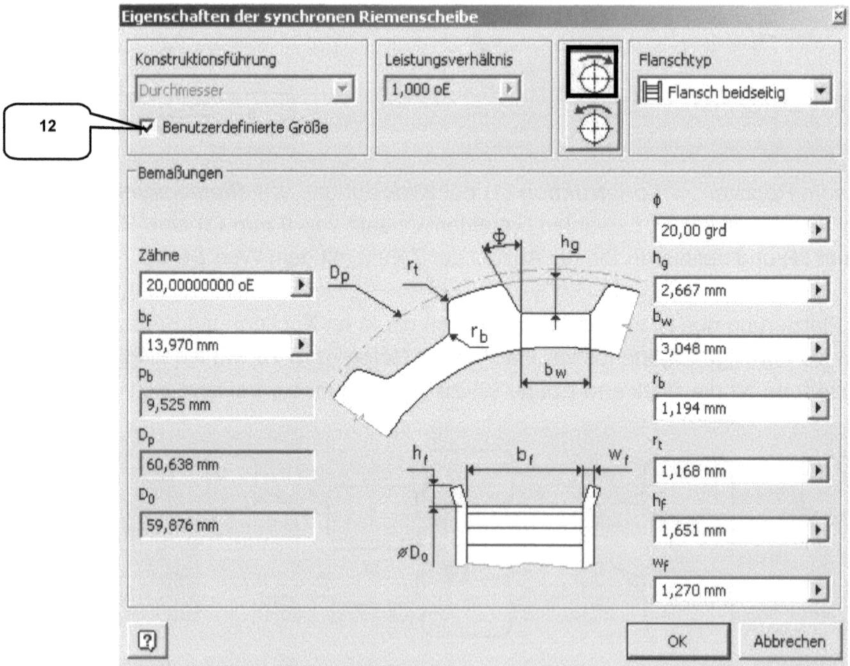

---

[3] Sollte die Auswahl der Riemenscheiben-Referenzen nicht möglich sein (der ***Pfeil*** würde dann grau hinterlegt sein und sich nicht aktivieren lassen), dann aktivieren Sie zuerst die Option ***Vorhanden***, wählen danach die Referenzen aus und kehren anschließend wieder zur Option ***Komponente*** zurück.

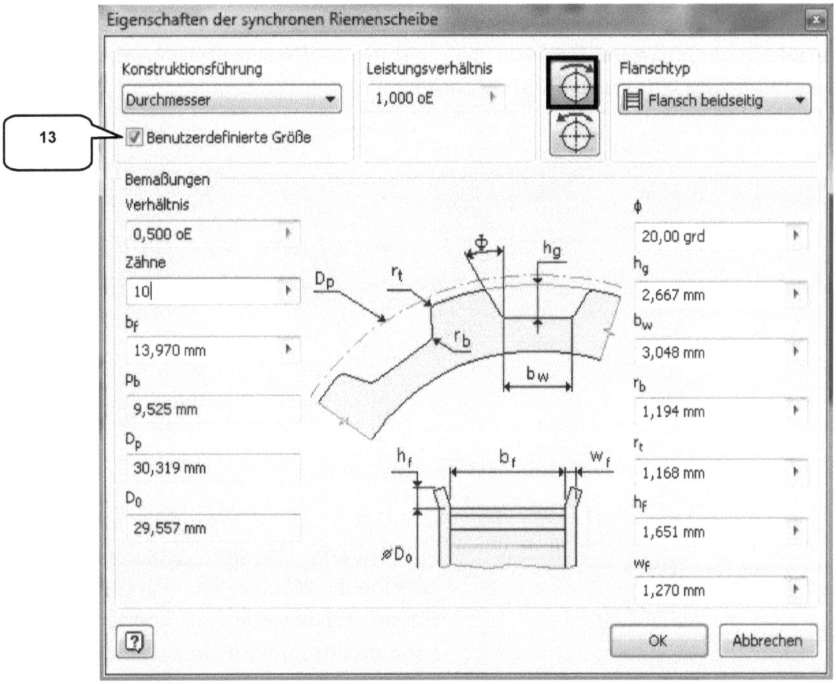

Im Anschluss daran sind die ***Eigenschaften*** der zweiten Riemenscheibe zu bearbeiten, wofür die zweite Zeile im Bereich ***Riemenscheiben*** des Zahnriemen-Generators aktiviert werden muss, um dort die ***Eigenschaften*** zu öffnen. Aktivieren Sie die ***Benutzerdefinierte Größe*** (13) und übernehmen Sie die Einstellungen der oberen Abbildung.

Zum Spannen des Riemens sollte eine zusätzliche Spannrolle in Form einer flachen Riemenscheibe hinzugefügt werden. Dafür muss auf das Feld ***Zum Hinzufügen einer Riemenscheibe ...*** (14) geklickt werden, um eine ***Flache Riemenscheibe (metrisch)*** (15) auswählen zu können.

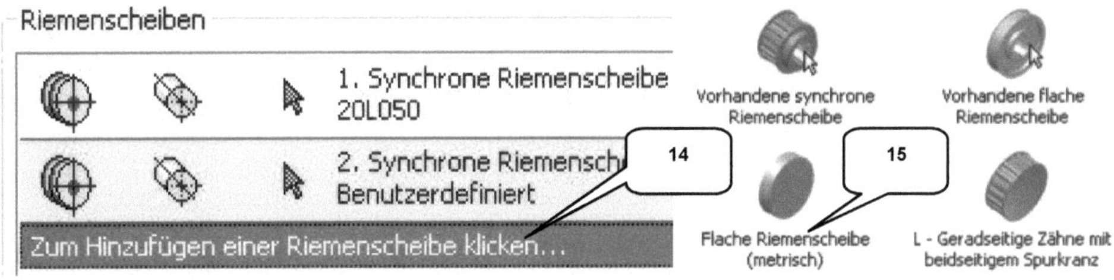

Aktivieren Sie in der neuen Zeile die Optionen Komponente ***Komponente*** (16) sowie ***Richtungsorientierte verschiebbare Position*** (17) und als ***Richtungsreferenz*** die Ebene (18) am Bauteil ***Führung-Spannrolle-Zahnriemen***.

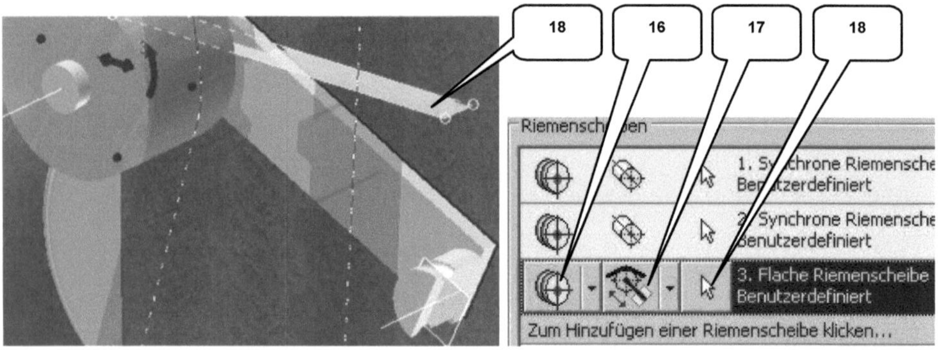

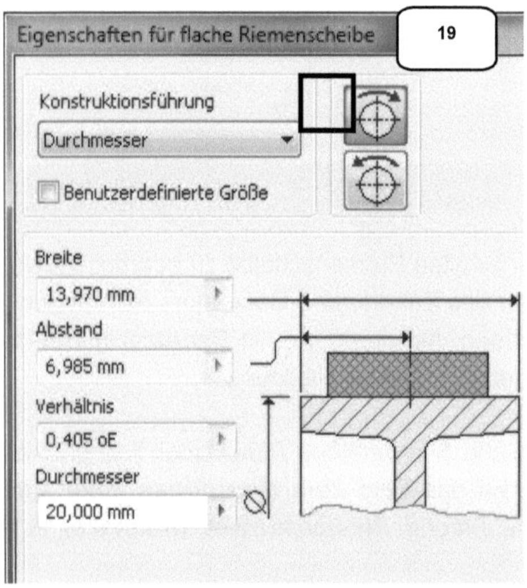

Die Option ***Richtungsorientierte verschiebbare Position*** gibt der Riemenscheibe die Möglichkeit, sich planar auf der Ebene frei bewegen zu können. Dadurch kann das Programm die Zahnriemenlänge - unter Beachtung der technischen Randbedingungen - berechnen[4].

Öffnen Sie dafür die ***Eigenschaften*** der flachen Riemenscheibe und übernehmen Sie die Vorgaben der nebenstehenden Abbildung (19).

Derzeit verläuft der Zahnriemen noch links neben der Spannrolle (20), was aufgrund der konstruktiven Eigenschaften des Zahnriemens (außen glatt, innen gezahnt) natürlich falsch wäre. Klicken Sie zur Korrektur auf den ***gebogenen Pfeil*** (21) der Spannrolle. Der Verlauf des Zahnriemens müsste jetzt korrigiert worden sein (22).

[4] Zahnriemenantriebe unterliegen festen Berechnungsvorschriften. Um dem Programm zu ermöglichen, die Riemenlänge unter Beachtung aller Parameter korrekt errechnen zu können, ist es notwendig, eine der drei Riemenscheiben mit einem zusätzlichen Freiheitsgrad zu versehen: Er ermöglicht eine Korrektur der Riemenlänge.

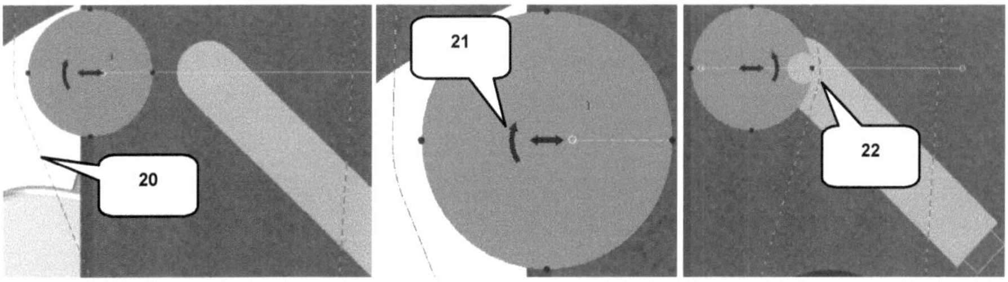

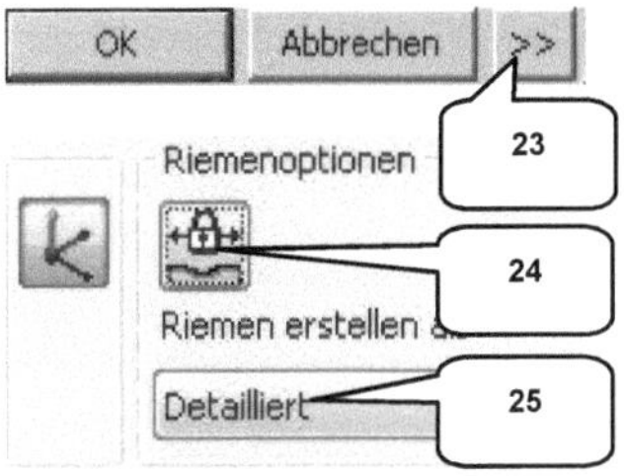

Das korrigierte Ergebnis ist in der oberen rechten Abbildung zu sehen. Der Riementrieb kann jetzt berechnet werden.

>> ***Erweitern*** Sie das Befehlsfenster (23) und deaktivieren Sie im unteren Bereich des Zahnriemen-Generators die ***Riemenlängensperre*** (24).

Stellen Sie die Option ***Detailliert*** (25) ein, wechseln Sie ins Register Berechnung ***Berechnung*** und starten Sie die Berechnen ***Berechnung***. OK ***OK*** beendet den Befehl abschließend. [5] Die Abfrage nach dem Speicherort der Komponenten Zahnriemen, Riemenräder und Spannrolle kann ebenfalls mit OK ***OK*** bestätigt werden[6].

Innerhalb des Projektordners wird jetzt automatisch ein neuer Ordner ***Konstruktions-Assistent*** erstellt, worin die neuen Komponenten gesichert werden.

Nachdem der Zahnriemen konstruiert wurde, sollte die gesamte Baugruppe ***gespeichert*** werden. Dabei ist darauf zu achten, die Option Ja für alle ***Ja für alle*** zu aktivieren, denn nur so werden die neuen Komponenten auch sicher gespeichert.

---

[5] Sollte während der Berechnung des Riemenantriebs eine Fehlermeldung angezeigt werden, bestätigen Sie sie einfach. Leider reagiert das Programm auf kleine Abweichungen oft sehr sensibel, was der erfolgreichen Konstruktion allerdings keine großen Probleme bereiten wird.

[6] Soll der Zahnriemenantrieb später bearbeitet werden, so muss (am besten im Browser) mit der ***rechten Maustaste*** darauf geklickt und im Kontextmenü die Option ***Mit Konstruktions-Assistent bearbeiten*** ausgewählt werden. Um den kompletten Zahnriemenantrieb aus der Baugruppe zu löschen, muss im Kontextmenü die Option ***Konstruktions-Assistent-Komponente löschen* ausgewählt werden**. Dieses Vorgehen funktioniert bei allen Elementen des Registers ***Konstruktion***, die über Programm-Generatoren erstellt wurden.

6.2.3 Befehlsgrundlagen ZUGFEDER-KOMPONENTEN-GENERATOR

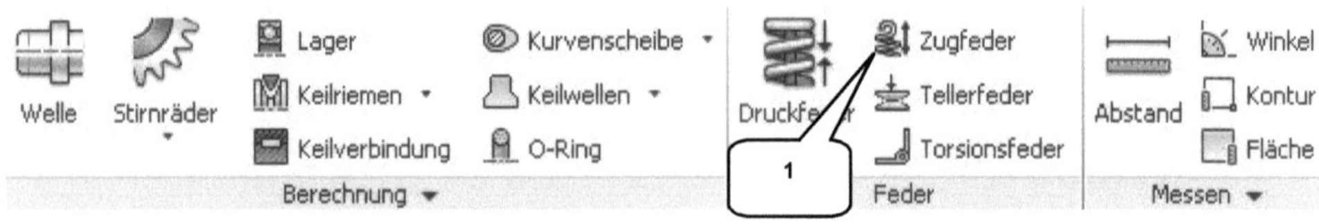

Mit dem **Zugfeder-Komponenten-Generator** (1) können Zugfedern konstruiert und berechnet werden. Sie können während der Konstruktionsphase leider nicht auf bereits vorhandene geometrische Elemente der Baugruppe bezogen platziert werden, weshalb sie manuell mit Abhängigkeiten versehen werden müssen.

6.2.3.1 Register KONSTRUKTION

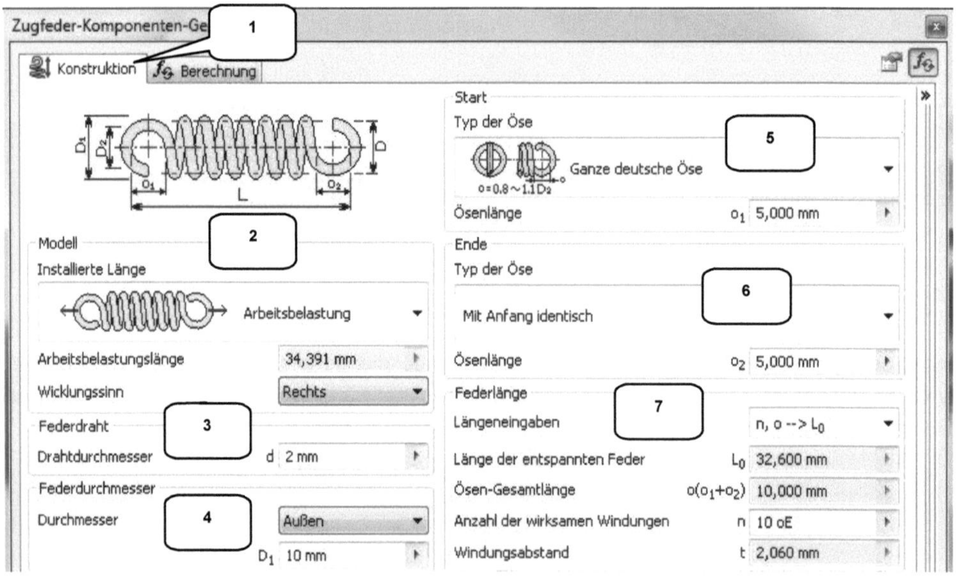

INHALT

Im Register ***Konstruktion*** können Federform, Drahtdurchmesser, Typ der Öse und Federlänge definiert werden.

OPTIONEN

1) Register: Konstruktion/ Berechnung
2) Darzustellende Belastung
3) Durchmesser Federdraht
4) Durchmesser Feder
5) Typ der ersten Öse
6) Typ der zweiten Öse
7) Federlänge

6.2.3.2 Register BERECHNUNG

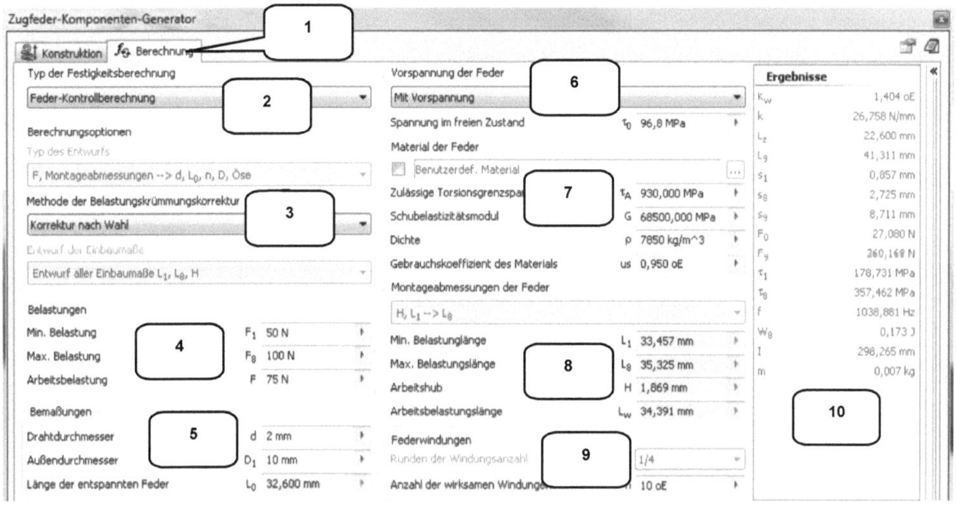

INHALT

Im Register ***Berechnung*** werden der Typ der Festigkeitsberechnung definiert (Zugfederentwurf, Feder-Kontrollberechnung, Berechnung der Arbeitskräfte), sowie Belastungen, Bemaßungen, Vorspannungen, Material, Windungen und Abmessungen festgelegt.

OPTIONEN

1) Register: Konstruktion/ Berechnung
2) Typ der Festigkeitsberechnung
3) Berechnungsoptionen
4) Belastungen
5) Bemaßungen
6) Vorspannung der Feder
7) Federmaterial
8) Montageabmessungen der Feder
9) Federwindungen
10) Berechnungsergebnisse

6.2.4 Spannrolle des Zahnriemens mit einer Zugfeder beaufschlagen

Um den Riemenspanner des Zahnriemens mit einer kontinuierlichen Kraft beaufschlagen zu können, soll eine einfache Zugfeder konstruiert werden. Sie soll den Riemenspanner gegen den Zahnriemen drücken und damit einen konstant gespannten Riementrieb gewährleisten. Verwendet werden soll eine Spiralfeder mit beidseitig geschlossenen Ösen.

Übernehmen Sie die Vorgaben der Register ***Konstruktion*** (1) und ***Berechnung*** (2) aus den folgenden Abbildungen und starten Sie anschließend die Berechnung der Feder (3), um sie zu generieren. Nach ihrer Fertigstellung kann sie einmal frei im Zeichenbereich abgelegt werden, denn ihre Positionierung erfolgt manuell.

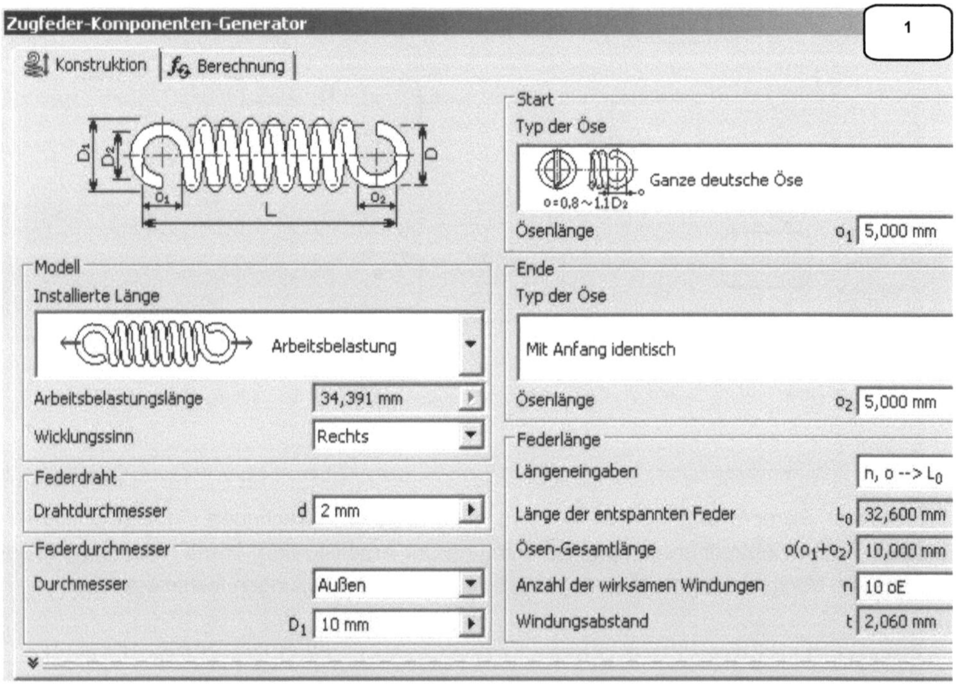

Zur Positionierung der Feder sind insgesamt drei Abhängigkeiten zu platzieren, welche mit dem Befehl ***Abhängig machen*** im Register ***Zusammenfügen*** zu erstellen sind.

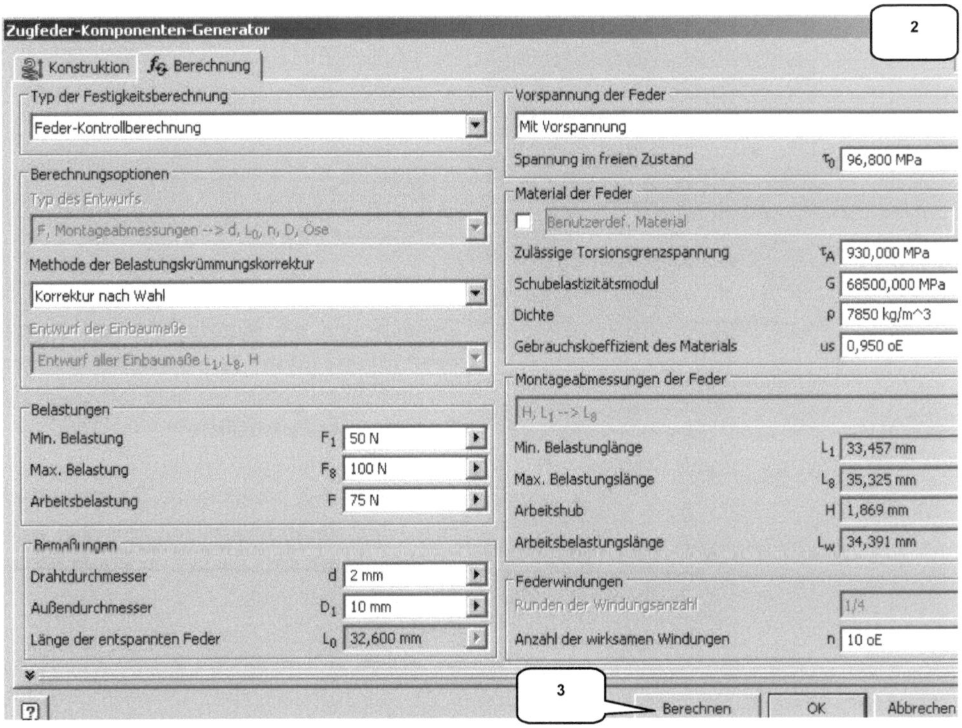

Verbinden Sie zuallererst die ***XY-Ebene*** der Zugfeder (4) mit der markierten ***Arbeitsebene*** des Bauteils ***Führung-Spannrolle-Zahnriemen*** (5).

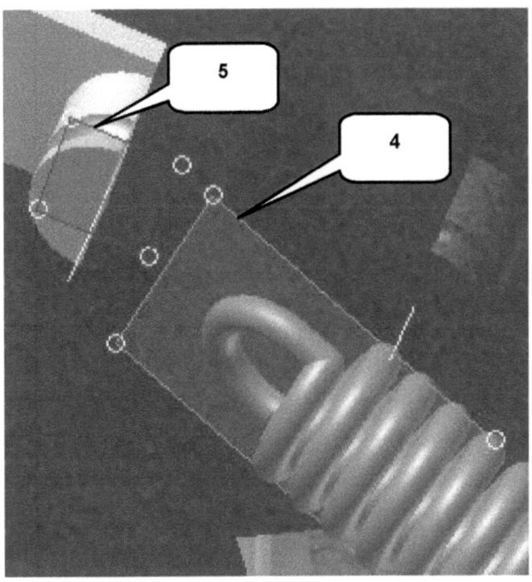

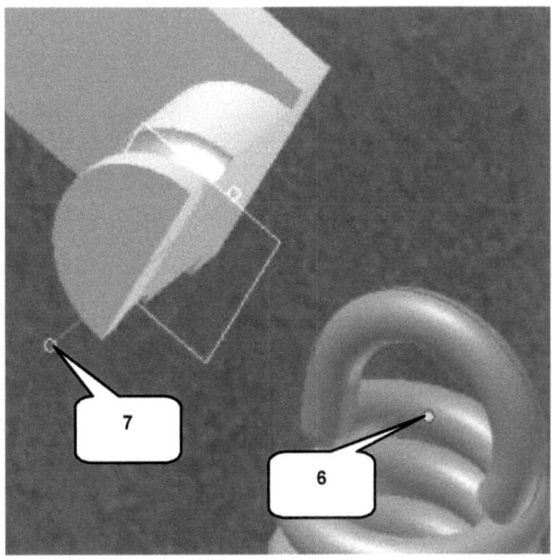

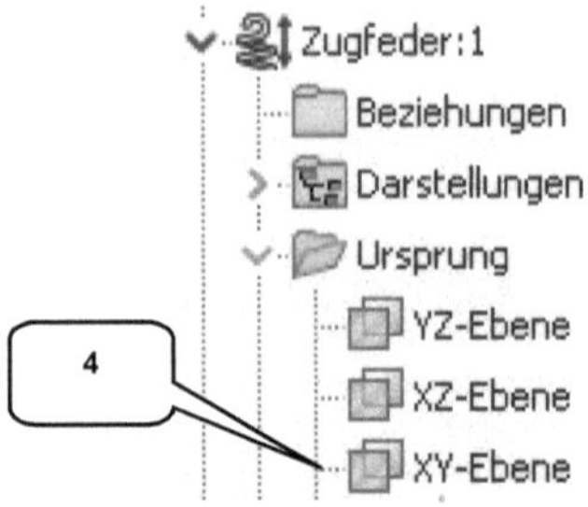

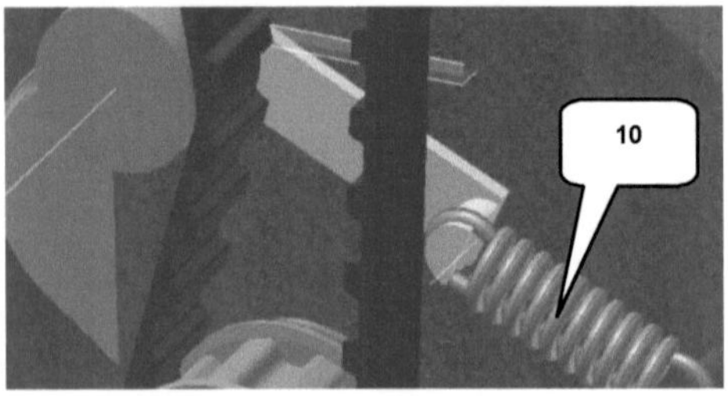

Danach sind die ***Mittelpunkte*** der Federösen (6) und (8) mit den markierten ***Achsen*** (7) und (9) zu verbinden (Bild (10) zeigt die Feder in ihrer Zielposition).

Speichern Sie die gesamte Baugruppe im Anschluss daran und achten Sie auch diesmal wieder auf die Option Ja für alle ***Ja für alle***.

6.3 Konstruktion einer Druckfeder

6.3.1 Erzeugen einer geschnitten dargestellten Ansicht

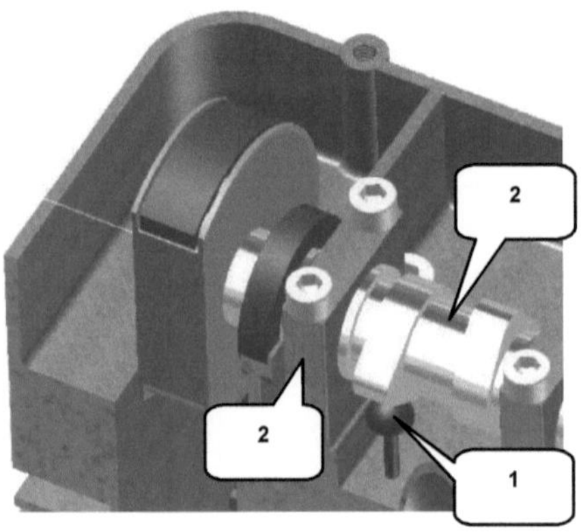

Auch zwischen den ***Ventilen*** (1) und dem ***Zylinderkopf*** (2) sollen zusätzliche Spiralfeder erzeugt werden. In diesem Fall sind es Druckfedern welche die Ventile konstant gegen die Nockenwelle pressen.

Zur besseren Ansicht ist die Baugruppe geschnitten darzustellen.

Wechseln Sie hierfür ins Register ***Ansicht***, starten Sie den Befehl ***Halbschnitt*** (1) in der Befehlsgruppe ***Darstellung*** und wählen Sie die markierte Seitenfläche (2) des Nockenwellenhalters als Referenzfläche. Bestätigen Sie die Auswahl mit ***OK*** und kehren Sie ins Register ***Konstruktion*** zurück.

6.3.2 Befehlsgrundlagen DRUCKFEDER-GENERATOR

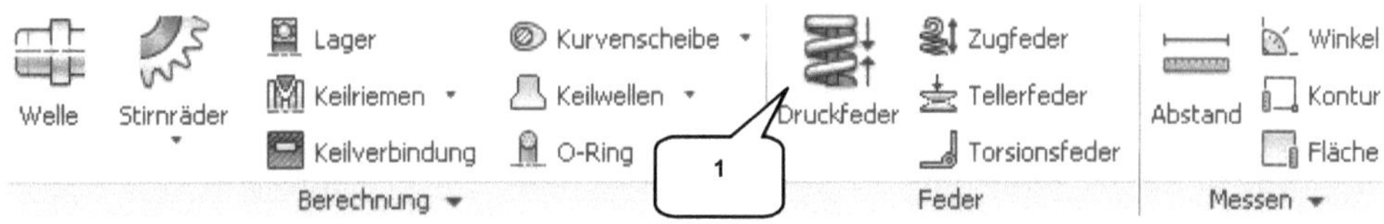

Sollen Druckfedern konstruiert und berechnet werden so kann der Befehl **Druckfeder-Generator** (1) verwendet werden. Im Gegensatz zum Zugfedern-Generator können Elemente aus dem Druckfeder-Generator bereits während ihrer Konstruktion aus dem Befehl heraus platziert und positioniert werden.

6.3.2.1 Register KONSTRUKTION

INHALT

Im Register ***Konstruktion*** kann die Druckfeder definiert und auf vorhandene geometrische Referenzen der Baugruppe bezogen werden. Weiterhin sind die physikalischen Eigenschaften, wie Federanfang, Federende, Federlänge und Federdurchmesser auszuwählen.

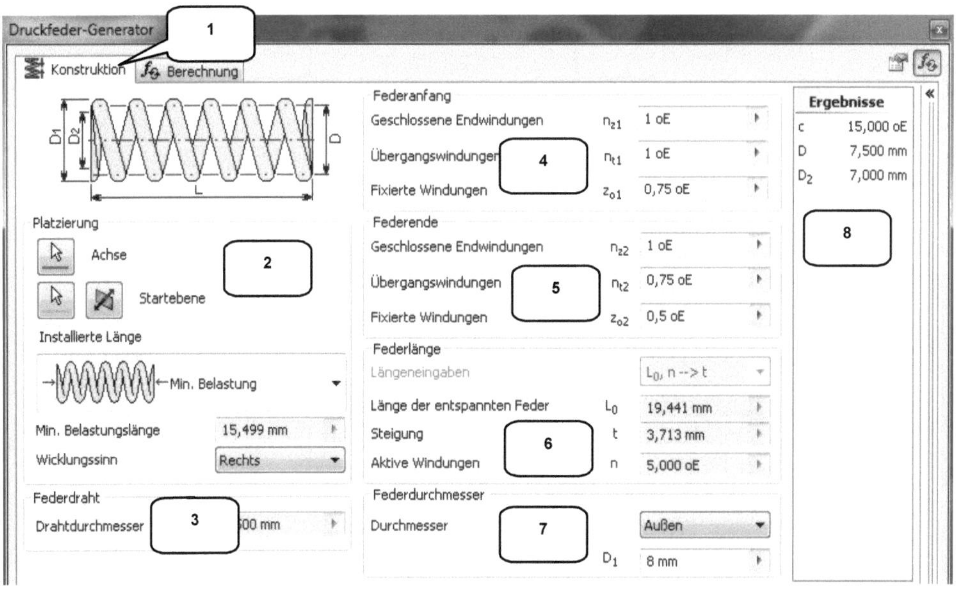

OPTIONEN

1) Register: Konstruktion/ Berechnung
2) Platzierung (Achse, Ebene), Federbelastung
3) Federdrahtdurchmesser
4) Federanfang
5) Federende
6) Federlänge
7) Federdurchmesser
8) Berechnungsergebnisse

6.3.2.2 Register BERECHNUNG

INHALT

Im Register ***Berechnung*** werden Berechnungstyp, Berechnungsoptionen, Federmaterial und Federbelastung definiert.

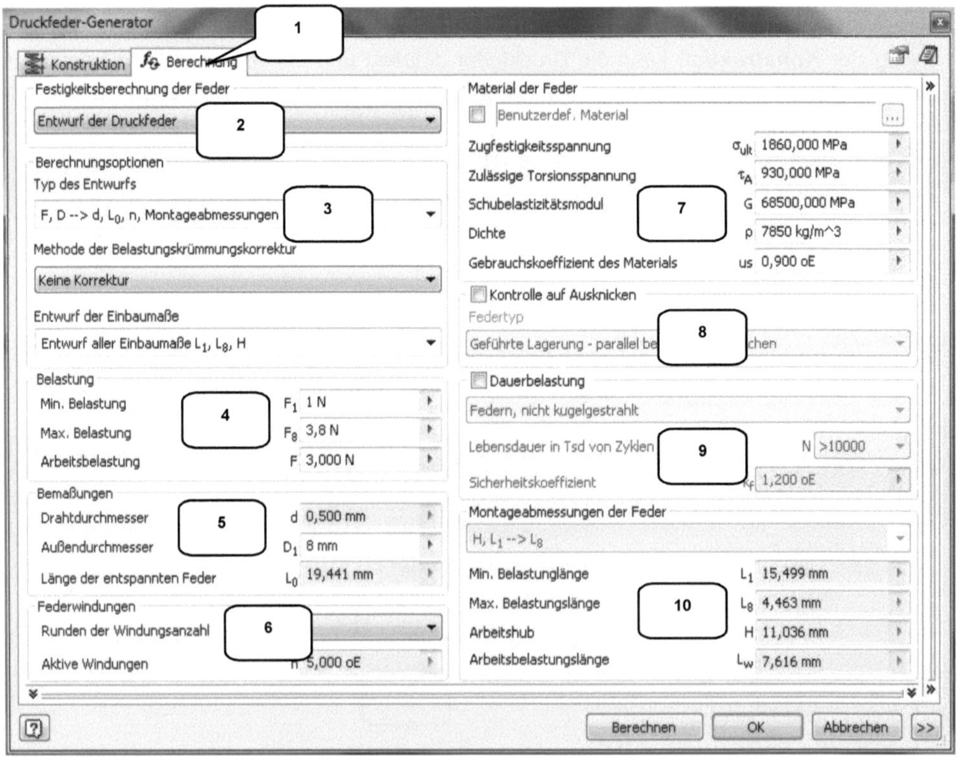

OPTIONEN

1) Register: Konstruktion/ Berechnung
2) Berechnungstyp
3) Berechnungsoptionen
4) Belastung
5) Bemaßungen
6) Windungen
7) Federmaterial
8) Kontrolle auf Ausknicken
9) Dauerbelastung
10) Montageabmessungen der Feder

6.3.3 Druckfeder zwischen Ventil und Zylinderkopf erzeugen

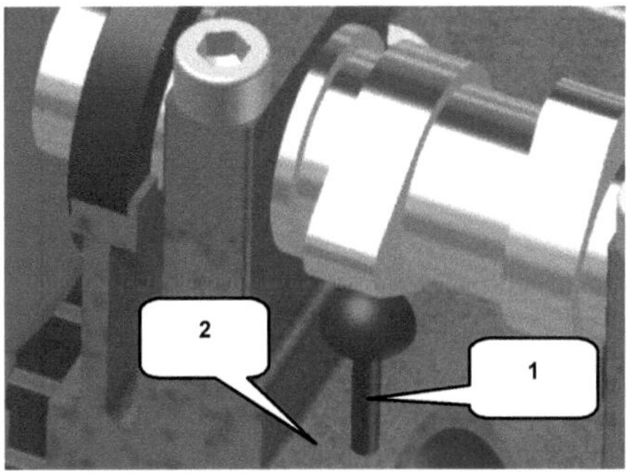

Im Register ***Konstruktion*** sollten zuerst die geometrischen Referenzen definiert werden:

Als ***Achse*** ist die Zylinderfläche des Ventils (1) zu wählen und als ***Startebene*** die Oberfläche des Zylinderkopfes (2). Alle Werte und Einstellungen der Register ***Konstruktion*** (3) und ***Berechnung*** (4) sind den folgenden Abbildungen zu entnehmen.

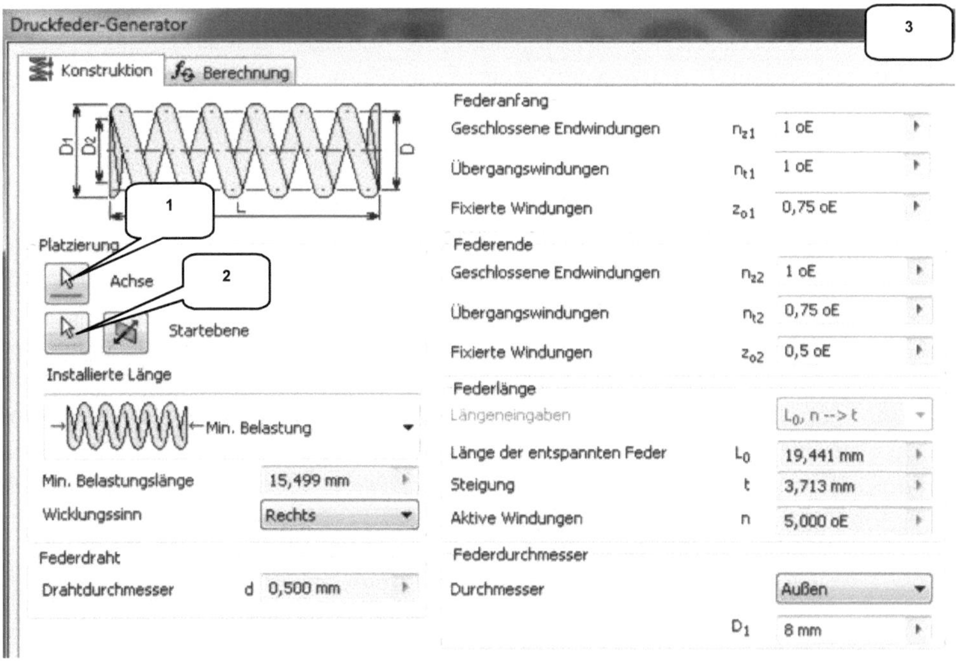

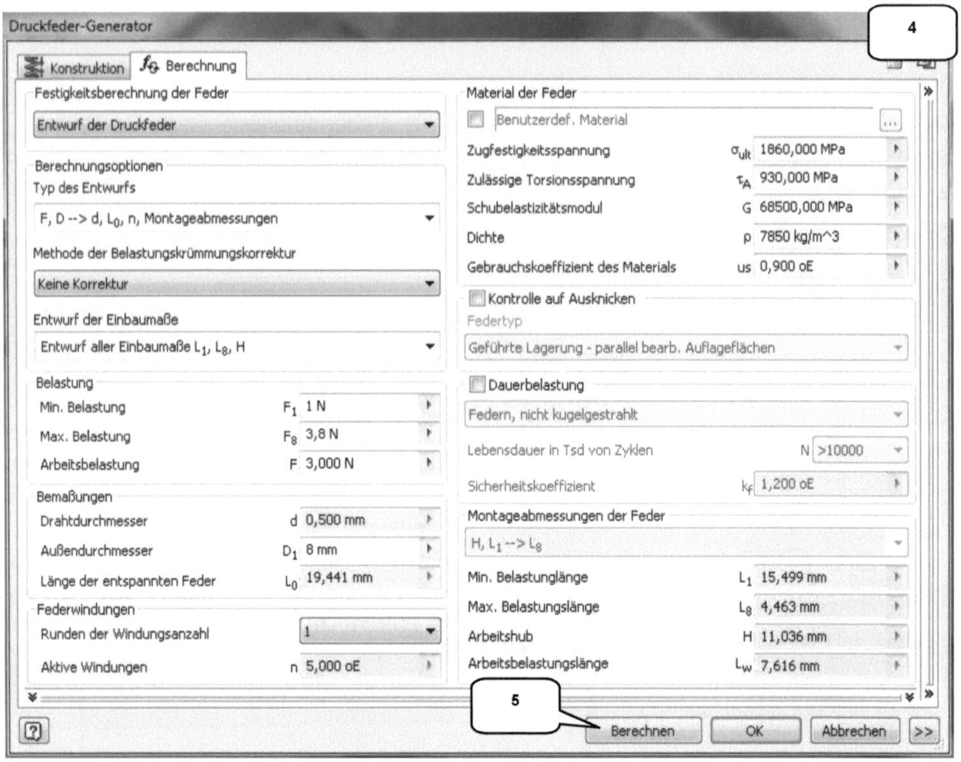

HINWEIS: Der Wert der ***minimalen Belastungslänge*** wird automatisch anhand der restlichen Eingaben berechnet und muss daher nicht vorgegeben werden.

Wurden alle Werte übertragen, kann mit der [Berechnen] ***Berechnung*** (5) gestartet werden.

Die Ergebnisse sind anschließend durch einen Klick auf [OK] ***OK*** zu übernehmen und auch die Schnittdarstellung der Baugruppe kann wieder beendet werden (Register ***Ansicht***, Befehl Schnitt beenden ***Schnitt beenden***).

Speichern Sie die Baugruppe abschließend ([Ja für alle] ***Ja für alle***).

11 INDEX

#

A

B

D

E

F

G

H

I

K

L

M

O

P

R

S

U

V

W

Z